Mit oder ohne Urknall

Hans Jörg Fahr ist Universitätsprofessor am Argelander Institut für Astronomie der Universität Bonn. Er war u. a. Vorsitzender der Fachgruppe Extraterrestrik der Deutschen Physikalischen Gesellschaft, Präsident der Kommission 49 (Heliosphere) der Internationalen Astronomischen Gesellschaft und Mitglied des Deutschen COSPAR Ausschusses (Committee on Space Research). Er begann seine akademische Karriere bereits mit einer Antrittsvorlesung über Kosmologie und hat im Laufe der Jahre mehrere Sachbücher zu Themen der Kosmologie und Kosmogonie geschrieben.

Hans Jörg Fahr

Mit oder ohne Urknall

Das ist hier die Frage

2. Auflage

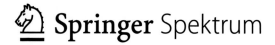 Springer Spektrum

Hans Jörg Fahr
Argelander-Institut für Astronomie
Universität Bonn
Bonn, Deutschland

ISBN 978-3-662-47711-3   ISBN 978-3-662-47712-0 (eBook)
DOI 10.1007/978-3-662-47712-0

Die Deutsche Nationalbibliothek verzeichnet diese Publikation in der Deutschen Nationalbiblio-
grafie; detaillierte bibliografische Daten sind im Internet über http://dnb.d-nb.de abrufbar.

Springer Spektrum

Planung: Dr. Lisa Edelhäuser
Einbandabbildung: © deblik, Berlin

Gedruckt auf säurefreiem und chlorfrei gebleichtem Papier.

Springer-Verlag GmbH Berlin Heidelberg ist Teil der Fachverlagsgruppe Springer Science+
Business Media
(www.springer.com)

Inhaltsverzeichnis

1

Einleitung: Wie wir die Welt heute verstehen: Das Vier-Parameter-Universum der Standardkosmologie

Wie jeder weiß, leben wir heute in einer anspruchsvollen Zeit; anspruchsvoll in jeder Hinsicht: im Ressourcenkonsum, im Komfortbedürfnis und gerade aber auch im Wissen: „Die Welt ist groß und rund", das zu wissen, reicht heute nicht mehr. Es muss schon heißen: „Die Welt ist eine dynamische vierdimensionale Raum-Zeit-Gegebenheit mit inflationärer Expansion!" Wir pflegen große Fragen zu stellen und ebenso große Antworten darauf zu erwarten. So muss es sich zeitgemäß auch ergeben, dass wir heute in dieser anspruchsvollen Zeit ganz ungeniert folgende Frage stellen: Wie sieht denn nun die „Welt im Ganzen" aus? Eine bestürzende und zugleich herausfordernde Grundfrage nach dem uns umgebenden Realitätsganzen! Wobei den Ontologen unter den Philosophen nicht einmal klar sein wird, ob diesem gedachten Realitätsganzen überhaupt ein geschlossenes Sein zugrunde liegt. Könnte es nicht viel eher sein, dass es die Welt als ganze gar nicht gibt? Es gibt sie viel-

© Springer-Verlag Berlin Heidelberg 2016
H.J. Fahr, *Mit oder ohne Urknall*, DOI 10.1007/978-3-662-47712-0_1

mehr nur in Teilen, die wir uns jeweils anzuschauen vornehmen können. Allerdings will ja schon die frühere, erst recht aber die heutige Kosmologie von ihrem Grundansatz her gerade die Welt als Ganze verstehen. Und dieses Ganze der Welt glaubt man heutzutage mit vier Zahlenwerten charakterisieren zu können; nämlich die Zahlenwerte für die Hubble-Konstante, H, und die Proporze von dunkler Energie, dunkler Materie und normaler, baryonischer Materie zur kritischen Massendichte dieses Universums.

Gegen dieses eitle Vorhaben der Naturwissenschaft, das Ganze erklären zu wollen, erhebt sich nur verdeckt bei den Unbeteiligten im Hintergrund ihres Bewusstseins die besorgte Frage, ob sich das Ganze der Welt denn überhaupt sehen und verstehen lässt. Wie soll das Ganze erfasst werden können, wenn dieses sich doch in Teilen stets unserem Blick entweder räumlich oder zeitlich entzieht? Das, was wir in der Nähe sehen, ist nicht genug; das was wir in der Ferne sehen, gibt es in unserer Zeit gar nicht mehr. Wie müssen die sich entziehenden Teile selbst beschaffen sein, so dass man beim Blick auf das Ganze von ihnen absehen kann? Was im Universum darf bei der Rekonstruktion des Ganzen als Detail vergessen werden, ohne dass das Ganze dadurch verfehlt wird?

Es soll hier deshalb zunächst gezeigt werden, was die heutige Kosmologie nach den jüngst vergebenen Nobelpreisen für George Smoot, Saul Perlmutter und Peter Higgs inzwischen von der Welt weiß, aber auch zum anderen gefragt werden, inwiefern die menschliche Vernunft überhaupt in der Lage ist, standort-unabhängig auf das Ganze zu sehen. Was ist schon der Blick auf das Ganze von einem einzigen Standort aus wert? Diese große, allumfassende Welt, die die Kosmologie erklärt, – welche Welt ist das eigentlich? Ist dies wirklich die Welt, die wir vor uns sehen, oder eher eine erfundene, theoretisch konzipierte Welt, wie wir sie uns in unserer abstrahierenden Vernunft aufscheinen lassen wollen? Eines soll aber von vornherein klar sein: Kosmologische Welterklärungen, wie immer sie aussehen, sind keine Blasphemie, sie sind keine Gotteslästerung – und schon gar kein Gottesersatz, wie etwa Stephen Hawking, Paul Davies, Richard Dawkins oder andere Wissensgrößen unserer Zeit behaupten wollen. Denn jedem sollte ja doch als erstes klar sein, dass, wer sich etwas erklärt, dieser deswegen das Erklärte nicht auch schon selbst gemacht hat.

Kosmologische Ambitionen hin zu einer Welterklärung gehen bis ins Altertum zurück und sind nicht erst Zeitzeichen unserer modernen, so wissenschaftsgläubigen Neuzeit. Die Fundamente unserer großen, kosmologischen Weltansichten gehen in ihrem Grundbestand zurück bis auf die Einsichten der griechischen Philosophen. Während jedoch Aristoteles noch an eine zeitlich ewige, jedoch räumlich einmalige und begrenzte Welt dachte, schwebte Nikolaus Kusanus, Dominikaner aus Kues und Bischof von Brixen, eine ganz andere Welt vor. Er machte schon um 1450 n. Chr. die für die damalige Zeit ungeheuer weise Aussage, dass die Welt ein Gebilde sei, dessen Mitte überall ist und dessen Rand nirgendwo ist. In einer solchen, – man kann sagen: gerechten Welt – steht demnach niemand im Zentrum, aber auch niemand am Rand. Auch der Nolaner Giordano Bruno hat 150 Jahre später diesen Gedanken vollinhaltlich fortgeführt, indem er ausführte, dass das Universum unendlich fortsetzbar sei, und Welten und Welteninseln, so wie wir sie als Galaxien und Galaxienhaufen kennen, sich darin in allen Richtungen und Fernen immer weiter wiederholen, eine ewige Fortsetzung des Gleichen in alle Fernen und Zeiten des Alls hinaus. Während Nikolaus Kusanus jedoch trotz seiner nicht kirchenkonformen Ansicht eines natürlichen Todes sterben durfte, wurde Giordano Bruno für seine Aussagen im Jahre 1600 n. Chr. vom römischen Kirchentribunal auf dem Scheiterhaufen verbrannt, weil er mit einem solchen Universum ohne Mitte kirchlichen Unfrieden verbreitete. Ließ ein solches Universum ja gerade diejenige Mitte vermissen, die Gott dem Menschen zugedacht haben musste.

Was aber allen genannten Zeitgrößen, also Aristoteles sowie Nikolaus Kusanus sowie Giordano Bruno in ihrem Denken völlig fremd war, das bringt nun die moderne Kosmologie als neue Weltperspektive hervor, indem sie den Ansatz macht, dass das Universum seinen Anfang im Urknall hat, und dass man diesen Anfang aus den jetzigen kosmischen Gegebenheiten, die wir wahrnehmen können, extrapolativ erkennen kann. Zudem wird auf der Grundlage des kosmologischen Prinzipes (Ellis 1983; Stephani 1988) argumentiert: Es wird angenommen, dass es im Weltall eine allgültige, einheitliche Weltzeit gibt und dass in jedem Weltzeitmoment die Welt an allen ihren Weltpunkten gleich beschaffen ist. Damit wird angenommen, dass kein Raumpunkt in diesem Universum vor irgendeinem anderen bevorzugt ist, dass sich vielmehr das Universum in seinen räumlichen Energierepräsentationen in Form von baryonischer, photonischer oder dunkler Materie zumindest auf großen Dimensionen als „**raumartig homogen**" darstellt (Wu et al. 1999).

„Raumartig homogen" soll dabei heißen, dass in einem Gleichzeitigkeitsraum, einem Raum mit einem überall geltenden, synchronisierten Zeitwert, Homogenität herrscht. Dieser **Gleichzeitigkeitsraum** hat eindeutig den Charakter eines nur gedachten Raumes, ganz und gar nicht identisch natürlich mit dem Raum, den die Astronomen mit ihren Teleskopen schauend ertasten und durchforschen. Denn bei ihrem Forschen erkennen sie stets den Zustand in größerer Ferne, weil sie ja nur über das endlich schnelle Licht davon erfahren, zu einer früheren Weltzeit, als durch das lokale Jetzt bei uns markiert ist. In einem evolvierenden Universum sehen wir demnach niemals eine **raumzeitliche Homogenität**, wir unterstellen ihm dennoch aber eine **raumartige Homogenität**, obwohl niemand diese jemals gesehen hat oder jemals sehen wird! Hier sind wir eigentlich nur auf den Glauben an die Schöpfung angewiesen, der wir unterstellen, dass sie eine ausgedehnte Welt in absoluter Gleichartigkeit überall hervorgebracht hat. Lediglich in einem statischen Universum, in dem sich großräumig gesehen nichts änderte, könnte man hoffen, gemittelt über entsprechend großen Skalen, auch eine raumzeitliche Homogenität bestätigt zu bekommen. Aber von einem solchen Universum will heutzutage keiner der modernen Kosmologen etwas wissen.

Bei Ansicht der früheren Zustände des Kosmos, gesehen in den größeren kosmischen Fernen von uns, kommen die Astronomen zu der ihnen evident erscheinenden Vorstellung, dass sie im Vergleich zu den heutigen Zuständen in unserer Nähe, daraus eine Entwicklung der Weltzustände im Verlauf der Weltzeit herleiten können. Auch glauben sie dann natürlich, aus dieser sich darin andeutenden Entwicklung auf die uns heute völlig entlegenen Anfangszustände des Kosmos schließen zu können. Die Erkennbarkeit eines Weltanfangs könnte sich jedoch auch als bittere Illusion herausstellen. Denn es könnte ja vielleicht auch so sein, dass das Universum ein chaotisches System mit unzählig vielen multikausalen, nichtlinearen Ursacherückkopplungen darstellt, jede für sich zurückwirkend auf jeden anderen lokalen kosmischen Zustand! Einen sogenannten kosmischen **Attraktorzustand** würde man dies nennen (Fahr 2004). Dann aber würde die Frage nach dem Weltanfang völlig obsolet sein, denn alle nichtlinear-chaotischen Systeme lassen ihre Anfänge in völlige Vergessenheit zurücktreten. Man sieht ihnen ihre Anfangszustände einfach nicht mehr an! Alle denkbaren Anfänge führen dann immer zum gleichen in sich wirkungsgeschlossenen Endzustand zurück. Das Weltgeschehen läuft vor dem Beobachter einfach ab, ohne aber dabei irgendeinen Hinweis auf seine Anfangszustände zu geben. Zwar gibt es wohl ein Mikrogeschehen überall an lokalen Stellen in der Welt, jedoch das morphogenetische Makrobild des Kosmos, also die großräumige Strukturbeschaffenheit, ändert sich dabei nicht, sie hält sich vielmehr über alle Zeiten durch. Man denke vielleicht hier vergleichsweise an die Gasmoleküle im thermodynamischen Gleichgewicht: der Makrozustand eines solchen thermodynamischen Gleichgewichtssystems ändert sich hier überhaupt nicht, das heißt, Teilchenzahl, Teilchendichte, Temperatur und Gesamtenergie sind konstant, – und dennoch bewegen sich alle Moleküle ständig, aber diese Bewegungen führen eben keinen sich ändernden Makrozustand herbei!

Zum Beispiel wirft das meteorologische Geschehen auf unserer Erde ja gerade deshalb auch für niemanden die

Frage nach dem Anfangszustand des Wetters auf. Lediglich fragt man sich, ob man aus Kenntnis des Jetztzustandes den unmittelbaren Nachfolgezustand des Wetters über dem Erdball im Rahmen einer Kurzzeitprognose prophezeien kann. In der Kosmologie würde Gleiches heißen, dass wir uns den Istzustand des Universums möglichst umfassend ansehen und dann im Rahmen naturgesetzlicher Prozessabläufe eine Vorhersage auf den damit kausal korrespondierenden, ins Jetzt kommenden Zustand wagen. Das hieße aber, wir sollten die Welt eher anhand ihres Istzustandes als aufgrund eines ihr unterstellten Anfangszustandes zu verstehen versuchen. Das jedoch wäre im Vergleich zur Standardkosmologie ein völlig neuer Ansatz zu einem Weltverständnis, in dem die Welt nicht an ihrem Anfangszustand festgemacht wird, sondern an ihrem zeitlosen Sosein in einem thermo-gravo-dynamischen Attraktorzustand (Fahr 2004). Wie gut und wie eindeutig ist also eigentlich unsere derzeitige Welterkenntnis, die wir im Rahmen der modernen Urknall-basierten Kosmologie gewinnen? Kann das solchermaßen Erkannte uns jemals die Ansicht der Welt selbst ersetzen?

Bei der heutigen Kosmologie geht man von den Einstein'schen **Feldgleichungen der Allgemeinen Relativitätstheorie** (Einstein 1915, 1917) aus, mit denen die Beschaffenheit und die Dynamik des globalen Weltalls beschrieben werden soll. In diesen Gleichungen taucht die Massenverteilung, oder ihr Äquivalent: die Energieverteilung, als Ursache für die Raum-Zeit-Geometrie des Universums auf. Damit aber nun alles in diesem Weltall, wie gewollt, homogen bleibt, ergibt sich die Geometrie eines solchen Weltalls natürlich zwangsläufig in ortsunabhängiger Form, also einer Form, die nur von der Weltzeit abhängen darf. Die **Raum-Zeit-Geometrie** dieses Alls lässt sich dann durch eine isotrope, ortsunabhängige Krümmung $\Gamma = k/R^2$ beschreiben, und die zu dieser Krümmungseigenschaft passende Raumzeit-Metrik wird gegeben durch eine sogenannte **Robertson-Walker-Metrik**, in der als Welt-relevante Größen nur der Skalenparameter $R = R(t)$ und ein konstanter Krümmungsskalar $k = $ const vorkommen. Damit schreibt sich dann das Weltlinienelement ds für die Bewegung eines Objektes im Weltall auf die folgende Weise:

$$ds^2 = c^2 dt^2 - R^2(t) \cdot \left[\frac{dr^2}{1 - kr^2} + r^2 d\Theta^2 + r^2 \sin^2 \Theta d\Phi^2 \right]$$

wobei die Koordinaten r, Θ, Φ die üblichen räumlichen Polarkoordinaten sind.

Diese Grundannahmen der heutigen Standardkosmologie, wie die angenommene Homogenität der Energie- und Massenverteilung und die dazuhin angenommene isotrope, ortsunabhängige Krümmung, erlauben gerade eben, dass man unter solchen Umständen die Robertson-Walker-Metrik zur Beschreibung der Raum-Zeit-Metrik verwenden kann und damit eine für alle Weltpunkte gültige und verpflichtende Weltzeit t einführen kann.

Verbunden mit dem obigen Robertson-Walker-Linienelement lassen sich dann die ursprünglich 10 voneinander unabhängigen Einstein'schen allgemein-relativistischen Feldgleichungen auf nur zwei nicht-triviale Differenzialgleichungen zurückführen, welche über die Größen $\dot{R} = dR/dt$ und $\ddot{R} = d^2R/dt^2$ die Geschwindigkeit bzw. die Beschleunigung der Weltexpansionsskala $R(t)$ beschreiben. Diese beiden noch verbleibenden Differenzialgleichungen haben die folgende Gestalt

$$\frac{\dot{R}^2(t)}{R^2(t)} = \frac{8\pi G}{3}\rho(t) - \frac{kc^2}{R^2(t)} + \frac{\Lambda c^2}{3} \qquad (1.1)$$

und

$$\frac{\ddot{R}(t)}{R(t)} = -\frac{4\pi G}{3c^2}(3p(t) + \rho(t)c^2) + \frac{\Lambda c^2}{3}. \qquad (1.2)$$

Hierbei ist G die Newton'sche Gravitationskonstante, c ist die Lichtgeschwindigkeit, k ist der Krümmungsparameter, und Λ ist Einstein's Kosmologische Konstante. Die Funktionen $\rho(t)$ und $p(t)$ beschreiben die Gesamtmassendichte und den Gesamtdruck im Kosmos. Letztere Größen setzen sich nach heutiger Vorstellung aus mehreren Anteilen wie folgt zusammen:

$$\rho(t) = \rho_B(t) + \rho_D(t) + \rho_\nu(t),$$

wobei $\rho_B(t)$; $\rho_D(t)$; $\rho_\nu(t)$ die jeweiligen Massedichteanteile der Baryonen (schwere Elementarteilchen, z. B. Protonen), der Darkionen, also der Dunkelmaterieteilchen unbekannter Natur, und der Photonen (Lichtteilchen) sind. Photonen tragen hierbei kosmologisch gewertet wegen der Masse-Energie-Äquivalenz $m_\nu = h\nu/c^2$ auch mit zur Massendichte im Universum bei, insbesondere im frühen Universum (Goenner 1996).

Entsprechend ergeben sich auch die Druckanteile dieser Konstituenten, womit der Druck insgesamt sich dann wie folgt darstellt:

$$P(t) = P_B(t) + P_D(t) + P_v(t)$$

In diesen obigen Gleichungen wird nun zudem angenommen, dass die massebehafteten Teilchen im Kosmos zu
einer homogenen Massendichte führen, welche wegen an-
genommener Erhaltung der Teilchenzahl und der Teilchenmassen im Universum umgekehrt proportional zum raum-
artigen Weltvolumen, das heißt zur dritten Potenz der Skala
R abfällt, mit dem Ergebnis also $\rho_{B,D}(t) = \rho_{B,D}(R(t)) \sim R^{-3}(t)$. Hierin verbirgt sich die nur dem ersten Anschein
nach triviale Annahme der Erhaltung der Gleichzeitigkeits-
masse des Universums verborgen. Letztere bezeichnet die
Gesamtmasse im Gleichzeitigkeitsraum. Es wäre die Masse,
die in einem bestimmten Weltzeitpunkt dem gesamten Universum zukommt. Wie wir später noch diskutieren werden,
gibt es jedoch durchaus gute Gründe anzunehmen, dass diese Weltgröße nicht konstant ist, und damit auch, dass das
Dichteverhalten ein anderes als oben angenommen ist.

Zudem ist eine konstante Vakuumenergiedichte in den
obigen Gleichungen vorgesehen, die über den Term, der
die sogenannte kosmologische Konstante Λ enthält, in diese Gleichungen Eingang findet und auf eine ursprüngliche
Idee von Albert Einstein (Einstein 1917) zurückgeht. Dieser Term stellt so etwas wie eine Volumenenergie des leeren
Raumes dar und beschreibt bei positivem Wert eine akzele-
rative, bei negativem Wert eine dezelerative Wirkung auf die
Expansionsdynamik der Welt, also auf die zeitliche kosmische Skalenveränderung $\dot{R}$. Im Falle positiven Wertes von Λ
steht die Wirkung dieses Terms damit im krassen Gegensatz

zu der grundsätzlich dezelerativen Wirkung aller anderen Raumpunkt-bezogenen, „teilchenartigen" Energierepräsentationen im Kosmos. In einem Universum, das nur normale baryonische Materie enthält, kann es nur eine sich verlangsamende Expansion oder eben das Gegenteil, eine sich beschleunigende Kontraktion geben.

Wenn nun, wie in der heutigen Kosmologie praktiziert, Λ als Konstante angenommen wird und somit einer konstanten Massendichte $\rho_\Lambda = \Lambda c^2 / 8\pi G$ des Vakuums gleichgesetzt werden kann und wenn zudem das Weltall als ungekrümmt entsprechend $k = 0$ angesehen wird, dann lässt sich die erste der verbliebenen Feldgleichungen auch wie folgt schreiben:

$$\frac{\dot{R}^2(t)}{R^2(t)} = H^2 = \frac{8\pi G}{3}[\rho_B(t) + \rho_D(t) + \rho_\nu(t) + \rho_\Lambda(t)] \,,$$
(1.3)

wobei hier H die bekannte **Hubble-Konstante** bezeichnet, die für die heutige Zeit einen Wert von $H_0 = 73\,\mathrm{km/s/Mpc}$ besitzt, die aber über die Zeiten der kosmischen Entwicklung hinweg keine Konstante darstellt. Die Gleichung in der obigen Form lässt sich dann auch folgendermaßen umschreiben

$$1 = \Omega_B(t) + \Omega_D(t) + \Omega_\nu(t) + \Omega_\Lambda(t) \,,$$
(1.4)

worin ausgedrückt ist, dass sich die mit der kritischen Dichte $\rho_c = 3H^2 / 8\pi G$ normierten Dichtewerte $\Omega_B(t)$, $\Omega_D(t)$, $\Omega_\nu(t)$, $\Omega_\Lambda(t)$ sich zu allen Zeiten der Weltentwicklung immer zum Gesamtwert von „1" addieren sollten. Mit der kritischen Dichte ρ_c hat es dabei die folgende Bewandtnis: Sie erfüllt gerade die Gleichgewichtsforderung: „Kinetische Energie = Bindungsenergie" in der Form: $(1/2)\dot{R}^2 = (4\pi/3)G\rho_c R^3/R$, wobei H die Hubblekonstante und G die Gravitationskonstante bezeichnet.

Je nach angenommenen Proporzen der Materiedichten oder Vakuumenergiedichte zur sogenannten kritischen Dichte ρ_c ergeben sich sehr unterschiedliche Verlaufsformen (siehe Abb. 1.1) für die zeitliche Entwicklung der kosmischen Skala $R(t)$, die insbesondere ausgehend von der jetzigen Expansion des Kosmos sehr unterschiedliche Vergangenheiten und Zukünfte unserer Welt erwarten lassen würden (Perlmutter 2003). Über die Bedeutung dieser unterschiedlichen Expansionskurven, insbesondere über die Frage, welche der resultierenden Kurven denn nun auf unser vorliegendes Universum zutrifft, muss man sich im Einzelnen angesichts gegebener, astronomischer Beobachtungsfakten weiter unterhalten.

Aus der Vielfalt der in Abb. 1.1 gezeigten, möglichen Weltexpansionsmodelle kann man nun versuchen, das im Hinblick auf astronomische Fakten am besten passende Modell, the „best fitting model" also, aus der Menge dieser Standardmodelle auszuwählen. Allerdings liegen modellrelevante „astronomische Fakten" für diese Zwecke nicht so einfach auf der Hand des astronomischen Beobachters. Sie sprechen vor allem auch nicht einfach für sich, vielmehr werden sie auf modellabhängige Weise theorie-immanent aufgefunden. Dazu geht man heute auf zweierlei Weise vor:

In der Tat werden heute die in der Horizontkarte der **kosmischen Hintergrundstrahlung** vom Satelliten *WMAP* (Bennet et al. 2003) gefundenen Minimalvariationen in

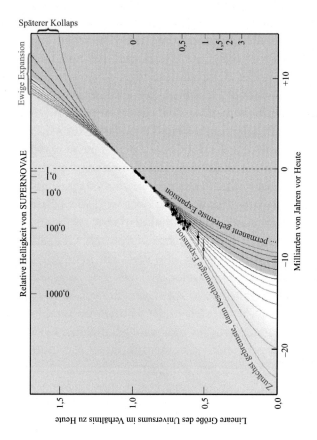

Abb. 1.1 Alternative Lösungen der Friedmann-Lemaître Gleichungen im Rahmen der Standard-Kosmologie (aus S. Perlmutter, Physics Today, April 2003, 53–60, Figure 4)

der Intensität, bzw. der Planck'schen Äquivalenttemperatur, dieser Hintergrundstrahlung zur Modellbestätigung
verwendet. Auf eine gewiß nicht ganz unproblematische
Weise lassen sich diese gefundenen Minimalvariationen
in der Temperatur der kosmischen Hintergrundstrahlung
als Anzeichen für Dichtekonturen im frühen Universum
verstehen, also zu einer Zeit kurz vor der Epoche der
Rekombination der elektrisch leitfähigen kosmischen Materie (Protonen und Elektronen rekombinieren zu Wasserstoffatomen!). Nun lässt sich einmal annehmen, dass
diese ursprünglich minimalen Dichtefluktuationen im
Laufe der kosmischen Evolution zu den stark ausgeprägten Dichtestrukturen des heutigen Universums in Form
von Galaxien und Galaxienhaufen durch selbstgravitatives
Wachstum geworden sind. Dann aber wird die Übertra-
gung der anfänglichen Minimalfluktuation in die heutigen
stark ausgeprägten Dichtestrukturen von der Geschichte
der Weltexpansion abhängig, also von dem richtigen, zu-
grundegelegten Expansionsmodell. Über eine lange Kette
von kosmologie-belasteten Zwischenschritten wird versucht die frühen Strukturen in der Hintergrundstrahlung
mit den Geburtszentren für die heute gefundenen Galaxi-
en und Galaxienhaufen zusammenzubringen (Springel et
al. 2005). An dieser großangelegten Simulationsrechnung
zur kosmischen Strukturbildung waren unter anderem die
Professoren Simon White und Volker Springel vom Max-
Planck-Institut für Astrophysik in Garching beteiligt. In ihrer Simulation gehen die Autoren davon aus, dass in einem
Universum, welches von dunkler Materie entscheidend
beherrscht wird, sich Großstrukturen von Megaparsec Dimensionen (3,2 Millionen Lichtjahre) erzeugen lassen und

dabei zu einer Form der Galaxienverteilung führen, die in groben Zügen derjenigen ähnelt, die tatsächlich beobachtet wird, allerdings nur dann, wenn man von einem großen Anteil der **Dunkelmaterie** ausgeht (also $\Omega_D/\Omega_B \simeq 5$). Diese Simulation folgt der Bewegung von 2 Millionen Galaxien in einem kosmischen Würfel mit Kantenlängen von mehr als 2 Milliarden Lichtjahren und kann im Rahmen der ihr verbliebenen Freiheiten untersuchen, welches der denkbaren $[\Omega_{B,0}, \Omega_{D,0}, \Omega_{\nu,0}, \Omega_{\Lambda 0})]$-Weltmodelle (siehe Abb. 1.1!) hierbei die besten Überbringerdienste tut.

Auch kann die aus kosmologisch gedeuteter Rotverschiebung geschlossene Entfernung fernster Supernovae durch Wahl des geeigneten Kosmologiemodells so zugeordnet werden, dass die gefundenen scheinbaren und die erwarteten absoluten Helligkeiten dieser kosmischen Standardstrahler im Rahmen der Standardmodellierung gut zusammenpassen (siehe Abb. 2 aus Perlmutter et al. 1999). Damit kann auch wieder ein best-passendes kosmologisches $[\Omega_{B,0}, \Omega_{D,0}, \Omega_{\nu,0}, \Omega_{\Lambda,0}]$-Konsensmodell gefunden werden, in dem dann allerdings die geforderten Proporze der diese „Konsenswelt" konstituierenden kosmischen Energieanteile ebenso verwundern, wie bei der vorher erwähnten Großsimulation.

Der Hauptanteil, nämlich 72 %, der unsere Welt ausmachenden Energie entfällt nach beiden Fit-Prozeduren auf die sogenannte *„dunkle Energie"* ($\Omega_{\Lambda,0} = 0{,}72$!), oder anders auch genannt: *Vakuumenergie*. Der zweitwichtigste Anteil, nämlich 23 %, wird von der *„dunklen Materie"* ($\Omega_{D,0} = 0{,}23$) ausgemacht, jener kosmischen Energiekomponente, die einer bisher nicht nachgewiesenen, aber aus gravitativen Bindungsgründen geforderten Form von

Materie repräsentiert wird, die laut Definition keinerlei elektromagnetische Wechselwirkung mit sich selbst (elektrisch ungeladene Partikel) oder anderer Materie zeigt und demnach nicht direkt, sondern nur indirekt durch Mitgestaltung der kosmischen Gravitationsfelder erkennbar wird (siehe Bennet et al., 2003). Lediglich 4 % vom Gesamtenergiekuchen werden dagegen von den gewöhnlichen, baryonischen Materieteilchen ($\Omega_{B,0} = 0{,}04$) ausgemacht, die man zuvor und bisher immer als die wichtigsten Masse- und Energie-Komponenten des Universums angesehen hatte. Das stellt uns heute die Frage: muss man nun in Zukunft mit einer solch ungewöhnlichen 4-Parameter-Welt leben, in der das, was wir sehen können, keine Rolle spielt, dagegen das, was wir nicht sehen, die Hauptrolle?

Wir werden in den folgenden Kapiteln dieses Buches hinterfragen, ob dieses moderne Weltbild, das in den Naturwissenschaften derzeit emporgekommen ist, Bestand haben kann über die kommenden Jahrzehnte, oder ob man eher einen Weltbildsturz ähnlichen Ausmaßes, wie seinerzeit 1927–1929, von G. Lemaître und E. Hubble ausgelöst, erwarten muss, als damals innerhalb weniger Jahre das bis dahin fest und alternativlos geglaubte statische Weltbild, zu dem auch A. Einstein sich noch 1917 bekennen wollte, in das Bild einer in Expansion begriffenen, also auseinanderfliegenden Welt sich zu wandeln hatte.

An dieser Stelle dieses Buches will ich meinen Lesern sogleich aber auch meinen rein intellektuell motivierten, sagen wir „wissenschafts-theoretischen", Grund nennen, warum ich dennoch an kein Universum glauben will, das aus dem Urknall herkommt. Ist es doch so: Wenn wir Kosmologie betreiben, dann weil wir denken, dass das Universum als ein Ganzes beschrieben werden kann. Das Universum ist aber nur dann ein solches Ganzes, wenn alles im Universum mit allem anderen schicksalmäßig physikalisch zusammenhängt, und nicht, wenn es ein Sammelsurium von voneinander unabhängigen Einzelgeschehnissen darstellt. Eine solche Idee der Zusammenhängigkeit wird aber gerade mit der Hubble'schen Suggestion aufgegeben, die glauben machen will, die Expansion des Universums und der Galaxien sei wie das Auseinanderfliegen von kommunikationslosen Gewehrkugeln zu verstehen, – ein kosmisches Spiel, das man mühelos in der Zeit umkehren können sollte und das demnach die Herkunft aus einem allerdichtesten Zentrum suggeriert. Hier aber ist der Widerspruch im Denken: Entweder also ist dieses Weltall kein zusammenhängendes Gesamtgebilde – wenn nämlich die Galaxien kommunikationslos wie Gewehrkugeln aus der Urknallflinte hervorgestoben gekommen wären, und dann aber wäre die Kosmologie somit fehl am Platze, – oder aber, wenn dieser Kosmos ein zusammenhängendes Ganzes ist, dann ist das Expansionsgeschehen eben nicht rückextrapolierbar in der Zeit hin auf einen allerdichtesten Urknallpunkt. Entscheiden Sie hier lieber gleich selbst einmal, was Sie persönlich denn glauben wollen würden, bevor Sie sich in diesem Buch einer fremden Indoktrination ausliefern.

Literatur

Bennet, C.L., Hill, R.S., Hinshaw, G. Nolta, M.L., et al.: Results from the COBE mission. Astrophys. J. Supplem. **148**, 97–111 (2003)

Einstein, A.: Zur Allgemeinen Relativitätstheorie. Sitzungsber. der königl. Preussischen Akademie der Wissenschaften. Berlin (1915)

Einstein, A.: Kosmologische Betrachtungen zur Allgemeinen Relativitätstheorie. In: Sitzungsberichte der königl. Preussischen Akademie der Wissenschaften, S. 142–152. Berlin (1917)

Ellis, G.F.R.: Relativistic cosmology: its nature, aims and problems. In: Bertotti, B., de Felice, F. und Pasolini, A. (Hrsg.) General Relativity and Gravitation, Aufl. 1, S. 668–670 (1983)

Fahr, H.J.: The cosmology of empty space: How heavy is the vacuum? What we know enforces our belief. In: Löffler, W. und Weingartner, P. (Hrsg.) Knowledge and Belief. öbv&htp Verlag, Wien (2004)

Goenner, H.: Einführung in die Spezielle und Allgemeine Relativitätstheorie. Spektrum Akademischer Verlag, Heidelberg (1996)

Perlmutter, S.: Physics Today, April 2003, 53–60 (2003)

Perlmutter, S., Aldering, G., Goldhaber, G. et al.: The project T.S.C. Astrophys J. **517**, 565–578 (1999)

Springel, V. et al.: Simulations of the formation, evolution and clustering of galaxies and quasars. NATURE **435**, (7042), 629–636 (2005)

Stephani, H.: Allgemeine Relativitätstheorie: Eine Einführung in die Theorie des Gravitationsfeldes. Deutscher Verlag der Wissenschaften, Berlin (1988)

Wu, K.K.S., Lahav, O., Rees, M.J. et al.: The large-scale smoothness of the universe, NATURE **396**, 225–230 (1999)

2

Wurde diese Welt wirklich im Urknall gemacht? Fragen an das vorherrschende Weltbild unserer Zeit

Wie vollzieht sich ein Denken an anderer Stelle im Kosmos oder gar am Rande des Universums im Vergleich zu dem unseren hier auf der Erde? Denkt man anderswo wohl anders als bei uns? Und wenn ja, dann wäre jede Theorie über die Entstehung und die Natur unseres Universums nur eben unsere hausbackene, geomorphe oder anthropomorphe Theorie, die mehr mit der Beschränktheit des Standortes „Erde" und mit der Fehlbarkeit der Denkmaschine „Mensch" zu tun hätte als mit der Realität des Universums! Es wäre eher ja dann schlicht eine Theorie über den „Kosmos in uns" als über den Kosmos als solchen. Mit einer solchen Auslegung wollen sich die Wissenschaftler aus dem Bereich der Astrophysik und der Kosmologie aber auf keinen Fall abfinden, und so gilt die Kosmologie der heutigen Tage für sie als eine absolut kreditwürdige Sache mit einer unerschütterlichen Aussage über die Realität des Kosmos als Ganzem. Sie gilt ihnen nicht einfach nur als ein ergötz-

© Springer-Verlag Berlin Heidelberg 2016
H.J. Fahr, *Mit oder ohne Urknall*, DOI 10.1007/978-3-662-47712-0_2

liches, delektierliches Räsonnement, als ein intellektuelles Training zur Schärfung der Verstandeskräfte, und gilt auch nicht dem Erwerb eines schlichten Spiegelbildes menschlichen Denkens im Bereich des eigentlich schon nicht mehr intellektuell Legalen.

Für den Normalbürger gehören Wissenschaftler zwar zu jener Gattung Menschen, die denken können, für die das Denken aber gelegentlich auch zu einer Geißel ihrer Existenz wird. Sie, die Wissenschaftler, können das Nachdenken eben auch da nicht lassen, wo es eigentlich schon um das Undenkbare geht, obwohl Letzteres allen denkerischen Disziplinen naturgemäß ja verschlossen bleiben sollte wie ein Sesam. Solch einen Sesam stellt doch höchstwahrscheinlich auch das Universum für unseren Verstand dar, denn wie sollte unser begrenzter Verstand ein unbegrenztes Universum je begreifen können. Man kann einen solchen Sesam überhaupt nur zu öffnen hoffen, wenn man auf eine ausreichende Zahl von interdisziplinären Multitalenten aus vielen hilfreichen Wissenschaften rechnen darf, die die verschiedensten Schlüssel beim Versuch eines Öffnens zum Einsatz bringen können. Was kann bei einem solchen Unternehmen, sich das Verschlossene zu erschließen, dann aber letztenendes herauskommen? – Eine Lehre über die Wahrheit der Natur des Allergrößten, eine Wegweisung zum Verständnis des Realitätsganzen oder eine Wissenschaftsbibel über die Welt?

Ein Buch über Kosmologie sollte sicherlich keine reine Bestandsaufnahme des Gegebenen im Kosmos sein, es sollte auch mehr als ein pädagogischer Abriss eines sich aus dem Gegebenen ableitenden Fragenkataloges sein, es sollte vielmehr eine Deutung des Gegebenen im Kosmos und eine große Ideenperspektive geben, die alles Wahrgenommene erklärlich erscheinen lässt! Ein Buch also vielleicht denn aber, das dem Leser zur Anregung von höhenflughaftem Ausdenken der uns ewig fremden Dimensionen des Universums und den aus der Beschäftigung damit hervortönenden Apokalypsen der modernen wissenschaftlichen Deutung dient! Ein wegweisendes Buch zumindest für einen Leser, den nicht gleich der Schwindel angesichts der vielen Unbeweisbarkeiten und Bodenlosigkeiten des in der Kosmologie Spekulierten packt. Denn spekuliert muss hier allemal werden! Der Kosmos spricht zu uns nicht in einer klar vernehmlichen Sprache, so dass wir nur hinhören müssten, um die Botschaft des großen Ganzen zu empfangen.

Vielmehr müssen wir bemüht sein, die von ihm an uns gegebenen Zeichen in unserer Sprache, oder besser gesagt, in der Sprache unseres Verstandes, unterzubringen. Da bleibt aber dann immer noch die Frage, ob diese Zeichen überhaupt für das Ganze des Kosmos sprechen können oder ob sie nur die Beschaffenheit eines kleinen Teiles desselben signalisieren. Ist der Kosmos über die Zeichen, die er uns gibt, vielleicht dimensionenweit erhaben, oder verrät er sich in ihnen eher vollwesentlich seiner Substanz nach? Ein Mensch, der sein Leben lang abgeschieden vom Rest der Welt, zum Beispiel in den Bergtälern Abchasiens oder in den Kalksteinhöhlen Kappadokiens lebt und seine Umwelt nur von dort aus erfährt, wird ob dieser beschränkten Perspekive niemals den Anspruch auf eine allgemeingültige Welterkenntnis erheben können. Nichts kann ihm in seiner Teilwelt den Hinweis dafür geben, dass er von dort aus im Prinzip auch die Beschaffenheit der Welt als ganzer erfahren kann. Er muss sich damit abfinden, dass seine Weltsicht nur beschränkte Gültigkeit haben kann.

Wie beschränkt ist nun aber tatsächlich diese kosmologische Weltansicht der Astronomen, die den Kosmos mit Fernrohren und Radioteleskopen erkennen wollen und darob sagen können möchten, wie dessen Realität beschaffen ist? Ob die kosmischen Zeichen, so wie wir sie zu unserer Zeit und von unserem Standort her vernehmen, Allgemeingültigkeit für die Beschaffenheit des Gesamtkosmos haben, von dem wir ja gerne reden wollen, werden wir niemals aus ihnen selbst heraus beweisen können. Zeichen sind immer höchstens ein Hinweis auf die Wahrheit, sie tragen aber niemals an sich ein Prädikat für ihre Allgemeingültigkeit bzw. für die Beschränktheit ihrer Zeichengebung! Allenfalls ihre Deutung im Rahmen einer adäquat angelegten, kosmologisch geschlossenen Theorie kann a posteriori den Konsistenzcharakter dieser Zeichen manifest werden lassen. Im Rahmen einer entsprechend gefertigten Theorie des Kosmos kann es somit möglich werden, den kosmischen Zeichen Allgemeinheitswert zuzusprechen.

Wir müssen uns aus dieser für unsere Erkenntnis des Kosmos generell misslichen Lage einfach mit pragmatischen Mitteln zu befreien versuchen, indem wir danach fragen, wie denn eigentlich ein Kosmos beschaffen sein müsste, dessen an uns gegebene Zeichen wir als Indizien für das Ganze nehmen dürften! Ein kurzer Blick auf die Frühhistorie der kosmologischen Konzeptansätze mag hier schnell die Problematik in einer solchen Visionierung eigentlich unzugänglicher Dinge aufzeigen können: An dieser Stelle soll nur ein kurzer Hinblick auf die kosmologischen

Perspektiven aus der Zeit der griechischen Vorsokratiker seit 500 vor Christus genügen.

Der wohl berühmteste Naturphilosoph dieser Zeit, Heraklit (500 v. Chr.) sagte über die Welt: „Diese Welt hat weder einer der Götter, noch einer der Menschen gemacht. Sie vielmehr war immer schon und wird immer sein – ein ewig lebendes Feuer, sich in Stufen entzündend, und in Stufen wieder verlöschend." Empedokles (435 v. Chr.) dagegen nennt diese Welt einen zwar in Ewigkeit fortdauernden Prozess einer allerdings ewigen Umwandlung, eine Ewigkeit, jedoch in dauerndem Wechsel von Entstehung und Vergehen befindlich mit der Bildung ständiger Gestaltenumwandlung unter den Urteilchen der Materie einhergehend. Etwa um die gleiche Zeit äußert sich Anaxagoras (462 v. Chr.) auf die folgende Weise über den Kosmos: „Entstehen und Vergehen findet im Kosmos nur statt durch ewig andauernde Umwandlung des einen, nie entstandenen und nie ins Nichts vergehenden Materievorrats des Universums. Die Gesamtheit der Urteilchen der Materie wird nicht mehr und nicht weniger, sie erhält sich vielmehr in ewigem Wandel, denn aus dem nichts kann niemals etwas entstehen, ebenso wenig wie etwas ins Nichts vergehen kann, wenn es einmal ist."

Das scheinen klare Vorgaben aus dem Denken der Menschheit herkommend für die grundsätzlichen Züge dessen zu sein, was eine vernunftgemäße Form der Kosmologie eigentlich sein muss. Wir werden hiervon ausgehend verfolgen, inwieweit die heutige Kosmologie diesen apriorischen Vorgaben zu entsprechen vermocht hat, und werden auf diese Nachfrage an die Vernunftkonkordanz der heutigen Kosmologie am Ende des Buches noch einmal zurückkommen. Denkt man nun aber zunächst einmal daran, dass die Astronomen die Natur dieses Kosmos ja erfahren aus der Art und Weise, wie Letzterer sich und seine Strukturen über elektromagnetische Strahlungen auf ihre astronomische Netzhaut, beziehungsweise auf die von ihnen exponierten Photoplatten, abbildet, so ergibt sich daraus allein schon die Forderung, dass der Kosmos zumindest einen, mit seinem Alter korrelierten Homogenitätsgrad besitzen muss, wenn wir ihn denn überhaupt als ganzen erkennen können sollten. Das soll heißen, dass er im sogewollten Falle innerhalb seines altersbedingten Sichthorizontes entweder durchgängig homogene Beschaffenheit oder anderenfalls durchgängig hierarchische Strukturiertheit aufweisen muss.

Wenn der Kosmos nur ein paar Sekunden alt wäre, so könnten wir auch nur ein paar Lichtsekunden weit in den Kosmos hinaussehen, und es müsste schon erstaunlich erscheinen, wenn wir erkennen könnten, dass der Kosmos über solch kleinen Raumdimensionen gleichförmig beschaffen ist. Wenn er dagegen viele Milliarden Jahre alt ist, so weitet sich unser Sichthorizont auf eine Dimension von vielen Milliarden Lichtjahren aus, und es mag dann weniger überraschend sein, wenn, über solch große Dimensionen gesehen, sich eine Homogenität des von uns gesehenen Universums herausstellte (siehe Abb. 2.1).

Von der Beschaffenheit des gesamten Kosmos können wir demnach nur dann überhaupt reden, wenn innerhalb des uns gewährten Sichthorizontes schon das Ganze der Welt in Erscheinung tritt, oder anders gesagt, wenn alles, was derzeit noch außerhalb unseres derzeitigen Sichthorizontes liegt, nur eine Wiederholung dessen darstellt, was schon innerhalb desselben gesehen wird. Wenn man im

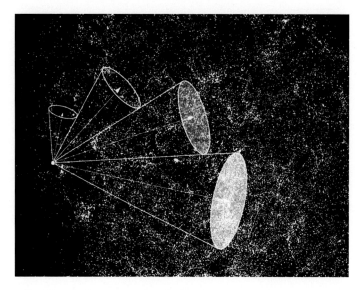

Abb. 2.1 Der vom Standpunkt eines kosmischen Beschauers aus mit dem Weltalter wachsende Sichthorizont in einem strukturierten All

Zentrum eines Wasserstoffatoms eines Wassermoleküls in der Tiefe des Ozeans säße und würde von diesem Zentrum aus die mittlere Materiedichte der Umgebung mit wachsendem Zentrumsabstand abtasten, so würde sich zunächst bei Überschreiten der Atomkerndimension, sodann bei Überschreiten der Atomhüllendimension, und schließlich bei Überschreiten der Wassermoleküldimension jeweils eine deutliche Erniedrigung der mittleren Materiedichte ergeben, danach jedoch bei Zentrumsabständen im Bereich von Millimetern, Zentimetern oder Kilometern würde die erfahrbare mittlere Materiedichte auf einmal vollkommen konstant bleiben und sich auf einen Wert von 1 Gramm pro Kubikzentimeter, eben den Wert der spezifischen Dichte des Wassers, einstellen. Auf solchen Skalen erweist sich das Ozeanwasser also als homogene Materieverteilung.

Sehen wir nun ebenso, dieser Situation analog, innerhalb des kosmischen Sichthorizontes, mit dem wir den Ozean der kosmischen Materieverteilung erfassen können, bereits den zum Ozean vergleichbaren Fall einer Erscheinungs-redundanz eintreten? Letzteres wäre auf zweierlei Weise möglich: Entweder ist der Kosmos schon auf typischen Dimensionen $L \ll L_0 = c/H_0$, also klein gegen den Sichthorizont der Welt (wo c die Lichtgeschwindigkeit und H_0 die Hubble-Konstante bezeichnen), als streng homogen beschaffen anzusehen und bildet eine gleichmäßige, mittlere Materiedichte $\langle \rho(L) \rangle$ aus, die für Raumskalen $L_c < L < L_0$ einen konstanten Wert repräsentiert, oder der Kosmos ist in seinen materiellen Strukturen zwar nicht homogen, aber dafür auf eine skaleninvariante Weise durchgängig hierarchisch angelegt; er wiederholt somit seine Strukturen in gleicher Form auf immer größeren Skalen immer wieder aufs Neue!

Letzteres könnte dann zwar bedeuten, dass die mittlere Materiedichte $\bar{\rho}(L)$ eine ständig mit der Raumskala L veränderliche Größe ist, etwa in der Form, dass sich eine funktionale Abhängigkeit etwa der Form $\bar{\rho}(L) = \rho_0(L/L_0)^\gamma$ ergibt, wobei γ ein Exponentialindex mit einem festen Wert ist, dass jedoch eine geeignet mit der verwendeten Größenskala skalierte Dichte, wie etwa die Dichte $\rho(L) = (L/L_0)\langle \rho(L) \rangle$ einen durchweg für das gesamte Universum konstanten Wert annimmt. Wenn außerdem etwa in einem solchen hierarchischen Weltall der Wert des

Exponentialindexes $\gamma > 3$ wäre, so würde dies bedeuten, dass wir innerhalb des kosmischen Sichthorizontes schon praktisch die gesamte Masse des Universums vorfinden, da Letztere sich ja ergibt aus:

$$M(L_\infty) = 4\pi \int\limits_0^{L_\infty} \rho(L)L^2\,dL = M_\infty$$

Wenn in späteren Zeiten dieser kosmische Sichthorizont L_∞ angewachsen wäre wegen des wachsenden, kosmischen Sichthorizontes – und wir folglich weiter ins Universum hinaussehen würden –, so würden wir in einem derartig hierarchisch aufgebauten Weltall dann dennoch praktisch nicht mehr Masse zu sehen bekommen. Alle Masse eines solchen Universums sitzt in einer endlichen Entfernung von uns.

Damit haben wir betonen wollen, weshalb wir nach der Gültigkeit eines „kosmologischen Prinzips" hinsichtlich der Beschaffenheit des Kosmos verlangen müssen, damit uns überhaupt erlaubt ist, von unserem singulären und letztlich völlig zufälligen Weltaspekt her auf etwas für das Ganze des Kosmos Relevantes zu schließen. Wir müssen uns einfach darauf verlassen können, dass wir durch unsere Position im Kosmos nicht „standortgeschädigt" sind und durch die von diesem Standort aus möglichen Beobachtungen nicht voreingenommen für den Blick auf das Ganze sind. Es hätte doch gar keinen Sinn, Kosmologie zu betreiben, wenn das, was den Kosmos überhaupt eigentlich erst ausmacht, gar nicht wirklich an unserem Weltort erfahrbar wäre. Was wir bei uns und zu unserer Zeit vom Kosmos zu sehen bekommen, sollte demnach schon als etwas substanziell Wegweisendes zum Verständnis des Universums genommen werden dürfen.

Erfüllt nun der aktuelle Kosmos vor unseren Augen diese apriorischen Erwartungen? Ist er etwa gleichförmig oder skaleninvariant über Dimensionen kleiner als unser Sichthorizont aufgebaut? Und ist er geschichtslos und evolutionslos innerhalb solcher Dimensionen? Wenn doch der Kosmos eine irreversible, geschichtliche Veränderung durchmachen würde, dann könnten mehrere Fälle eintreten, die das kosmologische Prinzip in Frage stellen würden: Wenn die Epochen der geschichtlichen Veränderung im Kosmos deutlich kürzer als das derzeitige Weltalter wären, so würden innerhalb unseres Sichthorizontes Bereiche aus unterschiedlichen Entwicklungsepochen des Kosmos in Erscheinung treten, wodurch es „äußerst schwierig" wird, das Kriterium der Gültigkeit des kosmologischen Prinzips, nämlich Homogenität oder Skaleninvarianz, anhand des Gesehenen zu überprüfen, denn das in verschiedenen Entfernungen von uns Beobachtete zeigte je ein Bild des Kosmos zu unterschiedlichen Epochen auf. Wenn andererseits die Evolutionsepochen des Kosmos lang gegen das derzeitige Weltalter wären, so würden wir ein stark zeitgeprägtes Bild des Kosmos wahrnehmen und könnten kein gültiges Bild des Kosmos über die verschiedenen Entwicklungsepochen erstreckt gewinnen.

Wenn sich zum Beispiel an den heute in der Tiefe des Weltraumes beobachtbaren kosmischen Entwicklungsprozessen anzeigt, dass das Bild des Kosmos heute ein anderes ist als wohl zu früheren Zeiten wahrnehmbar, so lässt sich daraus eine Entwicklung absehen, die sich durch alle Bereiche des Kosmos erstreckt, die jedoch nur dann von uns interpretierbar gemacht werden kann, wenn eine einheitliche kosmische Evolution in der Zeit vor sich geht, die sich an allen Raumpunkten im Universum gleichermaßen vollzieht. Wenn sich im Kosmos ortsspezifische, dekohärente Evolutionsgeschichten abspielen würden, so ließe sich das von uns innerhalb des Sichthorizontes wahrgenommene Bild des Kosmos überhaupt nicht auf rein räumliche und rein zeitliche kosmische Veränderungen hin entwirren.

Ein von uns auf seine räumliche Beschaffenheit hin interpretierbarer Kosmos muss demnach zumindest die Eigenschaft besitzen, dass in ihm die Zeit als der Parameter der kosmischen Evolution nur als explizit raumunabhängige, nämlich absolute, über allem stehende Koordinate auftreten darf. Letztere darf im Gegenteil eben nicht als eine der vier standortabhängigen raumzeitlichen Variablen fungieren, als welche sie ja aus gebotenen Gründen ursprünglich in der Speziellen und Allgemeinen Relativitätstheorie eingeführt wird. Die kosmische Zeitkoordinate muss vielmehr als etwas dem Raume gänzlich äußerliches auftreten. Sie muss für jeden Raumpunkt im Universum eine absolute Bezugsgültigkeit haben, das heißt, wo auch immer im Universum man sich befindet, so muss dort wie überall sonst das universelle, kosmische Evolutionsalter gelten. An jeder Stelle im Weltall sollte mir demnach ein Weltbild gegeben sein, an dem ich ein, und nur ein Evolutionsalter des Kosmos feststellen kann! Das hieße eben, ein synchronisiertes Altern im ganzen Kosmos fordern!

Unter diesem verallgemeinerten „starken kosmologischen Prinzip" kommen demnach nur Weltmodelle in Betracht, die die Zeit als einen externen, unabhängig von den Raumkoordinaten auftretenden Evolutionsparameter verwenden. Das bedeutet aber, dass man mit solchen, diesem Prinzip genügenden Modellen von vornherein auf eine kleine Ausschnittmenge von allgemein möglichen Lösungen festgelegt ist. So lässt sich unter den oben angesprochenen, heuristischen Vorgaben absehen, dass nur eine sehr stark eingeschränkte Menge von möglichen Lösungen im Rahmen der Einstein'schen allgemein-relativistischen Feldgleichungen überhaupt als kosmologisch relevant in Betracht kommen kann. Wir mögen uns aus diesem Grunde ernstlich fragen, ob die kosmologischen Tatsachen denn überhaupt unzweifelhaft von solcher Form sind, dass sie ein solches Weltmodell als Erklärung zulassen?

Man mag sich fragen, ob sie ein Weltmodell zulassen, das nach dem „starken kosmologischen Prinzip" geschneidert ist. Können wir überhaupt auf irgendeine Weise herausfinden, ob es zulässig ist, die kosmische Zeit als einen externen Parameter über dem kosmischen Geschehen zu benutzen? Sind die dynamischen und strukturschaffenden Prozesse überall im Kosmos in der Tat homogen und isotrop angelegt? Sind sie miteinander synchronisiert? Das sind heikle Fragen, die man nicht so einfach beantworten können wird. Die Astronomen schauen deshalb hier erst einmal auf andere kosmologierelevante Phänomene.

Tatsächlich nämlich gibt dieser Kosmos den Kosmologen, die ihn studieren, das unwiderstehliche Bild eines kohärenten Expansionsgeschehens, und zwar eines skalenkohärenten, man sagt: homologen Expansionsgeschehens, also nach folgender Art:

$$L/L_0 = R/R_0$$

Das heißt, abgesehen einmal von kleinsten Raumskalen $L \leq L_G$, die man hier ausnehmen muss, weil auf ihnen Galaxien und Galaxienhaufen angelegt sind, die nicht mitexpandieren, ergibt sich das Bild eines generellen, konzertierten Expansionsgeschehens, an dem sozusagen die ganze Welt beteiligt ist. Natürlich weckt dies Bild die Spekulation, dass ein solch kohärentes Expansionsgeschehen unweigerlich auch sehr stark auf seinen Anfang hinweist. Weil es ja so verführerisch ist, dieses Geschehen als ein in Richtung fortschreitender Zeit monochron laufendes physikalisches Geschehen anzusehen und dann einfach einmal in der Zeit umzukehren, um so die zeitinvertierte Weltgeschichte bis hin in seine frühesten Vergangenheiten erzählt zu bekommen. Diese so rekonstruierte Geschichte besagt dann sofort, dass diese Welt aus einem Anfang herkommt, der unglaublich dicht, heiß, und jedenfalls ganz anders als unsere heutige Welt gewesen sein muss.

Alle Welt redet deswegen heute vom Urknall als dem Anfang der Welt, so als gäbe es kein Entkommen aus diesem so überaus suggestiven, verführerischen und oft als alternativlos gesehenen Paradigma. Doch unser Denken über die Welt als Ganze kann mit diesem Urknallbild eigentlich gar nicht glücklich werden, denn dieses Bild ist wahrlich unschön und enthält eine ungeahnte Menge von Pferdefüßen und Fallgruben, was wir im Folgenden genauer zeigen wollen.

Fragen wir uns zunächst, seit wann diese Welt auseinanderfliegt, und zwar in der historischen Bedeutung der Frage, – nämlich gemeint als Frage, seit wann die Menschheit eigentlich begonnen hat, an das Auseinanderfliegen der Welt zu glauben. Womit hängt dieses Bild letztlich zusammen?

Woher kommt also eigentlich dieser so brandmarkende Begriff „Urknall"? Hier mag man sich erinnern lassen, dass der berühmte und sogar mit dem Sir-Titel geadelte englische Astrophysiker Fred Hoyle in einem BBC Interview von 1949 erstmalig den Begriff „Big-Bang" verwendete. Aber er trat dabei eben gerade nicht als Wegbereiter dieser Ideologie auf, vielmehr als ein Verspotter dieser Idee. Und zwar, um zu den damals weltbewegenden Ideen über ein explodierendes Universum, wie sie von Alexander Friedmann (1922, 1924) und George Lemaître (1927, 1931) in die wissenschaftliche Welt getragen wurden, Stellung zu nehmen. Er verwendete dabei erstmals den Begriff „Urknall" (Big-Bang!), wollte aber damit lediglich diese Kosmologiepioniere – und jene, die ihnen im Denken folgen wollten mit ihrer Forderung nach einer Anfangssingularität des Kosmos, nur ad absurdum führen, sie sozusagen dem allgemeinen Spott preisgeben. Hoyle verwendete diesen Begriff eindeutig ironisch. Nach seiner Meinung damals war die „Idee des Urknalls" blanker Unsinn, sie war ein gefährlicher Irrlauf wissenschaftlichen Denkens! – Dies allerdings, obwohl er, wie gemäß einer Ironie des Schicksals, diese von ihm verworfene Idee durch seinen eigenen Vorschlag eines „steady state"-Universums im Grunde nur mitgetragen und fortgesetzt hat durch seine Idee einer Explosion des Nichts, also des Vakuums, bei der die Expansion des Raumes permanent neue Materie erschafft (siehe Hoyle, 1948, Hoyle et al., 1993, 1994).

Trotz Hoyles damals zunächst beißender Ironie, kursiert dieser Begriff vom „Big-Bang" dennoch bis heute weiter, ist heute eher aktueller denn je geworden und ist geradezu das „sine-qua-non" der modernen Kosmologie. Ohne

Urknall scheint heute gar nichts mehr zu gehen. Und das Erstaunlichste dabei ist, dass sich weder die naturwissenschaftliche Kosmologie noch die Theologie heute eine Welt ohne Urknall vorstellen können. Die christliche Kirche hat das Urknallbild der Kosmologen vollinhaltlich angenommen als ein Schöpfungsgleichnis. Wie lässt sich das alles verstehen? Gibt es denn gar keine Alternativen für unser diesbezügliches Denken? Schließlich kommen wir doch aus Jahrhunderten der Menschheitsgeschichte, in denen nicht einmal im weitesten Sinne vom Urknall die Rede war, sondern von einem festgefügten statischen Weltsystem bestehend aus Erde und Himmelsgewölbe darüber.

Warum also drängt sich das Bild des Urknalls dennoch dem menschlichen Verstand mit so starker Suggestivität auf, förmlich wie eine unvermeidliche Vision? Natürlich haben Bilder einer Atombombenexplosion hierbei ihre ungeheuerliche Suggestivkraft entfaltet. Doch fragt man sich dann aber angesichts solcher Bilder: Entsteht hier eine Welt? Oder vergeht hier eher eine? Auch bei Bildern einer Supernova-Explosion geht es einem kaum anders; auch hier glaubt man so etwas wie einen lokalen Weltbeginn wahrzunehmen, und man fragt sich: Könnte nicht vielleicht die Welt als ganze in Form einer globalen Meganowa-Explosion, sozusagen wie aus einer gigantischen Wasserstoffbombe hervorgegangen sein? Eine Idee, die übrigens schon bei George Lemaître auftauchte und die insbesondere im Jahre 1948, nachdem das Schreckensbild der ersten Atombombenexplosionen vor den Augen der Menschheit stand, in einer ernsthaften, wissenschaftlichen Arbeit von George Gamow, Ralph Alpher und Robert Hermann (1950) vorgestellt wurde. Und dennoch bleibt den meisten ein Unbehagen: Denn wenn schon

– B-B –, … dann vielleicht doch eher „Big-Bluff" als „Big-Belief!"!

Literatur

Friedmann, A.A.: Über die Krümmung des Raumes. Zeitschrift f. Physik **10**, 377–386 (1922)

Friedmann, A.A.: Über die Möglichkeit einer Welt mit konstanter negativer Krümmung des Raumes. Z. f. Physik **21**, 326–332 (1924)

Gamow, G., Alpher, R.A., Hermann, R.C.: Theory of the origin and the distribution of the elements. Rev. Mod. Phys. **22**, 153–212 (1950)

Hoyle, F.: A new model for the expanding universe. Mon. Not. Roy. Astr. Soc. **108**, 372–384 (1948)

Hoyle, F., Burbidge, G., Narlikar, J.V.: A quasi-steady state cosmological model with creation of matter. Astrophys. Journal **410**, 437–457 (1993)

Hoyle, F., Burbidge, G., Narlikar, J.V.: Astrophysical deductions from the Quasi-Steady-State cosmology. Astron. & Astrophys. **289**, 729–739 (1994)

3

Was wissen wir überhaupt vom Kosmos als Ganzem? Können uns Photonen die Geschichte des Weltalls erzählen?

Wenn die Teile der Welt ganz isoliert voneinander existierten, ohne jede Synchronisation mit dem Rest des Universums, dann gelte es nicht, die Welt als Ganze, sondern ihre Teile zu verstehen. Wenn also das Universum nichts anderes als ein kontingentes, physikalisch unzusammenhängendes Nebeneinander von Sternen, Galaxien und Galaxienhaufen wäre, die als einzelne, kosmische Entitäten völlig entkoppelt vom Leben ihrer kosmischen Artgenossen in der Nachbarschaft in genuiner Eigengesetzlichkeit und Selbstständigkeit koexistierten, dann müsste eine Kosmologie für das Ganze der Welt völlig unsinnig und unangemessen erscheinen.

Unter solchen Umständen benötigte man vielmehr eine Evolutionstheorie der galaktischen Systeme, aber keine darüber hinausgreifende Kosmologie, die das Zusammensein aller Galaxien in einem geschlossenen Weltraum und ihre kollektive Dynamik in einem gemeinsamen Universum zu

© Springer-Verlag Berlin Heidelberg 2016
H.J. Fahr, *Mit oder ohne Urknall*, DOI 10.1007/978-3-662-47712-0_3

berücksichtigen hätte. Eine Lehre über den Kosmos insgesamt kann also nur dann sinnvoll sein, wenn die Welt kein kontingentes Nebeneinander von morphologisch verwandten, aber evolutionsmäßig dekohärenten Galaxien und Galaxiensystemen, sondern ein in ihrer Gesamtdynamik kausal geschlossener Verbund ist, innerhalb dessen das vor sich gehende Geschehen auf eine zentrale und initiale Veranlassung zurückzuführen ist.

Da nun aber Sterne und Sternsysteme schon einmal existieren, so kann man sie auch in einer für das Ganze konzipierten Kosmologie nicht einfach ignorieren. Man kann sich aber auf den Standpunkt stellen, dass man im Rahmen einer solchen Kosmologie auf die kosmischen Einzelheiten zunächst einmal nicht zu achten braucht, wenn man von einem unendlich im Raum erstreckten Universum ausgehen kann. In einem derartigen Universum mit unendlicher Erstreckung mag es nicht primär nötig erscheinen, von den Inhomogenitäten in einer solchen Unendlichkeit zu sprechen, wenn diese sich immer wiederholen in den Fernen des Raumes. Sie alle sorgen für eine Art Körnung des Universums auf kleiner Raumskala, aber – über entsprechend große Skalen gemittelt – verlieren sie ihre Bedeutung, und nur ihr materieller Mittelwert zählt für das große Ganze, sozusagen ihre Existenz als räumlich ausgeschmierte Masse.

Bezüglich der räumlichen Unendlichkeit des Kosmos ergibt sich nun sogleich ein erster kontroverser Beobachtungsbefund. Schon dem Bremer Arzt und Naturforscher Heinrich Wilhelm Olbers war im Jahre 1789 die Fragwürdigkeit der Annahme aufgefallen, die Welt sei in jeder Richtung des Raumes unendlich erstreckt. Wie er richtig hervorhob, so sollte nämlich eine gleichförmig aufgebaute Welt, ausgedehnt auf unendliche Weiten, für uns als Beobachter des Kosmos zu paradoxen Folgen führen. Bei einer unendlich sich erstreckenden Welt mit gleichförmiger Sternenverteilung überall sollte nämlich ein taghell leuchtender Nachthimmel resultieren. Denn in jedem, noch so kleinen Sichtwinkel zum Nachthimmel träfen wir doch immer schließlich in einem solchen Kosmos auf einen leuchtenden Stern, ob nun nahe bei uns oder fernab. Wenn also Licht bei seiner Ausbreitung durch den Weltraum nicht verloren geht oder sich energetisch verbraucht, dann sollte einem aus jeder Richtung der Nachthimmel, sowie auch der Taghimmel, hell wie die Oberfläche leuchtender Sterne erscheinen.

Da dies bekanntermaßen nicht so ist, mag man sich fragen, ob dieser Umstand bereits die Endlichkeit unserer Welt beweisen kann. Selbst 250 Jahre nach Olbers ist man sich unter Astronomen jedoch immer noch nicht ganz sicher, ob dieser Schluss unausweichlich ist oder ob er vielleicht doch vermieden werden kann! Vieles konnte zu Olbers' Zeiten in dieser Sache noch nicht bedacht werden, dennoch bleibt dieses Paradoxon bis heute von tiefgründiger kosmologischer Bedeutung. Vor allem aber muss in dieser Sache die endliche Lebensdauer der Sterne und die endlich große Geschwindigkeit bedacht werden, mit der sich das Licht der fernen Sterne zu uns ausbreitet. Die Sterne gewinnen ihre Energie, die sie über ihre Oberfläche abstrahlen, durch nukleare Kernfusion in ihrem Inneren. Diese Fusion, bei der ja ständig Masse in elektromagnetische Strahlungsenergie verwandelt wird, kann natürlich nur über eine begrenzte Periode hinweg aufrechterhalten werden, solange eben, bis das vorhandene, nukleare Brennmaterial des Sterns aufgebraucht ist.

Danach wird der Stern sein Leuchten einstellen müssen. Wenn demnach alle Sterne des unendlichen Weltalls zur gleichen Zeit entstehen würden und danach zu leuchten begännen, so würde man von einem bestimmten Weltort aus entsprechend ferne Sterne noch gar nicht sehen können, weil das Licht seit Beginn ihres Leuchtens noch gar nicht bis zu diesem Ort hin vordringen konnte. Entsprechend würde man zu einem späteren Zeitpunkt dagegen von diesem Weltpunkt aus die ihm nahen Sterne schon nicht mehr leuchten sehen, weil sie bei der Endlichkeit ihres Lebens ihr Leuchten inzwischen beendet hätten. Die Situation eines sternhellen, also taghellen Nachthimmels könnte demnach erst wirklich eintreten, wenn die im Raum unendlich ausgedehnte Welt erstens bereits seit ewigen Zeiten existierte, und wenn zweitens überall im Weltall seit ewigen Zeiten immer wieder aufs Neue Sterne entstehen und vergehen. Nur bei gleichzeitig gegebener, räumlicher – und – zeitlicher Unendlichkeit des Universums und bei lokal zyklisch geschlossenen, kosmischen Kreislaufprozessen müsste in der Tat ein dunkler Nachthimmel paradox erscheinen.

Trotz eines vermuteten Anfangs unseres Universums in der Zeit scheint es jedoch ein Phänomen wie das des leuchtenden Nachthimmels in einer analogen Form zu geben. Zwar leuchtet der Nachthimmel nicht sternenhell im optischen Wellenlängenbereich, aber er leuchtet immerhin uniform in einem energieärmeren Bereich des elektromagnetischen Wellenspektrums, nämlich im Bereich der Radiowellen und der Mikrowellen! Hier meinen wir das Phänomen der heute gut erforschten kosmischen Hintergrundstrahlung. Diese Strahlung (CMB = Cosmic Microwave Background) wurde seit 1989 beginnend mit dem Satelliten COBE (C0-smic B-ackground E-xplorer) in Ganzhimmelsuntersuchungen genauestens studiert. Inzwischen ist ein technisch modernerer Satellit WMAP (Wilkinson Microwave Anisotropy Probe) in COBEs Fußstapfen getreten und hat den Mikrowellenhimmel in mehreren Frequenzbändern noch genauer und mit besserer Auflösung auf Strahlungsintensitäten untersucht (Bennet et al., 2003). In diesem Spektralbereich der Zentimeter- bis Millimeterwellen erweist sich unser Himmel sowohl bei Tage als auch bei Nacht als gleichmäßig hell (auf minimale Abweichungen von der Gleichmäßigkeit und ihre Bedeutung werden wir später noch zu sprechen kommen). Dieses CMB-Phänomen wäre von einer unendlichen ausgedehnten Welt aus überall und ewig wieder erzeugten Sternen zu erwarten, die jedoch mit einer für normale Sterne ungewöhnlich niedrigen Oberflächentemperatur von nur 3 Grad Kelvin strahlen müssten! Dieses Olbers'sche Mikrowellen-Phänomen ist inzwischen unter den Astronomen als das Phänomen der „kosmischen Hintergrundstrahlung" gut bekannt (siehe Abb. 3.1).

Sollte es nun trotz eines Anfanges der Welt in der Zeit zwar einen leuchtenden Mikrowellenhimmel, aber keinen optisch leuchtenden Himmel geben? Was unterscheidet den Mikrowellenhorizont vom optischen Welthorizont? Eine naheliegende Antwort auf diese Frage unter dem Aspekt der „Urknall"-Kosmologie könnte sein, dass wohl die Quellen der kosmischen Mikrowellenstrahlung evolutionsgeschichtlich weit älter sein könnten als diejenigen der optischen Strahlung, als welche ja die leuchtenden Sterne und Sternsysteme fungieren. Wenn er nur alt genug ist, so könnte der Mikrowellenhimmel ja vielleicht inzwischen dicht zusammengewachsen sein, während der optische Himmel

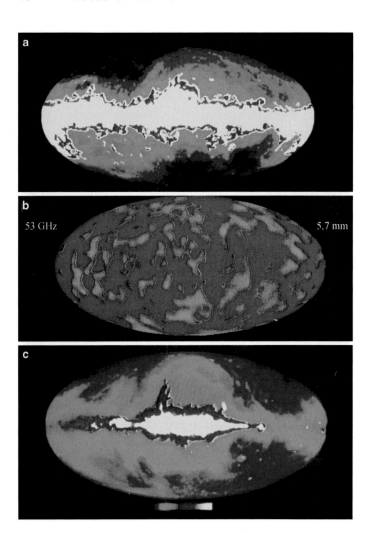

Abb. 3.1 Der Olbers'sche Nachthimmel **a** im infraroten, sowie **b** im Mikro-, und **c** im Radio-Wellenbereich gesehen

dagegen auch noch heute große, dunkle Löcher und Leerräume aufweist. Dann aber sollte sich schließen lassen,
dass dereinst dann aber auch der optische Nachthimmel
zusammenwachsen wird. Damit wäre es jedoch nur einer
Laune der kosmischen Evolution zuzuschreiben, dass der
Mensch in der heutigen Epoche, während er den Himmel
beobachtet, noch keinen taghellen Nachthimmel erkennt.

Es gibt verschiedene, gute Gründe, warum im Optischen kein heller Nachthimmel gesehen wird. So weiß
man zum Beispiel, dass der im Raume feinst verteilte,
mikrometeoritische Staub in galaktischen und intergn-
laktischen Räumen die Strahlung der Sterne zumindest
zum Teil absorbiert, sie dabei in thermische Energie der
Staubmaterie umwandelt und sie schließlich im thermodynamischen Strahlungsgleichgewicht wieder als thermische
Strahlung in den Weltraum emittiert. Dies würde eine
permanente Beeinträchtigung der Strahlungssituation im
Universum bedeuten, solange die Staubteilchen im Kosmos
trotz der Zustrahlung durch die Sterne Temperaturen weit
kleiner als diejenigen der strahlenden Sternphotosphären
besäßen. Erst wenn sie sich unter dem Konkurrenzge-
schehen zwischen Zustrahlung und Abstrahlung in einen
thermodynamischen Gleichgewichtszustand mit dem sie
umgebenden kosmischen Strahlungsfeld begeben hätten,
würden sie keine Beeinträchtigung des Nachthimmels mehr
darstellen. Dazu aber müssten sie die Temperatur von Sternphotosphären angenommen haben, die je nach Sterntyp
im Bereich zwischen 3000 und 50.000 Kelvin liegen. Bei
solchen Temperaturen würde jede Staubmaterie jedoch
verdampfen und sich dabei vom mineralischen, lichtab-
sorbierenden Festkörper zum Gas verwandeln. Entweder

also ist der kosmische Staub immer noch deutlich kälter als die Sternphotosphären und trägt deswegen nicht zum Nachthimmelsleuchten bei, oder er hat sich wegen Aufheizung zum Gas aufgelöst und kann demnach keine Rolle im Rahmen des Olbers'schen Paradoxons spielen.

Dazu kommt noch, dass das Universum expandiert. Das hat zur Folge, dass die Strahlung der fernen Sterne auf dem Wege durch den expandierenden Raum bis hin zu uns eine „kosmologische Rotverschiebung" erfährt. Sämtliche Photonen, die als Folge des stellaren Leuchtens die jeweilige Sternoberfläche mit einer gewissen Energieflussverteilung und einer Wellenlänge λ verlassen, werden bei der Ausbreitung in einem expandierenden Kosmos gerötet, das heißt, sie werden langwelliger ($\lambda \rightarrow \lambda' = \lambda + \Delta\lambda$) und damit energieärmer. Wenn eine solche Photonensalve eines Sterns schließlich nach langer Reise durch den Kosmos bei uns ankommt, so sieht sie dann ganz anders aus als im Moment ihres Ursprungs. Berechnete sich demnach der theoretisch optische, Olbers'sche Sichthorizont zu einem Abstand R_O, und würde der expandierende Kosmos den Photonen aus diesem Weltabstand eine kosmologische Rotverschiebung von $z_O = (\lambda' - \lambda_O)/\lambda_O$ beibringen, so würden demzufolge die ursprünglichen Photonensalven eines Sterns mit $T = 5000$ *Kelvin* Oberflächentemperatur bei uns wie solche eines Sterns mit einer Oberflächentemperatur von nur $T' = T/(1 + z_O)$ erscheinen.

Nimmt man hier die Tatsache zu Hilfe, dass der Olbers'sche Sichthorizont selbst im Abstand der fernsten Quasare mit Rotverschiebungen von $z \geq 5$ ganz offensichtlich noch lange nicht erreicht ist – sonst würden wir ja diese Objekte nicht als diskrete, optisch und radiointensiv leuchtende Objekte vor dem Olbers'schen Horizont erkennen können – so besagt dies, dass die theoretisch am Olbers'schen Horizont leuchtenden Sterne uns höchstens als Sterne mit einer Temperatur von $T' = T/(1 + z) = T/6$ in Erscheinung treten könnten. Solche kalten Sterne mit Temperaturen von nur $T' \leq (5000/6)$ *Kelvin* $= 830$ *Kelvin* oder noch geringeren Werten können jedoch den Nachthimmel auf keinen Fall taghell erscheinen lassen.

Generell wird vermutet, dass der Sichthorizont keinesfalls unendlich ist. Vielmehr glaubt man, dass er sich nur bis zu dem Zeitpunkt in die kosmologische Vergangenheit zurückerstreckt, als erstmalig optisch leuchtende Materie im Kosmos entstanden ist. Dies soll nach heute allgemein astronomischem Konsens wohl frühestens vor 13,7 Milliarden Jahren der Fall gewesen sein. Das bestätigt sich in gewisser Weise auch an den heutigen Altersbestimmungen von meteoritischen Urgesteinen und von den ältesten Sternen in Kugelsternhaufen unserer Galaxie. Wenn wir jedoch unsere Strahlungsquellen in solche Fernen rücken müssen, so ist die kosmologische Rotverschiebung der von diesem 14 Milliarden Lichtjahre entfernten Horizont herkommenden Strahlung allerdings enorm!

Nach der Allgemeinen Relativitätstheorie errechnet sich nämlich die in einem homogenen, isotrop expandierenden Kosmos resultierende kosmologische Rotverschiebung eines Objektes an diesem Horizont zu $z_O = (1 + R_O/R_0)$, wo R_0 den heutigen Weltradius und R_O denjenigen Weltradius bezeichnet, wie er vor rund 14 Milliarden Jahren war, als jene Photonen vom Olbers'schen Sichthorizont emittiert wurden, welche uns heute erreichen. In Verbindung mit allgemein-relativistischen Weltmodellen nach dem Friedmann-

Lemaître-Typ errechnet sich für das maßgebende Weltradienverhältnis ein Wert von $R_0/R_O \simeq 1000$. Daraus ergibt sich dann eine Olbers'sche Rotverschiebung von $z_O = 1001$ und eine dementsprechende Horizontstrahlungstemperatur von $T\prime_O = T/1002$, was bei Sternhüllentemperaturen von $T = 3000$ *Kelvin* einer Nachthimmelstemperatur von $T\prime_O = T/1002 \simeq 3$ Kelvin entspräche. Dies ist jedoch interessanterweise nun gerade tatsächlich die beobachtete Temperatur (nach den neuesten COBE-Messungen (Mather et al. 1990, 1999): 2,735 Kelvin!) des Mikrowellennachthimmels.

Literatur

Bennet, C.L., Hill, R.S., Hinshaw, G. Nolta, M.L., et al.: Results from the COBE mission. Astrophys. J. Supplem. **148**, 97–111 (2003)

Mather, J.C., Fixsen, D.J., Shafer, R.A., Mosier, C., Wilkinson, D.T.: Ten years of COBE results on the microwave background. Astrophys. J. **512**, 511–518 (1999)

Mather, J.C. et al.: A preliminary measurement of the cosmic microwave spectrum by COBE (Cosmic Background Explorer). Astrophys. J. **354**, L37–L40 (1990)

4

Doch kein Olbers'sches Paradoxon: der kosmische Mikrowellenhintergrund!

Von größter Bedeutung für das Verständnis desjenigen Lichterphänomens, das sich an unserem Nachthimmel zeigt, also für das allnächtlich begeisternde Sternenfirmament, ist ganz ersichtlich die dahinterstehende räumliche Verteilung der leuchtenden Materie im Weltall, also der Sterne und Galaxien. Und dabei geht es ja, wie man sich klar machen muss, um eine „raum-zeitliche" Verteilung, das heißt: Die Verteilung in der Nähe sehen wir im Wesentlichen zu unserer Jetztzeit, diejenige in großen Fernen entsprechend tief in die Vergangenheit retardiert. Dabei spielen die Strukturen und die Entfernungen, in denen die kosmische Materieverteilung angelegt ist, die entscheidende Rolle. Wesentlicher Einfluss auf die für Heinrich Wilhelm Olbers damals (1789) so staunenerregende Erscheinung des optisch betrachtet, bis auf disperse Sternsprenkel dunklen Nachthimmels kommt dem Umstand der organisierten, materiellen Leere unter der leuchtenden Materie im Universum zu. Dies wird eigentlich erst in jüngster Zeit durch die sich enorm mehrenden Beobachtungen in den größten

© Springer-Verlag Berlin Heidelberg 2016
H.J. Fahr, *Mit oder ohne Urknall*, DOI 10.1007/978-3-662-47712-0_4

Tiefen des Universums immer klarer. Die Materieverteilung im Weltall scheint danach kosmisch großräumig besehen überhaupt keine Gleichverteilung im üblichen Sinne darzustellen, wie man dies noch in den zurückliegenden Jahrzehnten, sozusagen als A-priori-Annahme der Kosmologie, für selbstverständlich gehalten hatte. Das sogenannte kosmologische Prinzip deckt ja gerade diese „ideologische" Erwartung!

Diese weiträumig angelegte Materieverteilung repräsentiert offensichtlich aber keine Gleichverteilung, sondern schon eher so etwas wie das großskalige materielle Analogon zu einer ausgeprägten Bienenwabenstruktur oder zu einem Seifenschaumgebilde. Bei diesem Analogon erscheinen allerdings nun die Wabenwände oder Seifenschaumhäute im Falle der kosmischen Materieverteilung nicht aus Wachs oder Seifenlösung, sondern aus einer flächenhaft angelegten, gravitativ kontrollierten und arrangierten Vernetzung von Galaxien und Galaxiensystemen, die in der Fläche einen Effekt vergleichbar der Oberflächenspannung einer Seifenhaut zur Folge hat. Diese Galaxien unterliegen im freien Kosmos offensichtlich der selbstorganisatorischen Tendenz, sich zu weitläufig gewundenen und miteinander in Kontakt stehenden Flächen anzuordnen und zu diesem Behufe die sich bildenden Zwischenräume materiell stark zu verarmen und so gut wie leer zu räumen. Es sind folglich also diese Wabeninnenräume oder Seifenschaumblasen, die nach heutiger Erkenntnis wahrhaft die extremsten kosmischen Leerräume darstellen.

Da wir mit unserem Standort „Erde" und unserem Sonnensystem dem Sternsystem der Milchstraße, also einer Scheibengalaxie, angehören, die selbst ein Mitglied der lokalen Galaxiengruppe ist, welche ihrerseits wiederum ein Mitglied eines großen Galaxiensuperhaufens, des sogenannten Virgo-Haufens ist, so darf wohl mit einiger Wahrscheinlichkeit angenommen werden, dass wir uns großräumig beurteilt mitten in einer dieser Wabenwände oder Seifenhäute befinden. Treibt man nun seinen Blick von unserem Standort ausgehend immer weiter in den Kosmos hinaus, so erfährt man also mit einem solch ausschweifenden Blick zunächst die materielle Erfüllung dieser kosmischen Wabenwände. Die Flächendichte der leuchtenden Sterne an unserer Himmelskuppel nimmt entsprechend mit der Entfernung, die unser Blick erfasst, systematisch zu, solange die mittlere, räumliche Dichte der Sterne bei fortschreitendem Blick konstant bleibt. Dringt der Blick nun aber über die Wandbereiche hinaus in die Regionen der kosmischen Wabeninnenräume bzw. Vakuolen vor, so erfährt die Form des Sternzahlwachstums auf der Fläche eine merkliche Änderung. Der Himmel füllt sich also bei weiter greifendem Blick nicht wie „Olbers'sch"-nötig gleichmäßig weiter mit Sternsphären, so dass es zu keiner dichten Flächenauslegung kommen kann.

Wie dieser Umstand der kosmischen Wabenstruktur den Olbers'schen Nachthimmel beeinflussen sollte, kann man sich durch entsprechende Simulationsrechnungen mit dem Computer vergegenwärtigen. Dabei lässt sich nachweisen, dass selbst bei unendlicher Ausbreitung solch galaktischer Bienenwabenstrukturen im Raum immer noch kein leuchtender Nachthimmel entsteht, wenn nur die Größenskalen der Wabeninnenräume im Vergleich zu denjenigen der Wabenwandstärken entsprechend unterschiedlich beschaffen sind. Wenn also die organisierte Leere im Universum ein kritisches Maß überschreitet, so lässt sich selbst in einer unendlich alten und unendlich ausgedehnten Welt kein heller Nachthimmel erwarten. Diesen Umstand des hierarchischen Aufbaus unseres Universums hatte Olbers seinerzeit in seinen Überlegungen nicht bedacht. Es ist vielleicht hier einmal interessant, sich zu vergegenwärtigen, wie man als beobachtender Astronom etwas über die Dichteverteilung der leuchtenden Quellen im Universum erfährt. Man stelle sich dazu nur einmal vor, der Kosmos sei mehr oder minder gleichmäßig mit leuchtenden Sternen erfüllt. Wie müsste sich dies dann auf das in unseren Blick tretende Himmelsbild auswirken, wenn unser Blick immer tiefer in die kosmischen Weiten vordringen würde? Der beobachtende Astronom vollzieht diese Erfahrung, wenn er nach Leuchtstärke sortiert astronomische Quellenzählungen in einem durch den Blickwinkel festgelegten Himmelssegment durchführt. Hierbei ermittelt er zum Beispiel die jeweilige Anzahl kosmischer Leuchtquellen bis hinunter zu einer gewissen, willkürlich festgesetzten Grenzhelligkeit oder scheinbaren, visuellen Größe, wie die Astronomen dies auch nennen.

Indem man nun den Wert für diese zugelassene Grenzhelligkeit Φ schrittweise immer mehr absenkt, so nimmt die Zahl der sich dann zeigenden Objekte ständig zu. Dann aber stellt sich die spannende Frage, in welcher speziellen Form die Anzahl der Objekte mit sinkender Grenzhelligkeit Φ zunimmt. Bei ganz gleichmäßiger Verteilung der leuchtenden Quellen im Raum und bei immer gleicher, absoluter Helligkeit Φ_0 aller im Raum verteilten Objekte sollte sich dann, wie sich leicht nachvollziehen lässt, eine Relation der resultierenden Objektanzahl $N = N(\Phi)$ mit der Grenzhelligkeit Φ gemäß folgender Gesetzmäßigkeit ergeben:

$$N(\Phi) \simeq N_0(\Phi_0/\Phi)^{-3/2} \simeq N_0 * 10^{0,6m}$$

Hierbei bedeutet Φ die willkürlich gesetzte Grenzhelligkeit, auch ausdrückbar durch die entsprechende scheinbare, visuelle Größe m; Diese Zahl $N(\Phi) = N(m)$ nennt also die Zahl der Lichtquellen innerhalb eines festen Himmelssegmentes mit Helligkeiten größer als diese Grenzhelligkeit Φ (bzw. visuelle Größe m). N_0 wäre natürlich eine dazugehörige Referenzzahl für die Anzahl derjenigen Objekte mit Grenzhelligkeiten größer als eine willkürliche Referenzhelligkeit Φ_0. Bei reellen Sternzählungen laufen die Astronomen nun jedoch gleich auf mehrere Probleme.

Zum einen macht ihnen der Umstand ein Problem, dass die verschiedenen leuchtenden Quellen am Himmel nicht alle von gleicher Natur sind, und dass sie demnach nicht als leuchtende Einheitskerzen mit Einheitshelligkeit Φ_0 im Weltraum angesehen werden können. Man muss vielmehr typologisch kategorisierte Sternklassen separaten Zählungen unterwerfen, um überhaupt erst einmal etwas Sinnvolles zu zählen und somit, zunächst einmal artspezifisch, hinter die kosmische Verteilungsstatistik im Raum schauen zu können. Selbst solche Kategorien sind jedoch nie scharf genug fassbar, so dass man in ihnen dann sozusagen nur noch einen reinen Einheitskerzenstandard vorliegen hätte. Zum anderen ist man als Astronom bei Himmelsdurchmusterungen immer auf Beobachtungsinstrumente angewiesen, die zu allen Zeiten nur von endlicher Empfindlichkeitsgüte sind. So werden Quellenzählungen heute immer mit lichtempfindlichen CCD-Detektoren (Charged-Coupled Devices) oder Photoplatten endlicher Sensitivität durchgeführt. Das setzt einerseits dem nutzbaren Bereich von Grenzhelligkeiten einen bestimmten, technik-bedingten, unteren Grenzwert. Andererseits lässt dies gerade auch das Problem der Quellenidentifikation aufkommen; je schwächer die Quellen wegen ihrer Entfernung werden, umso schwieriger gestaltet sich der Quellennachweis und umso unsicherer wird die Quellenzählung, weil man bei Schwächerwerden der Quellen immer leichter einige von ihnen übersieht (Malmquist Bias!).

Die vorgegebene Grenzhelligkeit ist bei Vorliegen einer wohl definierten Objektklasse mit einheitlicher, absoluter Helligkeit und bei Zugrundelegung des üblichen Lichtschwächungsgesetzes gemäß $\Phi(D) = \Phi_0(D_0/D)^2$, wie es im ungekrümmten euklidischen Raum gilt, ein direktes Maß für die maximale Entfernung der erfassten Objekte. Unter Astronomen ist es zudem gerechtfertigt, die Entfernung mit der zum jeweiligen Objekt zugehörigen spektralen Rotverschiebung $z = (\lambda'-\lambda)/\lambda$ in Verbindung zu bringen, wenn λ' bzw. λ die Wellenlänge des empfangenen bzw. des vom entfernten Stern emittierten Photons bezeichnet. Hierbei werden in der heutigen, auf einer homologen Expansion des Weltraumes aufbauenden Kosmologie die Rotverschiebung und die Entfernung über eine lineare Korrelation zum Weltradius miteinander verbunden, nämlich durch die Relation: $z + 1 = (R_0/R)$, wobei R_0 der heutige Weltradius ist, und R der Weltradius zu derjenigen Zeit war, als das Licht von der fernen Galaxie emittiert wurde, das uns heute erreicht.

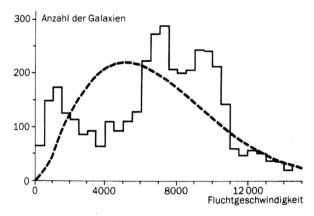

Abb. 4.1   Zahl *N* der erscheinenden Quellen mit dem Abstand bzw. mit der zugeordneten Fluchtgeschwindigkeit (Rotverschiebung)

Schaut man nun einmal auf die zahlenmäßige Verteilung der bis heute in ihren Rotverschiebungen beobachteten Galaxien (1980 waren es deren 5000, heute sind es deren weit über 50.000!) über einer Koordinatenachse, auf der die Fluchtgeschwindigkeit bzw. Rotverschiebung z der Spektrallinien (respektive die Entfernung) dieser Galaxien abgetragen ist, so wird die ungleichmäßige Verteilung oder Verklumpung der galaktischen Objekte als ein kosmisches Faktum augenfällig. Wie Abb. 4.1 zeigt, gibt es ganz auffällige Häufungspunkte längs der Rotverschiebungsachse (Fluchtgeschwindigkeits- oder Entfernungsachse), die bedeutsam sind, auch wenn man bedenkt, dass der zu bestimmten Entfernungsintervallen $\{R, dR\}$ zugehörige Raumbereich $dV = d\Omega R^2 dR$ (hierbei bezeichnet

$d\Omega = \sin\vartheta\,d\vartheta\,d\varphi$ den differenziellen Raumwinkel des unter Polarkoordinaten R, ϑ, φ gesehenen Himmelsfeldes) mit wachsender Entfernung, also in diesem Falle mit größerer Rotverschiebung, quadratisch anwächst. Wenn uns zusätzlich aber die fernen Quellen wegen ihrer zunehmenden Lichtschwäche in wachsendem Maße verborgen bleiben, kompliziert sich die Situation. Letztgenannte Umstände können zusammengenommen werden in einer Erwartungskurve, die zeigt, welche Verteilung aufgrund dieser einfach absehbaren Umstände sich ergeben sollte. Diese Erwartung ist durch die gestrichelte Kurve in Abb. 4.1 wiedergegeben. An ihr zeigt sich, welche Verteilung wir bei einer homogenen Quellenverteilung eigentlich erwarten sollten. Die tatsächlich sich aus den Beobachtungen ergebende Quellverteilung weicht dagegen ganz auffällig von dieser Erwartung ab. An dieser tatsächlichen Quellenverteilung erkennt man zum Beispiel eine sehr bemerkenswerte Unterpopulation von Galaxien bei Fluchtgeschwindigkeiten um $4000\,\text{km/s}$, aber dann auch eine Überpopulation von Galaxien im Bereich von Fluchtgeschwindigkeiten zwischen $7500\,\text{km/s} \leq (cz) \leq 10.500\,\text{km/s}$. Was aber sagt nun dieser Umstand über die Verteilung der Galaxien im Rotverschiebungsraum und über den materiellen Aufbau des Kosmos aus?

Derartige astronomische Quellenzählungen führen leider auf eine Reihe von ungeahnten Problemen, die ihre Interpretation, zum Beispiel im Hinblick auf räumliche Verteilungsstrukturen, sehr schwierig gestalten. Insbesondere dann, wenn man in solchen Zählungen bis zu Objekten geringer scheinbarer Leuchtkraft $\Phi \ll \Phi_0$ vordringen will, die in der Regel in großen kosmischen Entfernungen stehen, und deren heute empfangenes Bild uns deshalb ein Abbild des Kosmos aus sehr weit zurückliegenden, kosmischen Epochen gibt. Bei großen Abständen geht aus Quellenzählungen somit nicht nur etwas über die Verteilung der Quellen in der Ferne des Raumes hervor, sondern gleichzeitig, davon überdeckt, auch etwas über die zeitliche Entwicklung solcher räumlichen Verteilungsstrukturen und über die zeitliche Entwicklung der erfassten Lichtquellen selber. In einem homogenen Universum sollte zwar die Zahl der Leuchtquellen vom gleichen Typ mit sinkender scheinbarer Grenzhelligkeit systematisch zunehmen, wenn es zu allen dabei ins Spiel kommenden Zeiten diese Quellen mit gleicher Raumdichte gegeben hat. Wenn diese Quellen sich jedoch erst zu einer bestimmten kosmischen Epoche aus einer diffusen, nicht-leuchtenden Materieverteilung zu bilden begonnen haben, so würde man in der Nähe und erst recht jenseits dieses zugeordneten Zeithorizontes einen abrupten Rückgang der Quellenzahlen erwarten müssen.

Wenn zudem diese sich zu irgendeiner Epoche bildenden Quellen eine interne, typ-eigene Leuchtkraftentwicklung in der nachfolgenden Zeit durchmachen, so können wir die von uns wahrgenommene scheinbare Helligkeit solcher Objekte offensichtlich nicht nach dem üblichen Lichtschwächungsgesetz dazu benutzen, um ihre wahre Entfernung festzulegen. Durch die Auswahl nur eines spezifischen Objekttyps haben wir demnach immer noch keinen Einheitskerzenstandard für die absolute Leuchtkraft herausselektiert. Wir haben es vielmehr mit einer in der Zeit veränderlichen Einheitskerze zu tun bekommen, die das Ergebnis der Zählungen in ziemlich ungewisser Weise beeinflusst, insbesondere dann, wenn man die Langzeitveränderlich-

keit der Helligkeit einer solchen Einheitskerze nicht genau
kennt und berücksichtigen kann. Letzteres ist nun in der
Tat leider der Fall und macht weiträumige Galaxienzählungen gerade deswegen in ihrer Aussage fragwürdig.

Noch ein weiterer Umstand erschwert hier die Deutung, nämlich die Tatsache, dass man zumindest über
größeren, kosmischen Entfernungen nicht mehr davon
ausgehen kann, dass der dort repräsentierte kosmische
Raum sich noch nach den Prinzipien der euklidischen
Geometrie erfassen lässt, die wir alle auf der Schule ge-
lernt haben und hier auf der Erde anwenden. Hier sagt
die Allgemeine Relativitätstheorie vielmehr, dass der großskalig zu vermessende Raum im Universum sich als durch
die kosmischen Energieverteilungen gekrümmt erweisen
sollte. Dabei kann sich je nach den Verhältnissen im Anfang des Universums ein positiv gekrümmtes ($k = +1$),
negativ gekrümmtes ($k = -1$), oder ein ungekrümmtes
($k = 0$) Weltall herausstellen. In einem isotrop und positiv gekrümmten statischen Weltall läuft das Licht zum
Beispiel auf gekrümmten Bahnen, nämlich auf Kreisbah-
nen, zu seinem jeweiligen Ausgangspunkt zurück, wobei
der aktuelle Krümmungsradius einer solchen Kreisbahn
durch die Gauß'sche Krümmung $\kappa(t) = k/R^2(t)$ gegeben
ist. Hierbei ist $R = R(t)$ der Skalenparameter des Universums, der oft auch als der Weltdurchmesser bezeichnet
wird. Letzterer ergibt sich in der Friedmann-Lemaitre Kosmologie (siehe z. B. Goenner 1996) aus den Einstein'schen
Feldgleichungen als Funktion der Zeit, also in der Form
$R = R(t)$. Durch diese Rahmenbedingungen werden Deutungen der Galaxienzählungen natürlich noch erheblich
verkompliziert.

In einem negativ gekrümmten Weltall ($k = -1$) wächst die Fläche einer Kugelschale stärker als mit dem Quadrat des Kugelradius, und das Kugelvolumen stärker als mit der dritten Potenz des Kugelradius. Dagegen wachsen bei positiv gekrümmtem Weltall ($k = +1$) beide Größen schwächer als im Euklidischen Fall an. Bei räumlicher Gleichverteilung von kosmischen Lichtquellen und in allen Fällen gleicher Raumdichte derselben sollten demnach in einem Kugelvolumen vom gleichen Radius am meisten Quellen in einem negativ, am wenigsten in einem positiv gekrümmten All zu finden sein. Galaxienzählungen sollten folglich in einem negativ gekrümmten Weltall zu einer stärker mit dem Abstand wachsenden Zahl als in einem euklidischen, also ungekrümmten Weltall führen, dagegen in einem positiv gekrümmten zu einer schwächer wachsenden Zahl. Dazu kommt außerdem noch ein recht diffiziler Einfluss auf das Lichtschwächungsgesetz in solchen gekrümmten Welträumen. Da die Kugelfläche um einen Stern herum in einem positiv gekrümmten All schwächer als mit dem Quadrat des Abstandes von diesem Stern anwächst, so nimmt die scheinbare Lichtintensität, wegen der sich nunmehr auf diese reduzierte Kugelfläche verteilenden stellaren Lichtemission, auch nicht mit dem Reziproken des Quadrates des Abstandes ab, sondern schwächer. In einem negativ gekrümmten All nimmt dagegen die scheinbare Lichtintensität stärker als mit dem Quadrat des Abstandes von der Lichtquelle ab. Insgesamt überlagern sich deshalb hier bei Sternzählungen zwei Effekte der Raumgeometrie:

Erstens nimmt die Zahl der Quellen mit dem Abstand anders als im euklidischen Fall zu. Zweitens aber nimmt die scheinbare Helligkeit dieser Quellen mit dem Abstand anders als im euklidischen Fall ab. Die gleiche Kerze im gleichen Abstandsintervall wäre so zum Beispiel bei positiv gekrümmtem Weltall scheinbar heller als im euklidischen Fall, bei gleicher, räumlicher Kerzendichte werden wir jedoch in diesem Fall in einem festen Himmelssegment im gleichen Abstandsintervall weniger Kerzen sehen. Die Überlagerung all dieser Effekte macht nun ersichtlich die Deutung jeder Quellenzählung sehr problembehaftet. Nicht nur müsste man die kosmische Evolution der gezählten Quellen hinsichtlich ihrer Zahl pro Raumvolumen und hinsichtlich ihrer Absolutintensität seit ihrer Entstehung genau kennen, sondern man müsste auch die Krümmung des Weltraumes und ihre zeitliche Veränderung genau kennen, um all das als ein A-priori-Wissen in die Interpretation hineinnehmen zu können, was man eigentlich erst aus dieser Interpretation gerne herausholen möchte, nämlich die Kenntnis der vierdimensionalen Raum-Zeit-Geometrie des Universums. Zum Glück belasten die letztgenannten Dinge der kosmischen Evolution und der Raumgeometrie jedoch zumindest die Quellzählungen in unserer näheren, kosmischen Nachbarschaft nicht sehr, da sie hier nicht zum Tragen kommen. Bei den fernen und fernsten Quellen aber, die heute erfasst werden können, spielen diese Dinge jedoch durchaus eine Rolle, je nachdem wie die Weltgeschichte verlaufen ist, sogar eine große Rolle.

Was die geometrischen Effekte anbelangt, so kann man sagen, dass diese sich bei Quellen bemerkbar machen, deren Abstand von uns in die Größenordnung des kosmischen Krümmungsradius gegeben durch den Welt-Skalenparameter $R(t)$ kommt. Heute ist dieser Skalenparameter sicher größer als alle Entfernungen der von Astronomen betrachteten Quellen. Wenn wir jedoch Quellen bei großen Rotverschiebungen (maximale Quasar-Rotverschiebungen liegen bei $z \simeq 7$!) beobachten, so kommen deren Emissionen aus Zeiten, als das Universum, und damit sein damaliger Skalenparameter, nach der gängigen Urknalltheorie noch sehr viel kleiner war. Nach allgemein-relativistischen Beziehungen, von denen wir später noch im Detail reden wollen, muss das Licht eines Quasars mit einer Rotverschiebung von $z = 7$ unabhängig vom Weltmodell zu einer Zeit von diesem Quasar emittiert worden sein, als das Universum nur ein Achtel so groß war wie heute! (denn es gilt die Beziehung: $R(z) = R_0/(1 + z)$). Quasare sind als jene Objekte bekannt, die wie stellare Quellen ohne Ausdehnungsstruktur erscheinen, denen jedoch bei den kosmologischen Entfernungen, in denen sie zu stehen scheinen, immense Leuchtkräfte vom tausendfachen normaler Galaxien zugesprochen werden müssen.

Wir kommen auf diesen Zusammenhang zwischen Rotverschiebung und Weltdurchmesser unter dem Thema „Rotverschiebungen" noch im Detail zurück. Hier sei zunächst nur hervorgehoben, was das oben gesagte impliziert: Es bedeutet doch in der Tat dann, dass der damalige Krümmungsradius des Weltalls auch nur ein Achtel seines heutigen Wertes gewesen sein kann, als das Quasarlicht vom fernsten Quasar emittiert wurde, das wir heute bei uns empfangen. Nach den meisten kosmologischen Modellen wird den Quasaren nun aber eine metrische Entfernung von uns zugeschrieben, die vergleichbar mit dem oder in den meisten Fällen sogar größer als der damalige Weltkrümmungsradius ist. Hierbei wird die „metrische Entfernung" als jene tatsächliche Laufstrecke verstanden, die das Licht

vom Quasar bis zu uns zurücklegen musste, während die
expandierende Welt sich weiterhin ausdehnte. Sie ist in
einem expandierenden Universum deutlich größer als die
Entfernung des Quasars von uns im Moment der Emission
des heute von uns empfangenen Quasarlichtes. Andererseits
ist diese Entfernung aber auch geringer als die heute gegebene, echte Entfernung zu diesem Objekt. In einem positiv
gekrümmten Standard-Weltall nach dem Friedmann-Le-
maitre-Typ besäße zum Beispiel ein solcher Quasar mit der
Rotverschiebung $z_Q = 7$ eine metrische Entfernung von
uns, die gegeben wäre durch

$$R_Q = (c/H_0) \left[1 - \frac{1}{(1 + z_Q)} \right] = \frac{7}{8}(c/H_0) = \frac{7}{8}R_0$$

Sie wäre somit weit größer als der damalige Krümmungsradius des Weltalls $R = (1/8)R_0$ zum Zeitpunkt der Ab-
sendung des Quasarphotons zu uns, und nur wenig kleiner
als der heutige Krümmungsradius des Alls. Das bedeutet
dann aber mit Gewissheit, dass wir bei der Bewertung aller
Eigenschaften solch entfernter Objekte auf keinen Fall die
euklidische Geometrie zugrunde legen dürften, es sei denn,
sie herrsche trotz allgemein-relativistischer Bedenken sozusagen prästabiliert in unserem Weltall schon immerdar vor,
aus Gründen, die man noch erfinden müsste. Womöglich
spricht man also diesen Quasaren nur deswegen so enorm
hohe Leuchtkräfte zu, weil man die Schwächung ihres Lichtes über die Entfernung nach euklidischen Regeln eingeschätzt hat.

Bei positiv gekrümmtem All würden zum Beispiel An-
tipoden-nahe Punkte eine viel geringere Schwächung ihrer

Intensität erfahren. All das vorgenannte zusammen bedingt nun ersichtlich, dass reelle Objektzählungen in festgelegten Himmelssegmenten in der Tat je nach Himmelsregion etwas unterschiedlich ausgeprägte, nichtsdestoweniger aber generell sehr deutliche Abweichungen von dem früher beschriebenen Normalverhalten einer uniformen Quellenverteilung und insbesondere starke Streuungen darum herum aufweisen. Trotz aller Interpretationsschwierigkeiten lassen solche Zählungen dennoch gewisse Schlüsse zu. Systematische Abweichungen nach unten gegenüber der „Normalverteilung" lassen so zumeist den sicheren Schluss zu, dass wir mit den in die Zählung einbezogenen, klassifizierten stellaren Leuchtkandidaten bei bestimmten kritischen Helligkeiten Φ_c (Magnituden m_c) über die Grenze eines uns umgebenden kosmischen Hierarchiesystems hinauszustoßen beginnen.

Eine mehr oder weniger homogene Quellenverteilung kann schließlich allenfalls innerhalb einer oder dann eben der nächst höheren Strukturhierarchie erwartet werden. Bisher ist bis hinunter zu den heute gerade noch registrierbaren Grenzhelligkeiten kein Verhalten nach dem oben beschriebenen Normalverhalten der kosmischen Leuchtquellen aufgefunden worden. Es gibt demnach kein Anzeichen für Homogenisierung der kosmischen Materieverteilung im bisher gesehenen Bereich des Weltraums. Das bedeutet somit aber, dass bis zu den größten, heute erfassbaren, kosmischen Entfernungen kein Ende einer sich durchhaltenden Hierarchienbildung absehbar ist. Demzufolge lässt sich auch keinerlei Tendenz zur Homogenisierung der Materieverteilung im Universum erkennen, auch bei größten Raumskalen $L \simeq R_0$ nicht! Nach den Äußerungen des renommierten, französischen Astronomen De Vaucouleur lässt sich daraus entnehmen, dass es schon eine echte Überraschung darstellen würde, wenn das Universum sich schließlich doch noch auf den allergrößten Raumskalen ($L = R_0 \simeq 17$ Milliarden Lichtjahre) als homogen herausstellen würde. So etwas müsste dann schon einen beachtlichen Bruch mit dem kosmischen Strukturierungszustand auf allen kleineren Skalen darstellen (siehe Abb. 4.2).

Man darf wohl davon ausgehen, dass die Strukturbildung im sich entwickelnden Kosmos bis zu einem gewissen, intermediären Grade vorangekommen ist. Das heißt, wir finden den Kosmos in einer Form vor, die keiner homogenen Materieverteilung mehr entspricht, sondern die eine allerdings beobachter-unabhängige Verteilung von hierarchisch organisierter Materie im Kosmos repräsentiert. Aus der Statistik der heutigen Galaxienverteilung in unserer lokalen und globalen Nachbarschaft kann man ableiten, dass der hierarchische Zustand der Galaxienverteilung unserer Umgebung sich mit Hilfe lokaler Zwei-Punkt-Korrelationsfunktionen $\xi(l)$ beschreiben lässt. Hiermit, also mit dieser Funktion $\xi(l)$, lässt sich die Wahrscheinlichkeit ausdrücken, in der Entfernung l von uns eine Galaxie zu finden. Läge eine homogene Galaxienverteilung vor, so würde die Korrelationsfunktion ξ natürlich überhaupt nicht von der Entfernung l abhängen, sondern würde einfach konstant sein. Angesichts der aber tatsächlich vorliegenden nicht-homogenen Galaxienverteilung in unserer Umgebung ergibt sich jedoch eine l-abhängige Korrelationsfunktion, die für weite Bereiche unseres Kosmos auf folgende Weise angegeben werden kann

$$\xi(l) = \xi(l_0) \cdot \left(\frac{l_0}{l} \right)^{\alpha} \qquad (4.1)$$

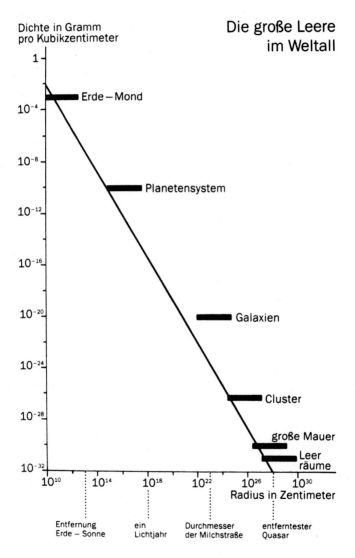

Abb. 4.2 Die mittlere kosmische Materiedichte bei wachsender Raumskala

Nach sorgfältigen statistischen Untersuchungen ergibt sich hierfür ein Potenzindex von $\alpha \simeq 1,8$ bei einer inneren Referenzskalengröße $l_0 \simeq 10^5$ pc, wie sie für Galaxien charakteristisch ist (siehe Bahcall and Chokski, 1992). Wenn man diese Verteilungsfunktion nun bis zu Entfernungskalen von 10^2 Mpc $= 10^8$ pc ausreizen will, wie es tatsächlich unter Astronomen geschieht, so bewegt man sich dabei bereits auf sehr fragwürdigem Gelände, denn mit solchen Entfernungen sind immerhin Lichtlaufzeiten von mehr als 10^8 Jahre verbunden. Das heißt aber dann, dass man die fernsten Lichtquellen dieser Verteilung zu Zeiten sieht, die sehr weit zurück in unserer Vergangenheit liegen, und dass man somit die Verteilung der fernen Quellen zu einer ganz anderen Zeit beurteilt als die Verteilung der nahen Quellen, aus dieser Information dann aber eine Information über die rein räumliche Verteilung macht, die Zeit als inhärente Koordinate vergessend. Die obige Formel wirft also sozusagen Verteilungsformen verschiedener Zeiten in einen gemeinsamen Topf, was natürlich dann fragwürdig ist, wenn die Galaxienverteilung sich in der kosmischen Zeit explizit und merklich ändert.

Die entfernungskorrelierte Verteilung der Galaxien, wie sie die obige Formel ausdrückt, lässt sich auch als eine mittlere Galaxiendichte angeben. In diesem Sinne, als uns umgebende galaktische Materiedichte ausgedrückt, bedeutet die obige Korrelationsfunktion geschrieben in der Form $\rho(l) = \rho_0 \ (l/l_0)^{-\alpha}$, dass die Materiedichte der uns umgebenden Galaxien mit wachsender Entfernung l von uns abfällt (siehe Abb. 4.3). Weder die Galaxiendichte noch die damit verbundene galaktische Massendichte scheinen also bei größeren Entfernungen konstant zu werden, vielmehr sinken

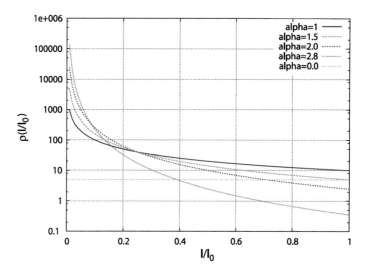

Abb. 4.3 Dichteverteilung galaktischer Quellen aufgrund astronomisch beobachteter Zwei-Punkt-Korrelationen

beide mit der Entfernung von unserem Aufpunkt ständig weiter ab. Genau dieser Umstand weist auf die Tatsache einer organisierten Verteilung der Masse im Universum hin. Denkt man sich diese Umverteilung aus einem ursprünglich homogenen Universum hervorgegangen, so sollte sie jedoch so erfolgen, dass dabei die mittlere Massendichte des gesamten Universums $\bar{\rho} = \langle \rho \rangle$ nicht verändert wird, sondern die kosmische Masse um jeden Aufpunkt herum nur anders verteilt wird. Die damit gegebene, aufpunktorientierte Materieverklumpung ist interessanterweise kosmisch gesehen nicht energieneutral, denn sie drückt gleichzeitig auch eine veränderte Gravitationsbindung der umverteilten Materie im Vergleich zur homogenen Materieverteilung aus. Das

bedeutet, dass sich in dieser „geklumpten Phase" in der Materie mehr Gravitationsbindungsenergie niederschlägt, also
eine Form negativ-wertiger, potenzieller Energie, die demnach auch negativwertig in die Energiebilanz des Kosmos
eingeht. Die Bedeutung dieses Umstandes werden wir an
späterer Stelle dieses Buches noch genauer hervorheben.

Für die Beurteilung der materiellen Erfüllung des Universums durch stellare Objekte jedweder Art erweist sich
letztenends nichts als so wichtig wie die Bestimmung
der Entfernung dieser Objekte von uns. Gerade diese
Entfernungsbestimmung im Kosmos stellt jedoch, im Gegensatz zur Ermittlung von irdischen Entfernungen, ein
absolut nichttriviales, in vielen Bereichen bis heute nicht
zufriedenstellend gelöstes Problem dar. Bei Objekten in
„geoskopischen" Entfernungen, also Entfernungen die mit
dem Erddurchmesser noch einigermaßen vergleichbar sind,
kann man die aus der Trigonometrie bekannten Methoden
der Triangulation verwenden, nach der man zum Beispiel
die Höhe von Kirchtürmen oder Bergspitzen bestimmt und
bei der man eine bestimmte Referenzlänge auf der Erdoberfläche als geeignete Triangulationsbasis in Verbindung mit
entsprechenden Winkelmessungen benutzt.

Bei Objekten in Entfernungen, die mit dem Durchmesser der Erdbahn um die Sonne vergleichbar sind, kann man
diametral gegenüberliegende Positionen der Erde auf ihrer
Bahn als Triangulationsbasis benutzen. Auf diese Weise wird
die Entfernung einer Parallaxensekunde (1 Parsec = 3,26
Lichtjahre) als diejenige Entfernung definiert, aus der man
die Strecke des Erdbahndurchmessers (= 2 Astronomische Einheiten) unter einem Winkel von 1 Bogensekunde
aufgespannt sehen würde. Wenn jedoch Sterne weiter als

100 Lichtjahre entfernt sind, so helfen alle Methoden der Triangulation nichts mehr, und die Entfernungsbestimmung solch jenseitiger Sterne wird entsprechend schwierig. Erst recht problematisch wird natürlich die Entfernungsbestimmung an Objekten außerhalb unserer eigenen Galaxie. Nehmen wir hier nur einmal als ein Beispiel das Ensemble von Galaxien, das als der Virgo-Haufen bezeichnet wird, und fragen wir die heutigen Astronomen danach, wie weit dieser Haufen wohl von uns entfernt ist! Von Astronomen wie Mike Pierce vom Kitt Peak Observatorium in Arizona oder Brent Tully (1988) von der Universitätssternwarte auf Hawaii werden wir dann eine Entfernung von 50 Millionen Lichtjahren genannt bekommen. Allan Sandage vom Carnegie Institut wird uns dagegen glatt den zweifachen Entfernungswert angeben, nämlich 100 Millionen Lichtjahre. Man respektiert in Fachkreisen beide Gruppen von Astronomen, denn beide können ihre Angaben auf solide Messungen stützen. Dennoch ist klar, dass zumindest die eine der beiden Gruppen im Unrecht sein muss! Wenn bis heute nicht klar ist, welche von diesen beiden Gruppen Recht hat, so zeigt dies deutlich, wie schwierig Entfernungsbestimmungen bei großen Abständen tatsächlich sind.

Auf der anderen Seite dient jedoch gerade die Bestimmung der Entfernungen zu den Objekten des Virgo-Haufens vielfach als eine Basis für die Selektion der unser Universum angemessen richtig beschreibenden Weltmodelle und sie gewinnt dadurch eine eminent große kosmologische Bedeutung. Der Amerikaner Allan Sandage und der Schweizer Gustav Tammann (Sandage and Tammann 1996) sind aus diesem Grunde der Meinung, dass man in jedem Entfernungsbereich nur die jeweils zuverlässigs-

ten Entfernungsindikatoren verwenden sollte, deren es ja
mehrere gibt. Seit 1974 haben diese beiden Astronomen
in einer Serie von Veröffentlichungen sich systematisch
unter Benutzung solcher Indikatoren von den nahen Galaxien bis hinaus zu so entfernten vorgearbeitet, von denen
sie annehmen, dass sie dem allgemeinen Hubble-Fluss des
expandierenden Universums bereits voll eingebettet sind,
das heißt, dass ihre relativen Radialgeschwindigkeiten uns
gegenüber nicht von Pekuliarbewegungen oder Virialbewe-
gungen, sondern nur von der allgemeinen Expansion des
Universums bestimmt wird. In diesen Entfernungen würde man dann endlich in Form der Rotverschiebung eines
Objektes vermittelst des Hubble'schen Gesetzes (Hubble
1929), das ja die Rotverschiebung z mit der Entfernung
D linear korreliert gemäß $z = (H_0/c)D$, ein ideales und
allgemeingültiges Maß für die Objektentfernung gewinnen
können.

Hierzu ist es aber nötig, bis zu Objektrotverschiebungen
in den Raum vorzustoßen, die einer Fluchtgeschwindigkeit von mindestens einigen 100 km/s entsprechen, weil
willkürlich verteilte und sich dem Hubble-Fluss überla-
gernde Pekuliarbewegungen der Objekte leicht selbst bis
zu 250 km/s betragen können. Sandage und Tammann
strebten deshalb vor allem an, möglichst zuverlässige Entfernungsindikatoren für die Entfernungsbestimmung an
galaktischen Objekten des Virgo-Haufens zu finden, dessen Zentrum immerhin eine Fluchtgeschwindigkeit von
1000 km/s aufweist. Hierbei gingen sie von der Hoffnung
aus, dass dieser Galaxienhaufen ein gutes Maß für den
Hubble-Fluss $v = v(R) \simeq H_0 R$ und damit für die Bestimmung des Hubble-Parameters H_0 selbst anzugeben

erlauben sollte. Jedoch stellte sich schnell heraus, dass die Gravitationsanziehung dieses Haufens, bedingt durch die in ihm versammelten Massen, die gesamte Dynamik der Umgebung des Virgo-Haufens beeinflusst. Nach neuesten Ermittlungen sollte unsere Galaxie und die Lokale Gruppe, deren Mitglied erstere ist, mit etwa einer Geschwindigkeit von 300 km/s auf das Zentrum des Virgohaufens zufallen. Die Differenzgeschwindigkeiten gegenüber dem Virgohaufenzentrum können demnach nicht als typisch für die ungestörte Hubble'sche Expansionsgeschwindigkeit genommen werden. Sandage und Tammann versuchten durch Hinzunahme von Galaxien auf der über das Haufenzentrum hinaus verlängerten Gegenseite des Virgohaufens diesen misslichen Störeffekt herauszukorrigieren und kamen so schließlich zur Bestimmung eines Hubbleparameters der Größe: $H_0 = 50(\pm 5)[\text{km/s/Mpc}]$ (1 Mpc = 1 Megaparsec = 3,26 Millionen Lichtjahre).

In Konkurrenz zu den oben genannten Astronomen versuchte der Franzose De Vaucouleur über ähnliche Vorgehensweisen den Wert des Hubble-Parameters festzulegen, jedoch mischte er bei der Entfernungsbestimmung verschiedene Entfernungsindikatoren und bildete sozusagen Entfernungsmittelwerte aus den Entfernungen bestimmter Objekte, die er unter Verwendung unterschiedlicher Bestimmungsmethoden gewonnen hatte. Obwohl es hier kein absolutes Kriterium gibt, nach der man die Güte der einen oder anderen Bestimmungspraktik beurteilen könnte, führten De Vaucouleur's Messungen dennoch zur Ermittlung eines erheblich anderen Hubble-Parameters von $H_0 = 100$ km/s/Mpc (De Vaucouleur 1975). Für ein fernes Objekt mit bestimmter Rotverschiebung z würde man also mit dem Sandage-Tammann Wert für H_0, im Vergleich zu einer Bestimmung mit dem Wert De Vaucouleur's, die doppelte Entfernung angeben. Dies freilich ist nun eine recht fatale Situation für die Astronomen, wenn sie große Entfernungen nur bis auf einen Faktor 2 genau angeben können.

Schauen wir uns deswegen hier einmal kurz die derzeit verwendeten, in bestimmten Entfernungsbereichen als geeignet benutzten Entfernungsindikatoren an. Noch Anfang des letzten Jahrhunderts haben so berühmte Astronomen wie der Engländer Harlow Shapley oder der Deutsche Walter Baade die Entfernung der Sterne im Bereich jenseits von 100 Lichtjahren mit der klassischen RR-Lyrae Methode durchgeführt. Hierzu benutzt man einen bestimmten, periodisch lichtveränderlichen Sterntyp, sogenannte RR-Lyrae Sterne, als Entfernungsindikatoren. Solche Sterne kommen recht häufig in Kugelsternhaufen, im Halo oder im Zentrum unserer Galaxie vor und besitzen die besondere Eigenschaft, dass ihre Leuchtkraft periodisch variiert mit Perioden zwischen 0,2 bis 1,2 Tagen. Es handelt sich dabei meist um Sterne mit Sternmassen von nur 50 bis 60 Prozent der Sonnenmasse, die während der für sie typischen Periode Leuchtkraftschwankungen bis zu einer Magnitude (also bis zu einer astronomischen Intensitätsgrößenordnung) durchführen. Hierbei kommt die Leuchtkraftvariation durch die radiale Pulsation der sphärisch angeordneten Sternmaterie um ein mittleres Kugelvolumen herum zustande, wobei in den einzelnen stellaren Materieschalen des Sterns ein periodisches überwiegen der Schwerkraft bzw. der Druckkraft die Ursache für solche Pulsationsschwingungen darstellt. Insgesamt ergibt sich dabei eine kollektive Schwingung des

Sternkörpers, deren Periodenlänge P_{RR} man mit der mittleren Materiedichte $\bar{\rho}$ im Sterninneren in direkte Verbindung bringen kann über $P_{RR} = 1/\sqrt{8\pi G\bar{\rho}}$ (G = Gravitationskonstante). Nun bestimmt der materielle Sternaufbau, der sich in gewisser Weise gerade eben auch im Wert der mittleren Materiedichte ausdrückt, die absolute Leuchtkraft des jeweiligen Sterns. Daraus ergibt sich demnach die für die Astronomen höchst erfreuliche Folge, dass solche pulsierenden Sterne uns über ihre Pulsationsperiode ein absolutes Maß für ihre Leuchtkraft angeben. Wenn man also irgendwo einen RR-B-Lyrae-Stern wahrnimmt, so braucht man nur seine Leuchtkraftperiode zu bestimmen und weiß, daraus direkt ermittelbar, um seine absolute Leuchtkraft. Was man andererseits von einem solchen Stern beobachtungsmäßig wahrnimmt, ist nicht seine absolute, sondern seine scheinbare Leuchtkraft, nämlich diejenige Leuchtkraft, mit der der betreffende Stern uns in seiner Entfernung erscheint. Da die effektive Leuchtkraft eines punktartigen Objektes sich nun umgekehrt proportional mit dem Quadrat der Entfernung von diesem Objekt verändert, lässt sich bei diesen RR-Lyrae-Objekten aus der Kenntnis der absoluten Leuchtkraft und der Bestimmung der scheinbaren Leuchtkraft in wunderbarer Weise der exakte Abstand des Objektes ermitteln. Harlow Shapley hat die RR-Lyrae Methode um die letzte Jahrhundertwende herum dazu benutzt, die Dimensionen unserer Milchstraße zu bestimmen, es blieb jedoch lange Zeit schwierig dieselbe Methode auch für die Entfernungsbestimmung anderer Galaxien zu verwenden, weil RR-Lyrae Sterne leider nicht sehr leuchtkräftig sind, und man sie deswegen allenfalls noch in den nahen Magellan'schen Wolken ausfindig machen kann, aber schon nicht mehr in den anderen uns nahen Galaxien wie zum Beispiel der Andromeda Galaxie, auch Messier-31 genannt, – zumindest bis vor Kurzem nicht. Erst 1987 stellte sich unter Verwendung von CCD-Detektoren hier ein neuer Erfolg ein, als Chris Pritchet und Sidney van den Bergh mit dem französisch-kanadischen Teleskop auf dem Mauna Kea auf Hawaii zum ersten Male RR-Lyrae Sterne in der Galaxie Messier-31 vermessen konnten. Hierdurch konnte nun die Entfernung dieser Galaxie über die RR-Lyrae-Methode auf 2,5 Millionen Lichtjahre festgelegt werden.

Auch die Entfernungen anderer Galaxien wie die von Messier-B 33 oder anderen Mitgliedern der Lokalen Gruppe konnten inzwischen mit derselben Methode festgelegt werden. Aus einem ähnlichen Grunde wie RR-Lyrae-Variable werden auch Cepheiden Sterne oft als geeignete Einheitskerzen zur Ausmessung der kosmischen Tiefen benutzt. Ihre absolute Helligkeit schwankt zwar von Objekt zu Objekt stärker als bei den RR-Lyrae-Sternen, dennoch gibt es bei diesen Sterntypen eine sehr hilfreiche, weil zuverlässige Korrelation zwischen der Periode der Helligkeitsvariation und ihrer mittleren, absoluten Leuchtkraft, die 1914 zum ersten Male von der Astronomin Henrietta Leavitt festgestellt und mit soliden Daten untermauert worden ist. Eicht man also diese Sterne an den Beispielen in unserer Galaxis, so lassen sich Cepheidensterne in anderen Galaxien aufgrund der beobachtbaren Periodenlänge ihrer Helligkeitsschwankung als willkommene Einheitskerzen bzw. Entfernungsindikatoren verwenden. Allerdings gestaltet sich das Auffinden von Cepheiden in Galaxien jenseits derjenigen unserer lokalen Gruppe auch heute noch als

recht schwierig. Die am weitesten entfernten Cepheiden,
von denen derzeit in der astronomischen Literatur zu lesen
ist, stammen aus der Riesenspiralgalaxie Messier-101 und
erlauben, dieser Galaxie eine Entfernung von 24 Millionen
Lichtjahren zuzuschreiben.

Als geeignete Entfernungsindikatoren werden, aus einem ähnlichen Grunde wie RR-Lyrae-Sterne, auch die
„Planetarischen Nebel" verwendet. Hierbei handelt es sich
um leuchtende Gasnebel, in deren Zentrum ein heißer
Stern vom Typ O oder B mit einer Oberflächentemperatur
von 30.000 bis 100.000 Kelvin steht, der das umgebende Gas durch seine intensive Strahlung zum Leuchten
anregt. Auch diese astronomischen Leuchtobjekte haben
die Eigenschaft, mit einer naturbedingt festen, internen,
absoluten Leuchtstärke verbunden zu sein. Solche Planetarischen Nebel konnten in den Galaxien der Lokalen
Gruppe sowie in denjenigen anderer Galaxiengruppen und
sogar solchen des Virgo-Haufens entdeckt und vermessen werden. Wegen ihrer bekannten absoluten Helligkeit
dient die Beobachtung dieser Objekte wiederum in idealer
Weise der Entfernungsbestimmung der sie beherbergenden Galaxien. Bei Galaxien, in denen sowohl Planetarische
Nebel als auch RR-Lyrae-Sterne registriert werden können, hat man demnach zwei Methoden zur Hand, nach
denen man die Entfernung solcher Objekte unabhängig
voneinander bestimmen kann. Beide Bestimmungsmethoden führen in solchen Fällen erfreulicherweise beinahe zu
den gleichen Entfernungsangaben. Man kommt so zum
Beispiel neuerdings zu einem Entfernungswert für das Zentrum des Virgo-Haufens von 49 Millionen Lichtjahren.
Auch Novae-Erscheinungen können wegen ihrer enormen

Brillanz und ihrer eruptiv auftretenden Lichtleistung gut zu Entfernungsbestimmungszwecken herangezogen werden. Solche Novae-typischen Lichteruptionserscheinungen hängen mit instabilen oder fluktuierenden Materieströmen in engen Doppelstern-Systemen zusammen. Meist hat in einem solchen Falle ein normaler Hauptreihenstern einen „Weißen Zwerg" zum Sternpartner. Ein solcher „weißer Zwerg" entsteht am Ende des Lebens eines normalen Sterns, wenn zunächst das Wasserstoffbrennen aus dem Kern des Sterns sich in seine Hülle verlagert, dabei diesen Stern zum „Roten Riesen" aufbläht, wobei schließlich diese Sternhülle dann in den Raum verdampft und einen sehr heißen, aber nicht sehr lichtstarken Rumpfstern zurücklässt. Von der Außenhülle des Hauptreihensterns fließt mit einer gewissen Fluktuation Materie auf den Partnerstern über, den „weißen Zwerg" und bildet dort eine, den rotierenden Zwerg in seiner Äquatorebene umgebende Akkretionsscheibe. Wenn die materielle und thermodynamische Beschaffenheit dieser ständig von Materiezuströmen genährten Scheibe in einen kritischen Zustand hineinläuft, so kann dadurch bedingt werden, dass am Innenrand der Scheibe bzw. am Außenrand des weißen Zwerges plötzlich nukleares Wasserstoffbrennen einsetzt. Dadurch dehnt sich die Außenhülle des Zwergsterns in einem enormen Maße aus und die Strahlungsleistung dieses Objektes erhöht sich innerhalb weniger Tage um 4 bis 5 Größenordnungen, wie dies ähnlich auch bei einem roten Riesenstern, dort aber über Jahrmillionen hinweg geschieht. Je nach Novaetyp lässt sich die absolute Strahlungsleistung während des Maximums der Strahlungseruption an artgleichen Objekten in unserer eigenen Milchstraße festlegen, so dass man solche

Erscheinungen sodann über die Ermittlung ihrer scheinbaren Maximalhelligkeit als Entfernungsindikatoren nutzen kann. So sind Novae in der Galaxie Messier-31 erstmalig 1920 von Edwin Hubble benutzt worden, um die Entfernung und damit die extragalaktische Natur dieses Objektes auszuweisen. Allerdings sind solche Novae-Erscheinungen nicht allzu häufig und sie können folglich nur gelegentlich und vereinzelt als Entfernungsindikatoren genutzt werden. Bedeutend scheint in diesem Zusammenhang die Tatsache, dass die Astronomen Pritchet und Van den Bergh in den Jahren seit 1985 Novae in einigen leuchtstarken, elliptischen Galaxien wie Messier-87, Messier-49, Messier-60 und NGC-4365 des Virgo-Haufens verfolgen konnten. Aus den gemessenen Maximumsintensitäten dieser Novae konnten sie sodann auf eine wiederum unabhängige Weise die Entfernung des Virgo-Haufens angeben, welche sich in diesem Falle auf einen Wert von 63 Millionen Lichtjahren belief, also einen Wert, der etwa 25 Prozent über der Entfernungsangabe gewonnen aus RR-Lyrae- und Planetarischen Nebel-Methoden liegt.

Noch leuchtstärkere Ereignisse im Kosmos als solche Novae sind die zuweilen auftretenden Supernovae-Erscheinungen. Bei ihnen handelt es sich um einen abrupten Sternkollaps meist im Anschluss an die Sternphase eines weißen Zwerges. Hierbei entsteht eine Lichterscheinung, bei der die maximale Helligkeit durchaus mit der Helligkeit der gesamten Muttergalaxie eines solchen Sterns konkurriert. Am zuverlässigsten als Entfernungsindikatoren sind sogenannte Typ-Ia-Supernovae, die man meist in elliptischen Galaxien oder in den alten Populationsbereichen von Spiralgalaxien beobachtet und die mit dem Gravitationskollaps von weißen Zwergen einhergehen. Solche Ereignisse nehmen zwar nicht immer streng den gleichen Verlauf, sie führen aber mit großer Gewissheit immer auf die gleiche absolute Maximalhelligkeit. Beobachtungen von Typ-Ia-Supernovae im gleichen Galaxienhaufen haben zeigen können, dass die Abweichungen in den Maximalintensitäten solcher Eruptionserscheinungen sich auf weniger als ein Zehntel einer Magnitude (astronomische Größenklasse) belaufen (siehe Abb. 4.4). Das muss man in der Astronomie schon einen guten Standard nennen. Wenn man demnach die scheinbare Maximalintensität solcher Supernovae richtig erfassen kann, so gewinnt man auch hiermit ein zuverlässiges Maß für die Entfernung des Kollapsobjektes bzw. seiner sie beherbergenden Muttergalaxie. Unter Nutzung dieser Zusammenhänge haben amerikanische Astronomen (Perlmutter et al. 1999) begonnen, eine groß angelegte Kartierung der kosmischen Entfernungen der weitesten Standardlichtquellen im Kosmos durchzuführen.

Auch Kugelsternhaufen, also sehr leuchtstarke, kugelförmige Gebilde aus sehr vielen, in einem gemeinsamen Gravitationsfeld gebundenen Mitgliedssternen, können als Entfernungsindikatoren herangezogen werden. Beobachtet man in einer Galaxie eine statistisch relevante Anzahl von Kugelsternhaufen, so ordnen sich diese nach einer immer gleichen Leuchtkraftfunktion an, die die Häufigkeit gewisser auftretender Kugelsternhaufen als Funktion der Leuchtintensität darstellt. Hiernach kommt dem Häufigkeitsmaximum der Verteilung eine immer nahezu gleiche Absolutintensität der Kugelsternhaufen zu, die somit über die scheinbare Intensität zu einem Maß für die Entfernung der registrierten Objekte gemacht werden kann. Diese Me-

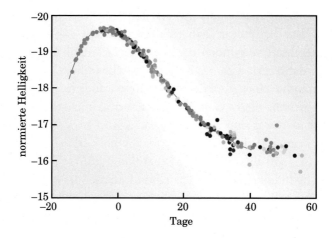

Abb. 4.4 Lichtkurven von Supernovae des Typs 1a, hier skaliert auf gleiche Abstände, dienen als kosmische Lichtstandards (aus S. Perlmutter, Physics Today, April 2003, 54–56, Figure 1)

thode lässt sich am besten in elliptischen Riesengalaxien verwenden, in denen leicht bis zu 1000 Kugelsternhaufen identifiziert und registriert werden können und in denen eine Beeinflussung der Strahlungsintensität durch galaktischen Staub vernachlässigbar ist. Wegen der Leuchtstärke dieser Indikatoren sollte sich nach heutigen Einschätzungen diese Entfernungsbestimmungsmethode bis hinaus zu Abständen von 160 Millionen Lichtjahren, etwa zur dreifachen Virgohaufen-Entfernung, verwenden lassen.

Seit etwa 1977 ist noch ein ganz andersartiger Entfernungsindikator in Wettbewerb mit den eher klassischen anderen Indikatoren getreten. Dieses nach den beiden Entdeckern, den beiden amerikanischen Astronomen Brent Tully und Richard Fisher, als Tully-Fisher-Indikator benannte

Entfernungsmaß ergibt sich aus der interessanten Erkenntnis, dass die interne Dynamik einer Galaxie eng mit ihrer Leuchtkraft verbunden ist. Dieser Zusammenhang drückt sich darin aus, dass die Rotationsgeschwindigkeit der Außenränder einer Galaxie umso größer sind, je größer die Leuchtkraft dieser Galaxie ist. Hierbei ist nicht unbedingt ganz klar, was durch was verursacht wird bzw. wie herum das kausale Bedingungsverhältnis hierbei wirklich beschaffen ist, – ob also die höhere Leuchtkraft größere Rotationsgeschwindigkeiten am Galaxienrand zulässt oder ob eher die größeren Rotationsgeschwindigkeiten eine höhere Leuchtkraft in der Galaxie induzieren. Es besteht jedoch eine feste unbezweifelbare Korrelation zwischen beiden astronomisch relevanten Parameter-Größen, die die beiden Astronomen Tully und Fisher zum ersten Male 1977 in mathematischer Form gefasst haben (Tully and Fisher 1977) und die sich besonders für Scheibengalaxien vom Spiral-Typ Sc und Sa gut bewahrheitet hat; nämlich: $v_{rot} = \bar{v}_{rot} \cdot (L/\bar{L})^{0,25}$, wobei v die Rotationsgeschwindigkeit am Galaxienrande,und L die Gesamtleuchtkraft der Galaxie sind, die entsprechenden überstrichenen Größen sind entsprechende Referenzwerte.

Die Rotationsgeschwindigkeit am Rande einer Galaxie kann nun relativ gut über die durch sie bedingte Dopplerverschiebung der Emissionen der galaktischen Scheibenrandmaterie erfasst werden. Hierbei liefert der uns entgegenkommende Scheibenrand eine spektrale Blauverschiebung, dagegen der von uns fortweichende Rand eine entsprechende spektrale Rotverschiebung, beide differentiell aufgesetzt auf die durch die Bewegung der Gesamtgalaxie gegenüber uns sowieso bedingte, kosmische Rotverschiebung. Besonders geeignet für die Bestimmung dieser Dynamik-bedingten, differenziellen Rotverschiebungen sind Beobachtungen der galaktischen Wasserstoff-Emissionen in der für den Wasserstoff-typischen 21-Zentimeter Radiolinie. Neutraler Wasserstoff ist bekanntlich in den galaktischen Bereichen zwischen den leuchtenden Sternen als interstellares Gas vertreten und nimmt Teil an der galaktischen Rotationsdynamik. Durch Spinumklappvorgänge des Elektronenspins gegenüber dem Wasserstoffatomkernspin kommt eine elektromagnetische Emission zustande, deren Wellenlänge von uns genau bei 21 Zentimeter wahrgenommen werden kann, wenn der emittierende Wasserstoff sich nicht relativ zu uns bewegt (Laborwellenlänge: 21 cm). Bewegen sich dagegen nun die einzelnen, emittierenden Wasserstoffbereiche einer Galaxie alle in irgendeiner, durch die galaktische Gesamtdynamik geregelten Form, so emittiert jeder Bereich entsprechend seiner individuellen Relativgeschwindigkeit zu uns eine Strahlung mit einer von dieser Laborwellenlänge abweichenden Wellenlänge. Bei den fernen Galaxien lassen sich nun die einzelnen Emissionsbereiche nicht mehr bildlich auflösen und voneinander trennen, vielmehr tragen alle mit ihren differentiellen Emissionen zu einem gemeinsamen Wasserstoffemissionsspektrum der jeweiligen Galaxie bei. Dabei kommt es zur Ausbildung einer typischen Emissionslinienkontur, bei der die langwelligsten Konturteile von den sich von uns wegdrehenden Galaxienrändern, die kurzwelligsten von den sich auf uns zudrehenden Galaxienrändern herstammen. Die spektrale Breite der Linienemission, also der dazwischen liegenden Linienemission, hängt folglich mit der Rotationsgeschwindigkeit der Ränder v_{rot} sehr eng zusammen,

und zwar bei den nicht allzu schnell sich von uns fort-
bewegenden Galaxien (linearer optischer Doppler-Effekt!)
in linearer Weise über die Beziehung $\Delta\lambda_{rot} = 2v_{rot}\lambda_0/c$.
Aus der gesamten Linienbreite einer solchen Wasserstoff-
Emissionslinie lässt sich demnach in unkomplizierter Weise
die Rotationsgeschwindigkeit der Galaxienränder ermitteln,
die nun aber nach der Tully-Fisher Beziehung wiederum
direkt mit der absoluten Leuchtkraft L der betreffenden
Galaxie verkoppelt ist. Vergleicht man dann noch die nach
Tully-Fisher vorhergesagte absolute Leuchtkraft mit der gemessenen scheinbaren Leuchtkraft einer solchen Galaxie,
so lässt sich ihre Entfernung über das normale Lichtschwächungsgesetz (Abnahme der Lichtintensität mit dem
Reziproken des Quadrates des Abstandes von der Lichtquelle!) leicht bestimmen.

Nach diesem, noch nicht einmal kompletten Überblick
über Methoden, mit denen die Astronomen die Entfernungen ferner Objekte im Kosmos festlegen können, sollte
einem eigentlich das kosmische Entfernungsproblem weitgehend als entschärft erscheinen. Dass dies jedoch immer
noch ein heikles Problem darstellt, ergibt sich daraus, dass
Entfernungsangaben, zum gleichen Objekt über unterschiedliche Methoden gewonnen, oft deutlich voneinander
abweichen und damit die Frage aufwerfen, welche der
ermittelten Entfernungen nun jeweils die richtige sein
könnte. Beginnt man, wie dies heute unter Astronomen geschieht, in sehr sophistischer Weise Entfernungsmessungen
mit anderen Entfernungsmessungen im Überlappungsbe-
reich zu korrigieren, so kann man es zwar schaffen, zu
einem gewissen Konsens über Entfernungsangaben, insbesondere solchen bis zum Zentrum des Virgohaufens zu

gelangen, und erreicht auch, dass die daraus herleitbaren Hubble-Konstanten mit $69 \leq H_{\text{Virgo}}/[\text{km}/\text{s}/\text{Mpc}] \leq 86$ beruhigendermaßen zwischen dem Sandage-Tammann-Wert von $50\,[\text{km}/\text{s}/\text{Mpc}]$ und dem DeVaucouleur-Wert von $100\,[\text{km}/\text{s}/\text{Mpc}]$ liegen. Dennoch lässt sich nicht mit gutem Gewissen auf einen solchen Konsenswert einer Hubblekonstanten eine überzeugende Kosmometrie und Kosmologie aufbauen. Um nun für Entfernungen weit jenseits des Virgo-Haufens die kosmischen Objektentfernungen über die objektzugehörigen Rotverschiebungen Δz mittels der berühmten Hubblerelation: $\Delta z = \Delta z_{\text{Virgo}} \cdot (D/D_{\text{Virgo}}) = H_{\text{Virgo}} \cdot D/c$ die objektzugehörige Entfernung D zu gewinnen.

Nach der Ansicht des Astronomieprofessors Paul Hodge von der Universität Washington und vieler seiner Kollegen ergeben neueste astronomische Befunde immer deutlicher, dass es im Universum nicht nur großskalige Strukturen sondern auch großskalig angelegte kosmische Bewegungen gibt, so dass man angesichts dieser enormen Inhomogenitäten im kosmischen Bewegungsfluss überhaupt nicht von einem einheitlichen, iostropen Hubble-Fluss, also einer isotropen und homologen Expansion des Weltalls, reden kann, die mit einer einheitlichen, skalaren Hubble-Konstanten zu beschreiben wäre, vielmehr scheint es, als müsste man eventuell, wenn überhaupt, für unterschiedliche Himmelsrichtungen und Himmelsentfernungen jeweils himmelsspezifische Hubble-Konstanten heranziehen. Englische Astronomen wie Lynden-Bell, Terlevich und Wegner zusammen mit amerikanischen Kollegen wie Burstein, Davies, Faber und Dressler führen derzeit eine auf das Phänomen des „großen Attraktors" ausgerichtete, groß angelegte Untersuchung durch und ermitteln in diesem Zusammenhang die Entfernungen und Eigenbewegungen von etwa 500 Galaxien, die alle zu einem Galaxiensuperhaufen mit dem Namen Hydra-B-Centaurus gehören. Unter Einsatz fast aller derzeit verfügbaren Großteleskope auf der Erde beobachten sie die Eigenbewegungen der Galaxien in allen Himmelsrichtungen innerhalb eines uns umgebenden Weltallvolumens mit einem Radius von einigen hundert Millionen Lichtjahren. Dabei zeigt sich interessanterweise klar, dass auch dieses Riesensystem von galaktischen Massenansammlungen offensichtlich immer noch nicht der allgemein unterstellten Hubbledynamik eines homolog und isotrop expandierenden Weltalls folgt, sondern eine signifikant davon abweichende, globale Eigenbewegung in Richtung auf ein „magisches Massenzentrum" durchführt. Die Richtung zu diesem Zentrum stimmt in etwa mit der Himmelsrichtung zum Hydra-Centaurus Haufen überein, die Entfernung dieses Zentrums von uns scheint jedoch eher doppelt so groß wie diejenige des Zentrums des Hydra-B Centaurus Superhaufens zu sein. Wenn die oben erwähnten Astronomen auf dem Wege der üblichen Rotverschiebungsinterpretation die allgemeine Relativdynamik aller Mitglieder des Hydra-Centaurus Superhaufens auf dieses Zentrum hin richtig erfasst und interpretiert haben, so zeigt sich daran die doch sehr beirrende Tatsache, dass nicht einmal dieses gigantische, bisher eigentlich nur aus dynamischen Gründen geforderte, magische Massenzentrum mit seiner Schwerkraftwirkung von einigen 100 Billiarden Sonnenmassen gegenüber dem allgemeinen Hubblefluss des Weltalls in Ruhe ist. Vielmehr scheint auch dieses Zentrum seinerseits noch immer eine Eigenbewegung von mindestens 150 km/s gegenüber dem expandierenden Weltstratum zu besitzen.

Wo denn wohl, das heißt, auf welchen größten Raumskalen des Weltalls, erfüllt sich dann eigentlich endlich die Hubble'sche Erwartung? Auch ergibt sich neuerdings unter Benutzung der Cepheiden-B-Methode zur Entfernungsbestimmung an Virgo-Haufen-Objekten, die derzeit mit dem Hubble-Space-Telescope beobachtet werden, dass deren Entfernungen doch weit größer sind, als über die bisher verwendete Supernovae Methode ermittelt wurde. Der hieraus für den Virgo-Haufen zu ermittelnde Hubbleparameter $H = 45$ km/s/Mpc scheint also doch wieder die früheren Virgo-Werte von Sandage und Tammann zu bestätigen, und nicht irgendeinen Kompromisswert. Hier ist also die Geschichte der Komologie noch sehr stark in Bewegung. All dies sollte der Leser weiterhin im Bewusstsein halten, wenn er im Folgenden von der Strukturierung des Universums im Supergroßen lesen wird, die daselbst beinahe ausschließlich über Objektrotverschiebungen und über eine Extrapolation des Hubble-Gesetzes mit einer an die Dynamik des Virgo-Haufens angepassten allgemeinen Hubble-Konstanten abgeleitet wird.

Wir haben zuvor von den materiellen Ordnungsstrukturen im Weltall gesprochen und dazu gesagt, dass es heute wohl so scheint, als sei die leuchtende Sternmaterie im Weltall, selbst großräumig beurteilt, nicht gleichmäßig und homogen im Universum verteilt, sondern eher hierarchisch angeordnet in Form von Galaxien, Haufen von Galaxien, und Haufen von Haufen von Galaxien, usw. zu immer größeren Ordnungshierarchien ausholend. Auf der bis heute größten erforschten Hierarchieebene scheint sich dabei abzuzeichnen, dass es zur Formation von kosmischen Wabenstrukturen kommt, bei denen die Wabenwände mit relativ hoher Materiedichte große Leerräume von deutlich niedriger Materiedichte umgeben. Gerade diese gigantischen Leerräume des Weltalls stellen als Beobachtungsbefund eigentlich noch ein aufregenderes, kosmisches Faktum dar als die kürzlich von den beiden amerikanischen Astronomen M.J. Geller und J.P. Huchra vom Harvard Smithonian Center for Astrophysics in Cambridge, Massachusetts, gemachte Entdeckung, dass es im Weltall offensichtlich zum Aufbau riesiger Mauern aus Galaxien und Galaxiensystemen kommt, also gigantischer, flächig angelegter Materieverdichtungen. Dieses mit den oben genannten Forschern verbundene Phänomen der „großen kosmischen Mauer" wird von Galaxiensystemen aufgebaut, die sich uns gegenüber mit Fluchtgeschwindigkeiten von 7500 km/s bis 10.000 km/s bewegen. Sie sind allesamt, nach der Hubble-Relation beurteilt, also viel weiter als der Virgo-B Haufen von uns entfernt, der nur etwa mit einer Fluchtgeschwindigkeit von 1000 km/s von uns wegweicht. Interpretiert man die Rotverschiebungen dieser Galaxien mit einer für den Virgo-Haufen ermittelten Hubble-Konstanten H_{Virgo}, so lassen sich ihnen mühelos Entfernungen zuordnen.(z. B. Plerce et al. 1994).

Danach sollten sich diese Galaxien in einem flächenhaften Raumbereich von einer Ausdehnung von $(200 \times 500)\,\text{Mpc}^2$ senkrecht zur Sichtlinie erstreckt aufhalten, wobei dieser räumlichen Fläche eine Flächentiefe von nur 15 Mpc zuzuschreiben wäre. Solche Massierungen von galaktischer Materie können im Erscheinungsbild des Kosmos jedoch durchaus nicht als etwas Einmaliges gelten, sonst käme ihnen kosmolologisch gewertet ja ohnehin auch keine Relevanz zu. Die Geller-Huchra Mauer kann als solche nur als bisher gigantischste räumliche Ansammlung von leuchtenden galaktischen Massen im Weltall gelten, von der wir bis heute Kenntnis genommen haben. Unter Astronomen sind inzwischen aber neben dieser Ansammlung bereits viele ähnlich geartete Anhäufungen bekannt geworden. So wurde 1988 von dem englischen Astronomen Lynden-Bell und seinen Mitarbeitern das Phänomen eines „großen kosmischen Attraktors" herausgestellt, welches darin besteht, dass in einem begrenzten Raumbereich des Universums mit einer Ausdehnung von 100 Mpc alle Galaxien mit mittleren Geschwindigkeiten von 500 km/s sich auf ein lokales Zentrum zubewegen, von dem in dieser Interpretation eine gravitative Anziehung entsprechend einer Massenkonzentration von einigen zehn Billiarden Sonnenmassen ausgehen muss.

Nun wird sich aber ein aufmerksamer Astronom sehr bald an der folgenden, beunruhigenden Tatsache stoßen: Selbst ein so riesiges Massensystem wie das des derzeit diskutierten, kosmischen Attraktors stellt offensichtlich immer noch kein Bezugssystem dar, das mit dem absoluten, kosmischen Ruhesystem identisch wäre, denn genauere Rotverschiebungsanalysen haben ja zeigen können, dass auch der Schwerpunkt dieses supermassiven Attraktors selbst wieder noch mit einer Geschwindigkeit von mindestens 150 km/s gegenüber dem allgemeinen Hubble-Fluss des expandierenden Weltalls bewegt ist. Das heißt aber doch, dass es das immer wieder unterstellte, kosmisch freifallende, homolog mitbewegte, inertiale Ruhesystem entweder überhaupt nicht gibt, oder dass es zumindest von keinerlei sichtbarer Materie markiert wird. Nicht einmal derart gigantische Massen- und Volumenbereiche im Weltall, wie sie zu solchen Attraktoren gehören, fügen sich in ihrer Schwerpunktbewegung dem unterstellten allgemeinen Hubblefluss des Weltstratums ein, welcher doch letztlich überall im Universum das auserwählte, freifallende kosmische Ruhesystem für einen homolog expandierenden Kosmos vorgeben sollte. Letztendlich geht er zurück auf die Zeit als der Kosmos noch völlig gleichförmig und ohne Strukturen war. Wo also jeder Punkt dem anderen völlig gleichwertig war. Nach Ansicht des amerikanischen Astronomen Alan Dressler besagt dies so viel wie: Bis heute hat sich de facto kein kosmisches Massensystem noch so hoher Hierarchiestufe finden lassen, dessen Schwerpunkt sich gegenüber dem kosmischen Mikrowellenstrahlungshintergrund, also sozusagen gegenüber dem Ruhesystem des Kosmos, in Ruhe befindet.

Gerade dieser kosmische Strahlungshintergrund sollte aber nach allgemeiner Auffassung überall im Kosmos das lokale, kosmische Ruhesystem angeben. Wenn diese diffuse Strahlung ein Relikt des Urknalls sein soll und deshalb selbst mit dem Kosmos als Ganzem aufs engste verbunden ist, da sie sich noch vor jeder materiellen Strukturbildung ausbildete, dann muss sie das maßgebende kosmische Ruhesystem definieren. Wenn man jedoch nur Systeme findet, die sich selbst gegen dieses Hintergrundstrahlungsfeld bewegen, so sollte man schließen dürfen, dass es ein solches „kosmisches Inertialsystem" vielleicht gar nicht gibt – weder als ein lokales noch als ein globales System? Und müssten wir deshalb dann nicht am Vorliegen eines allgemein expandierenden Weltsystems grundsätzlich zweifeln? Oder gibt es hier für die Hubble-Jünger doch noch Hoffnungen auf einen Ausweg aus dieser prekären Situation?

Die schon angesprochenen Astronomen vom Harvard Center für Astrophysik in Cambridge, Massachusetts, John Huchra, Margaret Geller und Ron Marzke, haben inzwischen ihre großangelegte Himmelskartierung des Nordhimmels bis zu Leuchtobjekten der 15. Größenklasse hinunter komplettiert. Bis heute haben sie nach der Hubble-Methode etwa 14.000 Galaxien aufgrund ihrer Rotverschiebungen positionieren können. Sie erfassen damit ein Raumvolumen des Kosmos bis zu einer Tiefe von 500 Millionen Lichtjahren und können in diesem Gebiet des Kosmos zum ersten Male synoptisch erfassbar die gegebenen, materiellen Strukturierungen aufzeigen, zumindest in der Form, wie sie aus den Rotverschiebungen hervorzugehen scheinen. Wenn auch in dieser räumlichen Kartierung längst noch nicht die fernsten heute bekannten Objekte enthalten sind (diese sollten nach Aussage ihrer Rotverschiebungen im Hubble'schen Deutungsrahmen etwa 10-fach weiter entfernt sein als die Grenze dieser Kartierung), so zeigt sich doch hierin deutlich, dass es offensichtlich starke Massierungen leuchtender Materie neben gigantischen Leerräumen ausgebildet gibt, ohne dass sich bisher eine klare Gesetzmäßigkeit hinter dieser Strukturierung entdecken ließe.

Als auffällig hervorstehende Strukturen heben sich in dieser Weltkarte die Formationen des uns relativ nahen Virgo-B-Superhaufens, der Galaxienhaufenkette Pisces-Perseus auf der Gegenseite, und der schon erwähnten, als „große Mauer" bezeichneten Riesenstruktur hervor. Als auffällig treten außerdem gewisse Speichen oder Strahlenstrukturen in Erscheinung, in denen angedeutet zu sein scheint, dass sich die einzelnen Galaxien mit Vorliebe auf geradlinig von uns weglaufenden kosmischen Strängen ansiedeln. Bei der Suche nach einer Deutung für dieses Strukturelement muss man sich jedoch klar machen, dass die Positionen der Objekte in dieser Karte nicht nach deren tatsächlicher Entfernung erfolgt, sondern nach deren Rotverschiebungen, die man als ein lineares Entfernungsmaß einstuft. Letzteres kann jedoch nur dann überhaupt richtig sein, wenn es sich bei den erfassten Galaxien um Objekte handeln sollte, die dem „lokalen kosmischen Ruhesystem" angehören und sich streng mit dem Hubblefluss des homolog expandierenden Universums bewegen. Weiter oben haben wir aber schon hervorgehoben, dass dies weder bei den Einzelgalaxien noch bei den Massen-Schwerpunkten der kleinsten und größten, hierarchischen Formationen des Kosmos wirklich der Fall ist. Das lässt natürlich generell daran zweifeln, dass sich aus einer Häufung von Galaxien im Rotverschiebungsraum auch tatsächlich auf eine Häufung derselben im echten kosmischen Ortsraum schließen lässt. Speziell zu den speichenartigen Strukturen in der Rotverschiebungskarte kommt es wohl vornehmlich deswegen, weil viele Galaxien sich zu größeren, gravitativ gebundenen, dynamischen Einheiten zusammenschließen, indem sie sich alle in einem lokalen, aus den versammelten Massen gebildeten Gravitationsfeld um ein gemeinsames Zentrum herum bewegen, wie etwa die Planeten um die Sonne herum. Dabei tritt das Phänomen auf, dass diese Galaxien zum einen alle in einem engen Sichtwinkelbereich des Himmels auftauchen, zum anderen aber alle unterschiedliche Eigenbewegungen durchführen und somit unterschiedliche Rotverschiebungen realisieren.

Daher werden diese Galaxien in der Rotverschiebungskarte wie auf einer radial von uns wegzeigenden Speiche
angeordnet. Aus der Länge einer solchen kosmischen Speiche kann man also nicht die räumliche Tiefenerstreckung
derselben erschließen, man kann vielmehr nur aus der Rot-
verschiebungsdifferenz der zu diesem gravitativ gebundenen
System gehörenden Galaxien auf die interne Dynamik, also auf die dort vorkommenden Orbitalgeschwindigkeiten,
und mit ihnen durch den Virialsatz verbunden, auf die
in diesem System insgesamt gravitativ wirksame Masse
schließen. Letzteres aber auch nur dann, wenn die hier
registrierten Rotverschiebungen wirklich streng „Doppler'sche Natur" haben. Einen Hinweis darauf, dass dies
vielleicht nicht so sein könnte, mag man aus der Tatsache
entnehmen, dass gerade die Deutung von solch „regionalen"
Rotverschiebungsdifferenzen als Phänomen unterschiedlicher Orbitalgeschwindigkeiten zur Ermittlung von viel zu
großen, an dieser Stelle des Kosmos zu fordernden, gra-
vitatierenden Massen führt, die man keinesfalls durch die
Leuchtkräfte der beteiligten Objekte auch nur annähernd
repräsentiert findet. Die deswegen neuerdings herbeige-
rufenen Mengen an „dunkler Materie" im Weltall mögen
zumindest zum Teil durch diese Missinterpretation der
Rotverschiebungen auf dem oben geschilderten Wege her-
vorgerufen sein. Wir kommen jedoch später noch einmal
auf dieses Problem zurück.

Hier wollen wir jedoch zunächst noch einmal auf das
Phänomen der Leere im Universum zurückkommen. Zwischen den galaktischen Massenkonzentrationen in Form
der schon genannten Superhaufen, wie etwa des Hydra-
Centaurus- oder des Pavo-B-Indus-Haufens, breiten sich

immer wieder gigantische Leerräume aus, alles wohlgemerkt mit der vertrauten Rotverschiebungselle vermessen.
Letztere scheinen interessanterweise hierarchisch, einer größeren Formidee genügend angelegt zu sein. Die in den
einzelnen Materiehierarchien anzutreffende Leere, die man
am besten durch eine hierarchiespezifische Materiedichte
beschreiben kann, wird mit wachsender Größenskala immer auffälliger und ausgeprägter. Als Folge dessen ergibt
sich die zunächst doch etwas bestürzende Tatsache, dass
die mittlere Materiedichte im Weltall, soweit wir dies heute
überhaupt beurteilen können, mit wachsender kosmischer
Größenskala immer kleiner wird (siehe Abb. 4.5).

Dies stellt nun ein Riesenproblem für die allgemein-relativistische Kosmologie dar, die ja bekanntermaßen als eine
ihrer wesentlichen Eingangsgrößen zur Weltbeschreibung
durch ein angemessenes Weltmodell immer auf die Anga-
be der heutigen kosmischen Materiedichte angewiesen ist.
Wie groß soll man diese demnach angeben? Offensichtlich
müssen wir eine umso kleinere Materiedichte zugrundele-
gen, je größer der Teil des Kosmos ist, den wir beschreiben
wollen. Was aber ist dann mit dem Kosmos als Ganzem, den
die heutige, moderne Kosmologie doch eigentlich darstellen
will? Ihn kann man konsequenterweise dann nur mit einer
skalengemittelten mittleren Materiedichte beschreiben (siehe Abb. 4.3); das heißt aber, die Raum-Zeit-Metrik dieses
Kosmos ist damit diejenige eines ausgeschmierten, gemit-
telten, nicht aber die eines hierarchisch aufgebauten Mate-
riekosmos, der uns jedoch in Wirklichkeit vorliegt!

Wer Astronomie auf großen kosmischen Skalen betreibt,
weiß eben nur zu gut, dass der Kosmos nicht ausreichend
gut mit einer homogenen Dichteverteilung beschrieben

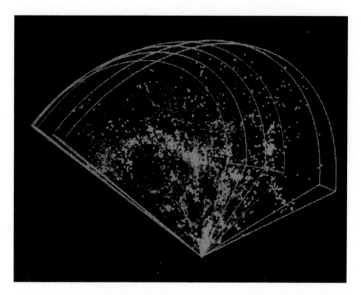

Abb. 4.5 Die neueste kosmische Galaxienkarte von M.J. Geller und John P. Huchra bis zu einer Entfernung von 300 Millionen Lichtjahren; eine Galaxienverteilung im Rotverschiebungsraum!

werden kann, wie die heutige Kosmologie dies tut, sondern dass dieser Kosmos ein hochstrukturiertes, hierarchisch auf-gebautes Materiesystem darstellt, das erklärungstheoretisch auch als solches ernst genommen werden will. Deshalb muss man versuchen sich klar zu machen, inwieweit eine Kosmologie, die den Kosmos als homogenes Materiesys-tem beschreiben will, zwangsläufig die kosmische Wahrheit verfehlt. Wie viele grundlegende Überlegungen von Bu-chert (2001, 2005, 2008) gezeigt haben, vollzieht sich die Expansion eines strukturierten Kosmos nämlich nicht äqui-valent zu einem, daraus hervorgehenden, homogenisierten

Kosmos gleicher mittlerer Materiedichte. Das heißt aber klar, dass es durchaus eine dynamische Rolle spielt, ob der Kosmos als ein homogenes oder als ein strukturiertes Materiegebilde beschrieben wird. Als kosmische Strukturbildung bezeichnet man das Phänomen wachsender Klumpigkeit im Zuge der Evolution der kosmischen Materieverteilung. Daraus müsste sich eventuell schließen lassen, dass diese sich entwickelnde, hierarchische Massenstrukturierung im Kosmos eventuell von dynamischer Relevanz für die Expansion des gesamten Kosmos sein könnte. Tatsächlich haben Wiltshire und Kollegen (siehe Wiltshire, 2007) zeigen können, dass in einer allgemein relativistischen Darstellung ein sogenanntes Zwei-Phasen-Universum auffällig anders expandiert als ein daraus durch Massenverschmierung zurückgewonnenes, homogenes Universum gleicher Gesamtmasse. Die zwei von Wiltshire berücksichtigten, kosmischen Materiephasen entsprechen den weiter oben angesprochenen, wandartigen Materieverdichtungen und den Leerraum-artigen Materieverdünnungen im Weltall, die durch Volumen-Füllfaktoren, also durch ihre volumenprozentuale Erfüllung des Weltraumes, beschrieben werden. Es zeigt sich, dass die Leerraum-Volumina schneller expandieren als die Wand-Volumina, so dass sich bei der Expansion eine volumenmäßige Entmischung von Wand- und Leerraum-Anteilen im Kosmos vollzieht (siehe Abb. 4.6). Das Interessanteste aber ist, dass sich beide Phasenvolumina anders als ein, aus diesen Phasen re-homogenisiertes, ausgeschmiertes Universum ausdehnen. Hier verbirgt sich also ein erster, erfolgversprechender Ansatz zur zukünftigen Behandlung von inhomogenen Universen.

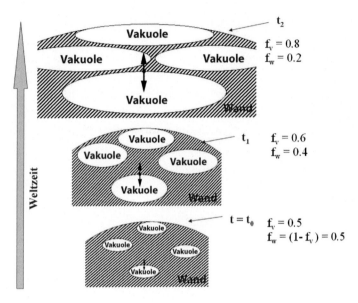

Abb. 4.6 Inhomogene Expansion des Zwei-Phasen-Universums, bestehend aus kosmischen Leerräumen und kosmischen Wänden nach Ideen von Wiltshire (2007)

Als die größten, kosmischen Leerräume sind derzeit die „inter-cluster voids", Vakuolen mit einer Linearausdehnung von mehr als 1,5 Milliarden Lichtjahren bekannt, in denen die mittlere Materiedichte gut um den Faktor 10 niedriger ist als in den Berandungen der Vakuolen, die wie ein dichtes, flächenhaft ausgebildetes Maschennetz aus Galaxien und Galaxiensystemen aufgebaut sind. Die kosmische Materieverteilung stellt auf dieser Größenskala also eine Art Seifenschaumgebilde dar, bei dem sich praktisch die gesamte, leuchtende kosmische Materie in den sich wie durch gravitative Oberflächenspannungen formenden Randflächen dieser kosmischen Schaumblasen befindet. Mit diesen gigantischen Leerräumen im Weltall verbindet sich jedoch angesichts ihrer immensen Größe ein ganz besonderes Verständnisproblem, wenn man denn von Vorstellungen zur Weltallevolution ausgehen muss, die implizieren, dass das Weltall ursprünglich in seiner Frühzeit sehr heiß und sehr homogen gewesen ist. Bei diesem heute üblichen Glauben an ein ursprünglich homogenes und isotrop expandierendes Weltall muss sich dann nämlich die Frage einstellen, wie denn überhaupt im Verlaufe einer bis heute nur 13,7 Milliarden Jahre währenden Evolution des Universums solche gigantischen, materiellen Löcher in dem universellen, homogenen Materiebrei des Uralls entstehen konnten. Woher hat der homogene Kosmos aber den Antrieb zu solch rapider Bildung gigantischer Formstrukturen, also, thermodynamisch gesprochen, zu interner Informationserhöhung in der baryonischen Materieverteilung oder zu einer Entropiedisproportionierung zwischen Baryonen und Photonen genommen?

Literatur

Bahcall, N.A., Chokski, A.: The clustering of radio galaxies. Astrophys. J. Letters **385**, L33–L36 (1992)

Buchert, T.: On average properties in inhomogeneous fluids in General Relativity; perfect fluid cosmologies. General Relativity and Gravitation **33**, 1381–1390 (2001)

Buchert, T.: A cosmic equation of state for the inhomogeneous universe; can a global far-from-equilibrium state explain dark energy? Classical and Quantum Gravity **22**, L113–L118 (2005)

Buchert, T.: Dark energy from structure; a status report. General Relativity and Gravitation **40**, 467–476 (2008)

Goenner, H.: Einführung in die Spezielle und Allgemeine Relativitätstheorie. Spektrum Akademischer Verlag, Heidelberg (1996)

Hubble, E.: A relation between distance and radial velocity among extragalactic nebulae. Proc. Nat. Acad. Sci. **15**, 168–173 (1929)

Perlmutter, S., Aldering, G., Goldhaber, G. et al.: The project T.S.C. Astrophys J. **517**, 565–578 (1999)

Plerce et al.: NATURE **371**, 385 (1994)

Sandage, A., Tammann, G.A.: An Alternate Calculation of the Distance to M87: and H_0 therefrom. Astrophys. J. **464**, L51–L54 (1996)

Tully, R.B., Fisher, J.R.: A new method of determining distances to Galaxies. Astron. Astrophys. **54**, 661–673 (1977)

de Vaucouleur, G.: Stars and Stellar Systems – 9. University of Chicago Press (1975)

Wiltshire, D.L.: Cosmic clocks, cosmic variance and cosmic averages. New Journal of Physics **9**, 377–390 (2007)

5

Die Sprache der Rotverschiebungen; verstehen wir sie eigentlich?

In den Abb. 4.1 und 4.5 hatten wir, wie dort schon erklärt, materielle Häufungserscheinungen im Kosmos erkennen können, die sich in allen Richtungen des Universums immer wieder in ganz ähnlicher Form auffinden lassen. Diese Häufungen treten hier zunächst einmal als Häufungen auf einer Rotverschiebungsachse auf, und die Frage muss deswegen erlaubt sein, ob solche Rotverschiebungshäufungen auch wirklich als Häufungen im normalen kosmischen Ortsraum verstanden werden können. Deutet sich in ihnen wirklich etwas über die räumliche Strukturierung unserer Welt im Großen an? Anders gefragt: Ist eine solche Häufung im Rotverschiebungsraum eindeutig auch als eine räumliche Häufung zu interpretieren? Die Astronomen entgegnen auf eine solche Frage gewöhnlich, dass die Rotverschiebung eines Objektes ja zunächst einmal als sicheres Indiz für die in jedem Einzelfall gegebene radiale Fluchtgeschwindigkeit des emittierenden Objektes von uns fort genommen werden kann. Dazuhin berufen sie sich auf die Gültigkeit der Hubble'schen Relation, nach der die Fluchtgeschwindigkeit

© Springer-Verlag Berlin Heidelberg 2016
H.J. Fahr, *Mit oder ohne Urknall*, DOI 10.1007/978-3-662-47712-0_5

und die Entfernung eines Himmelsobjektes linear korreliert sind, und sind deshalb der Meinung, dass Rotverschiebung und Entfernung klar füreinander sprechen.

Den Grundstein zu dieser Erkenntnis hatte vor Edwin Hubble schon 1917 der amerikanische Astronom Vesto Slipher gelegt, der mit seinen Beobachtungen dokumentieren konnte, dass Rotverschiebung und Entfernung von Galaxien eng miteinander verbunden sind. Da er jedoch auch nahe Objekte in seine Beobachtungen aufgenommen hatte, tauchten in seinen Daten auch Objekte mit Blauverschiebungen auf, die die zunächst vermutete Tendenz zu konterkarieren schienen. Ähnliche Untersuchungen, wie sie Slipher durchgeführt hatte, wurden 1925 von Edwin Hubble jedoch nur unter Verwendung von Cepheidensternen durchgeführt. Mit diesen Sternen gewann Hubble eine viel sicherere Entfernungsangabe der emittierenden Objekte und konnte zunächst 1925 eine zu dieser Zeit noch unbegreifliche lineare Korrelation zwischen Distanz und Rotverschiebung der emittierenden Objekte feststellen. Erst 1929 formulierte er diese von ihm gefundene Relation dann in der Form: $v(D) = H \cdot D$, wobei H die nach Hubble benannte Hubble-Konstante ist, und $v(D)$ die Fluchtgeschwindigkeit eines Objektes in einer Entfernung D von uns bezeichnet. Dieser neu interpretierte Zusammenhang in Verbindung mit der Fluchtgeschwindigkeit $v(D)$ ergab sich aus der Erwartung, dass die Rotverschiebung gemäß dem „linearen speziell relativistischen Dopplereffekt" mit der Rotverschiebung $z = \Delta\lambda/\lambda$ auf folgende Weise zusammenhängen sollte: $z = H \cdot D/c = v(D)/c$. Man kann also sagen, dass de facto die Doppler'sche Deutung der Rotverschiebung bedingt durch Fluchtbewegung erst nachträglich zur Erklärung herangezogen wurde, während Hubbles ursprüngliche Entdeckung nur eine lineare Korrelation zwischen Entfernung D und Rotverschiebung z ergeben hatte.

Tatsächlich aber hätte der Ausdruck für die über den Dopplereffekt zu erwartende Rotverschiebung z ganz allgemein nach Einstein's Spezieller Relativitätstheorie viel komplizierter ausgesehen, als von Hubble zugrunde gelegt. Er hätte nämlich genau genommen folgendermaßen lauten müssen:

$$z + 1 = \frac{\lambda}{\lambda_0} = \sqrt{\frac{c + v}{c - v}},$$

wobei hier wieder v die Fluchtgeschwindigkeit des emittierenden Objektes bezeichnet. Dieser obige Ausdruck stellt aber keine lineare Beziehung dar. Nur wenn es sich um sehr kleine Fluchtgeschwindigkeiten ($v \ll c$) der emittierenden Objekte handelt, dann lässt sich der obige Ausdruck vereinfachen und ergibt dann

$$z + 1 = \frac{\lambda}{\lambda_0}$$
$$= \sqrt{\frac{1 + (v/c)}{1 - (v/c)}} \simeq \sqrt{(1 + 2(v/c))} \simeq 1 + (v/c)$$

und damit genau die von Hubble unterstellte Beziehung

$$z(v \ll c) = \frac{v}{c} = H * D$$

Für größere Werte von v gilt dieser lineare Zusammenhang zwischen z und v bzw. D, jedoch nicht mehr! Denn hier gilt stattdessen:

$$(z + 1)^2 = \frac{c + v}{c - v},$$

woraus ein wesentlich komplizierterer Zusammenhang folgt, nämlich:

$$\frac{v}{c} = \frac{(z + 1)^2 - 1}{(z + 1)^2 + 1}.$$

Der Wert der von Hubble eingeführten Konstante H ist bis heute ziemlich ungewiss geblieben und wird je nach Astronomenschule derzeit mit 50 bis 100 [km/s/Mpc] angegeben, während Hubble selbst diese Größe seinerzeit noch mit dem Wert 530 [km/s/Mpc] ermittelt hatte. Das darf natürlich nicht so interpretiert werden, dass das Universum noch zu Zeiten jener Hubble'schen Entdeckung, also um 1930, viel schneller expandierte als heute, sondern es muss schlicht als die Auswirkung von Messfehlern angesehen werden, wie sie in der frühen Zeit der Hubble'schen Entdeckung angesichts der technischen Unvollkommenheiten der Zeit in der Beobachtung unvermeidlich waren. Der Hubble'schen Aussage lagen nur relativ lichtstarke Galaxien und Nebel in relativ kleinen Abständen von uns mit folglich auch sehr kleinen Rotverschiebungen $10^{-3} \leq z \leq 10^{-2}$ zugrunde. Die dabei auftretende, enorme Streuung in den Daten war immens, und es bedurfte schon eines gehörigen Wagemutes, darin die Bestätigung für die berühmte Hubble'sche Relation sehen zu wollen.

Andererseits muss man sich auch einmal vor Augen führen, welch glücklichem Umstand es eigentlich zu verdanken ist, dass sich diese Relation als Erklärung der Daten überhaupt anbieten konnte: Hubble hatte es, wie gesagt, nur mit Objekten kleiner Rotverschiebung zu tun, und er hatte aus der begrenzten Zahl seiner Datenpunkte eine Tendenz herausgelesen, dass bei seinen Objekten offensichtlich die gemessene Rotverschiebung z mit der Entfernung D wuchs, ob linear oder nichtlinear, das wäre freilich aus den Daten bei deren gegebener Streuung niemals klar herauszuholen gewesen, es hätte auch ein viel komplizierteres polynomiales Verhalten dahinterstehen können. Mit Hilfe des Dopplereffektes war ihm aber 1929 klar, dass es zu einer Rotverschiebung der Spektrallinien einer emittierenden Himmelsquelle gerade dann kommt, wenn diese sich von dem Beobachter wegbewegt.

Und zwar sollte eine Strahlungsrötung eintreten, immer wenn die Quelle sich von uns fortbewegt, eine Strahlungsbläuung dagegen, wenn sie sich auf uns zubewegt. Die dabei eintretende Wellenlängenveränderung ist, wie wir schon betonten, jedoch im allgemeinen nicht einfach proportional zu der gegebenen Fluchtgeschwindigkeit, sondern in einer recht komplizierten, weiter oben ja schon angegebenen Weise (siehe die letzte Formel) mit letzterer funktional verbunden. Dennoch ist die Hubblerelation stets als Anzeichen für eine allgemeine Galaxienflucht im Kosmos gedeutet worden, selbst noch bestätigbar an Objekten mit Rotverschiebungen z in Größenordnungen von 1 und größer. Nach der linearen Hubble-Beziehung $v = c \cdot z$ sollte es sich hierbei dann unsinnigerweise um Objekte handeln, die sich mit Lichtgeschwindigkeit c oder gar Überlichtgeschwindigkeit von uns wegbewegen.

Auch wenn man sich hier klar macht, dass Hubble es nur mit Objekten kleiner Rotverschiebung und folglich kleiner Fluchtgeschwindigkeiten $v \ll c$ zu tun hatte, kommt noch ein Umstand erschwerend zur Interpretation hinzu: Nämlich, dass die Astronomen gewöhnlich die beobachteten Rotverschiebungen als alleinigen Ausdruck einer reinen Fluchtbewegung verstehen wollen, also einer reinen Objektbewegung parallel zur Sichtlinie, auf der uns das emittierende Objekt erscheint. Über Rotverschiebungen, die mit Hilfe dieses „longitudinalen" Dopplereffektes ihre Erklärung finden sollen, würden wir sowieso nur eine Komponente der Objektbewegung, nämlich diejenige $v_\parallel$ parallel zur Sichtlinie wahrnehmen!, während die Komponente $v_\perp$ senkrecht zur Sichtlinie aus der Rotverschiebung praktisch nicht erkannt werden kann, zumindest üblicherweise nicht berücksichtigt wird; und zwar nicht etwa, weil man davon ausgehen könnte, dass diese Komponente $v_\perp$ nicht existieren würde, sondern weil der „transversale Dopplereffekt" nur über Terme quadratisch in (v/c), das heißt: Objektgeschwindigkeit v durch Lichtgeschwindigkeit c, wirksam wird – und somit wegen der meist kleinen Werte von (v/c) dem Beobachter im Wesentlichen entgeht, selbst dann, wenn diese Geschwindigkeit $v_\perp$ von gleicher Größenordnung ist wie $v_\parallel$. Wenn man also aus diesem Grunde einsehen muss, dass zu den als longitudinaler Dopplereffekt interpretierten sichtlinien-parallelen Bewegungen noch ähnlich große Bewegungen senkrecht zur Sichtlinie dazukommen können, dann sieht man schnell ein, dass ein solch unzureichend erfasster kosmischer Bewegungsbefund von eigentlich komplex dreidimensionalen Sternbewegungen nicht so leicht in der Zeit, – über lange Zeitperioden eher gar nicht rückextrapoliert werden kann!

Aufgespalten in die Wirkung der beiden relevanten Geschwindigkeitskomponenten $v_\parallel$ und $v_\perp$ ergibt sich nämlich die speziell-relativistisch veränderte Frequenz ν' aus der Emissionsfrequenz ν auf die folgende Weise

$$\nu' = \nu \sqrt{\frac{1 - \frac{v_\parallel}{c}}{1 + \frac{v_\parallel}{c}} - \frac{v_\perp^2}{c^2 - v_\parallel^2}} \,,$$

was zu einer Rotverschiebung in folgender Form führt

$$z + 1 = \frac{1}{\sqrt{\frac{1}{(z_\parallel + 1)^2} - \frac{v_\perp^2}{c^2 - v_\parallel^2}}} \,.$$

Hieran sieht man, dass streng genommen die zu erwartende Rotverschiebung z nur dann mit der Rotverschiebung $z_\parallel$ identisch wird, wenn die Fluchtgeschwindigkeitskomponente senkrecht zur Sichtlinie verschwindet, das heißt, wenn es diese also tatsächlich nicht gäbe. Man sieht daran, dass die Interpretation Hubble'scher Rotverschiebungen als eindeutiges Anzeichen einer rein homologen Weltenflucht durchaus fragwürdig ist, weil man dabei alle Objektbewegungen senkrecht zur Sichtlinie nicht berücksichtigt, die es aber selbstverständlich auch gibt, wie an Kugelsternhaufen auf der Sichtlinie sofort evident wird.

Inzwischen sind nun, wie wir schon erwähnt haben, sogar Objekte mit Rotverschiebungen von bis zu $z = 7$

gesehen worden, für die die Hubble'sche Näherung des optischen Dopplereffektes längst nicht mehr gültig ist. Dass dennoch auch diese Objekte heute als Bestätigung für eine allgemein gültige Galaxienflucht genommen werden, findet seine Erklärung in einer neuen, ganz andersartigen, nämlich allgemein-relativistischen Deutung der Spektralverschiebung kosmischer Strahlungsobjekte, wie sie bei Objekten auftreten sollte, die, wie die Rosinen in einem sich aufblähenden Kuchenteig, sich streng mit der Expansion des „Weltraumteiges" selbst homolog von uns entfernen; Galaxien also, die im expandierenden Raum einfach mitschwimmen. Die moderne Kosmologie ist eine Kosmologie homolog expandierender Welten, die allesamt durch eine isotrope Expansion des Weltraumes über einen mit der Weltzeit anwachsenden Skalenparameter $R = R(t)$, oder Weltdurchmesser, beschrieben werden. Bei homologer Expansion kann eine sogenannte Robertson-Walker-Symmetrie unterstellt werden und es gilt dann für die allgemein-relativistische Rotverschiebung der einfache Zusammenhang:

$$z = \frac{\Delta\lambda}{\lambda_0} = \frac{R(t_0)}{R(t_e)} - 1$$

Hierbei bezeichnet $R(t_0)$ den heutigen Weltdurchmesser und $R(t_e)$ derjenigen Weltdurchmesser zur Zeit, als das heute bei uns ankommende Photon von der emittierenden Galaxie ausgesandt wurde. Der obige Rotverschiebungszusammenhang lässt sich auch einfacher ausdrücken durch $\lambda_0/\lambda_e = R(t_0)/R(t_e)$ und besagt damit einfach, dass die Wellenlänge des emittierten Photons sich im gleichen Maße vergrößert hat wie das gesamte Universum während der Zeit der Propagation des Photons von der Sendergalaxie zu uns.

Betrachtet man solche expansiven Weltmodelle, so stellt sich heraus, dass zwei im Raum mitbewegte Galaxien in einem solchen Weltmodell, die über Strahlung miteinander wie Sender und Empfänger kommunizieren, sich nicht im gleichen kosmischen Inertialsystem befinden, selbst dann nicht, wenn beide in der jeweils aktuellen, kosmischen Raum-Zeit mitschwimmen, also unbewegt sind. Die Lichtausbreitung und die zwischen Sender und Empfänger dabei resultierende Wellenveränderung (Frequenzverschiebung) vollzieht sich in einem solchen Weltmodell deswegen auch nicht nach den Regeln der Speziellen Relativitätstheorie, sondern, viel komplizierter, nach den Regeln der Allgemeinen Relativitätstheorie.

Hierbei muss man davon ausgehen, dass Photonen als Träger der elektromagnetischen Strahlung zwar keine Ruhemasse, aber aufgrund ihrer Energie, nach Einsteins bekanntem Masse-Energie-Äquivalent, eine dynamische Masse $m = m(v) = hv/c^2$ besitzen (h = Planck-Konstante, v = Frequenz des Photons). Aufgrund dieser dynamischen Masse muss jedes Photon mit einem Gravitationsfeld wechselwirken, durch welches es sich zu bewegen hat. Wenn also elektromagnetische Strahlung sich gegen ein kosmisches Schwerkraftfeld ausbreitet, so muss sie dabei Arbeit leisten und eigene Energie verzehren. Dieser Energieverzehr drückt sich in Wellenlängenänderungen der Photonen dieser Strahlung aus, und zwar durch eine Wellenlängenvergrößerung (Rotverschiebung), wenn diese Photonen sich gegen die Richtung der wirkenden Gravitationskraft bewegen, und durch Wellenlängenverkleinerung (Blauverschiebung), wenn sie sich in der Richtung dieser Kraft ausbreiten.

Nun ändert sich in einem expandierenden Universum, in dem ja die gravitierenden Massen auf größere Abstände auseinanderweichen, das effektive lokale Gravitationsbindungspotenzial mit der kosmischen Zeit. Kurz gesagt es nimmt ab gemäß $\Phi = -8\pi G\rho R^2(t)/3$, wobei ρ die jeweilige kosmische Massendichte bezeichnet (siehe dazu Fahr and Heyl 2007). Wenn wir dieses Weltpotenzial zugrunde legen, ergibt sich für die Rotverschiebung der freifliegenden Photonen folgende Relation:

$$\frac{d\nu}{dt} = \frac{\nu}{c^2}\frac{d}{dt}\Phi = -\frac{8\pi G\nu}{3c^2}\frac{d}{dt}(\rho R^2)$$

Für die Photonen, die sich frei in diesem Universum bewegen, wirkt sich dies so aus, als müssten sie sich bei ihrer Bewegung durch die Raum-Zeit von einem Ort hohen Gravitationspotentials zu einem mit niedrigerem Potential begeben. Dabei tritt natürlich die bekannte, allgemein-relativistische kosmologische Rotverschiebung auf, wie sie im Prinzip auch analog von jedem Photon erfahren wird, das sich aus dem Erdschwerefeld herausbewegt. Letzteres Phänomen ist seit Längerem schon mit Hilfe des Mössbauer-Effektes an sogenannte Kern-Gamma-Photonen über einer Fallstrecke im Erdschwerefeld experimentell exakt verifiziert worden.

Die Lösung der obigen Differenzialgleichung hängt nun von der Art der in der jeweiligen Evolutionsphase kosmisch wirksamen Dichte ρ ab. Geht man hier einmal von einer ausschließlich baryonischen, also gewöhnlichen Materiedichte mit $\rho = \rho_e(R_e/R)^3$ aus, wobei R_e und R die Raumskalen des Universums zum Zeitpunkt t_e der Emission von einer fernen Galaxie und t_0 der Absorption des Photons bei uns bezeichnen, und ρ_e die vorliegende kosmische Materiedichte zu der Zeit t_e bezeichnet, als die Raumskala des Universums R_e war, so ergibt sich aus der obigen Differenzialgleichung, wenn man Frequenz durch Wellenlänge mit $\nu = c/\lambda$ ersetzt, die folgende Beziehung

$$\lambda_0 = \lambda_e \exp\left[\frac{R_{se}}{R_e} - \frac{R_{se}}{R}\right],$$

wenn man $R_{se} = \frac{8\pi G \rho_e R_e^3}{3c^2} = \frac{2GM_e}{c^2}$ als den Schwarzschildradius des Universums bezeichnet.

Interessiert man sich nun für den genauen Wert der Rotverschiebung, die Photonen bei der Bewegung durch den expandierenden Raum des Universums erfahren, so ist man generell angewiesen auf die Beschreibungsmittel der Allgemeinen Relativitätstheorie Einsteins in Form der allgemein-relativistischen Feldgleichungen. Über sie lässt sich festlegen, wie die Weltskala $R = R(t)$ als Funktion der Zeit aussieht, und daraus letztlich auch, wie lange ein Photon unterwegs war, wenn es aus einer Zeit kommt, als der Weltdurchmesser R_e war. Mit diesen Gleichungen lässt sich also die zeitliche Entwicklung der vierdimensionalen Raum-Zeit-Metrik des expandierenden Universums finden, mit der die Photonenrötung eng verkoppelt ist. Für einen isotrop und homolog expandierenden Kosmos gewinnt man dann einen expliziten und einfachen Ausdruck für die in einem solchen All eintretende „kosmologische Rotverschiebung".

In diesem Ausdruck zeigt sich nunmehr aber etwas ganz anderes als der Einfluss der relativen Fluchtgeschwindigkeiten zwischen den miteinander über ihre Strahlung kommunizierenden Galaxien. Hierin spiegelt sich vielmehr die Ausdehnungsgeschichte des Weltalls in der Zwischenzeit zwischen der Emission und der Zeit des Empfangs des jeweiligen Sternenlichtes wider. Die damit verbundene, sogenannte kosmische Rotverschiebung ist danach gegeben durch folgenden Ausdruck

$$z = [R(t_0)/R(t_e)] - 1 \; .$$

Dieser allgemein-relativistische Ausdruck gibt der Rotverschiebung eine völlig neue Bedeutung. Hiernach gibt sie überhaupt keinen Hinweis mehr auf eine Fluchtbewegung der Sendergalaxie gegenüber unserem Empfängerstandpunkt, sondern spiegelt nur den Umstand wider, dass das Weltall als Ganzes zur Zeit der Emission des Lichtes von den fernen Quellen insgesamt kleiner gewesen ist als heute. Selbst wenn die Galaxien also in dem kosmischen Raum-Zeit-Gehäuse an festen kosmischen Plätzen festsäßen und sich gegenüber dem lokalen Ruhesystem nicht bewegten, so würde doch eine Rotverschiebung eintreten, die das Ausmaß der Allexpansion zwischen Augenblick der Emission und Augenblick der Absorption ausdrückt.

Aus diesem Befund lassen sich dann aber einige aufregende, dem Hubblegedanken eigentlich zuwiderlaufende Schlüsse ziehen: So dient die Rotverschiebung also zunächst einmal weder als Indiz für eine Relativgeschwindigkeit noch für eine damit korrelierte Entfernung eines Himmelsobjektes, sie drückt vielmehr die Expansionsdynamik des

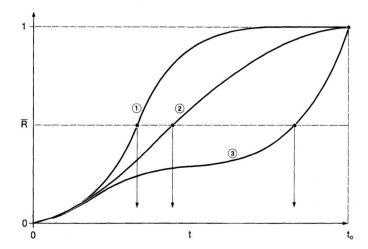

Abb. 5.1 Typische Lösungen für den Weltdurchmesser $R = R(t)$ als Funktion der Weltzeit t, hier normiert mit dem heutigen Weltdurchmesser als $\bar{R} = R/R_0$ aufgetragen, sowie einer speziellen Markierung derjenigen Weltzeit, zu der ein ($z = 1$)-Objekt bei der jeweils gezeigten Weltevolution sein Photon zu uns emittiert haben muss

Universums in der zurückliegenden Zeit vor dem Empfang der Strahlung eines entfernten Objektes aus. In einem sehr schnell expandierenden Universum tauchen Objekte mit einer bestimmten Rotverschiebung z viel näher bei uns auf als in einem langsam expandierenden Universum. In einem gleichmäßig expandierenden Universum würde man zwar mit dem Hubble-Gesetz den gleichen Befund haben, nicht aber in einem ungleichmäßig expandierenden Universum (siehe dazu auch Abb. 5.1).

Galaxien können nach der obigen Relation sich also in ganz unterschiedlichen Entfernungen zu uns befinden und dennoch die gleiche Rotverschiebung z aufweisen, wenn während der Zeit, die das Licht von ihnen braucht, um von dort zu uns zu gelangen, kaum eine Expansion des Weltraumes stattgefunden hat, wenn das Weltall also in seiner Expansion eine vorübergehende Pause, eine Expansionskaustik, eingelegt hat. Im Rotverschiebungsdiagramm würde dann eine Galaxienhäufung wie etwa die große Mauer vorgetäuscht, die jedoch im wirklichen Raum gar nicht vorhanden wäre. So etwas wäre demnach bei kosmologischen Modellen zu diskutieren, bei denen eine Phase stagnierender Expansion auftritt zu einer Zeit, in der allerdings bereits leuchtende Galaxien vorhanden sein müßten (siehe Blome, Hoell, Priester, 1997).

Solche Modelle werden gerade in neuerer Zeit wieder immer stärker diskutiert, weil man auf bestimmte Tatbestände im Universum aufmerksam geworden ist, die sich im Rahmen von konventionellen Weltmodellen nicht verstehen lassen, solchen Modellen also, wie sie auf der Basis von Einsteins Allgemein-Relativistischen Feldgleichungen aus dem Jahre 1915 durch Alexander Friedmann 1929 entwickelt worden sind. Davon abweichende, unkonventionelle Modelle gehen dagegen zurück auf Arbeiten von Lemaître aus den Jahren 1927 bis 1931 und sind verbunden mit einer von Null verschiedenen, positivwertigen, „kosmologischen Konstanten" Λ, die man heute mit der Wirkung der kosmischen Vakuumenergie in Verbindung bringt (siehe Kap. 7!). Diese größerer Allgemeinheit halber von Einstein 1917 nach der Ableitung seiner Feldgleichungen 1915 eingeführte, aber später von ihm selbst wieder verworfene Konstante, die in gewisser Weise die prädeterminierte Krümmung des Vakuums, also des vollkommen leeren Raumes, vorschreiben würde (siehe Coleman 1988, Fahr 1989, 2004, Weinberg 1989, Overduin and Fahr 2001), lässt eine enorm erweiterte Vielzahl von neuen Lösungstypen im Vergleich zu Friedmanns Lösungen für die Entwicklung einer homogenen Welt zu, – wie etwa inflationäre, deflationäre oder stagnierende Weltmodelle. Leider ist es bisher nicht gelungen, aus physikalischen Gründen zweifelsfrei abzuleiten, welchen Wert diese „kosmologische Konstante Λ" haben sollte, so dass man hinsichtlich ihres Wertes auf Spekulationen angewiesen bleibt (siehe Abbot 1988; Bennet et al. 2003).

Wenn der Wert dieser Konstanten in Form $\rho_\Lambda = c^2 \Lambda / 8\pi G$ in einem geeignet abgewogenen Zahlenverhältnis zur mittleren Materiedichte ρ des Weltalls steht, so ergeben sich interessanterweise Modelle eines expandierenden Universums, bei denen eine zunächst klassisch dezelerierte Expansion schließlich asymptotisch in eine inflationär akzelerierte Expansion übergeht. Während des Übergangsbereiches zwischen diesen beiden Expansionsphasen kann sich eine recht lange „kaustische" Phase einer Quasi-Stagnation ergeben, in der der Weltdurchmesser $R(t)$ über relativ lange Zeiten hinweg sich kaum ändert, wie dies schon in der Weltkurve 3 in Abb. 5.1 und auch in den Weltkurven der folgenden Abb. 5.2 angedeutet ist.

Auf der Basis gerade solcher Modelle ergäbe sich ausgehend von den gleichen „kosmologischen Tatsachen" wie sie in Abb. 5.1 in Kurve 3 gezeigt sind, überhaupt keine Notwendigkeit, von irgendwelchen Galaxienhäufungen im All zu sprechen, es könnte sich im Rahmen solcher Weltmodelle vielmehr um Galaxien handeln, die im Raum weitgehend gleichmäßig verteilt sind und zu denen wir allesamt

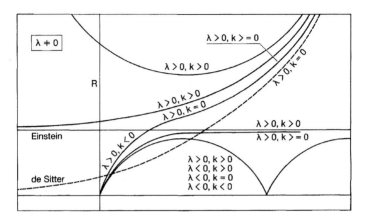

Abb. 5.2 Alternative Weltmodelle mit nicht-verschwindender Kosmologischer Konstante Λ unterschiedlicher Werte

über einen Zeitraum Sichtkontakt gewinnen, während dessen sich das Universum nur ganz unwesentlich ausgedehnt hat, so dass nach Aussage unserer oben angeführten Relation für die kosmologische Rotverschiebung für alle diese Objekte sich eine ungefähr gleiche Rotverschiebung ergäbe.

Eine Analyse der gegebenen Beobachtungssituation, herrührend aus der Frage nach der Berechtigung der Annahme eines homogenen Weltalls, kann demnach nicht ohne vorherige Kenntnis des Weltexpansionsverlaufes während der Zeiten der Sichtkontaktaufnahme mit den Lichtquellen des Himmels geschehen. Dieses Weltexpansionsgeschehen lässt sich aber andererseits ohne aprioristische Annahme der Homogenität des Kosmos überhaupt nicht beschreiben. Ein inhomogenes, nicht-isotrop expandierendes Universum lässt sich bisher jedenfalls nicht mit den Mitteln der

Allgemein-Relativistischen Feldgleichungen beschreiben. Es zeigt sich vielmehr eindeutig, dass das „kosmologische Prinzip" eigentlich nur dann angesichts der gegebenen Tatsachen aufrechtzuerhalten ist, wenn letzteren zuliebe ganz neuartige Wege einer Deutung, insbesondere einer Deutung der Rotverschiebungen, beschritten werden.

Der Kosmos stellt ja doch wohl auf den ersten, vielleicht naiven Blick hin sicherlich ein Phänomen lokaler Inhomogenitäten und lokaler, global unkoordinierter Dynamiken mit jeweils hierarchieeigenen Zeitentwicklungen dar. Dieser Kosmos kann aber in einem alles revidierenden, „zweiten" Blick auf diese sogenannten, aber nicht für sich selbst sprechenden Tatsachen womöglich richtiger verstanden werden als Zeichen für ein Gesamtgebilde aus miteinander kommunizierenden, gravitativ wechselwirkenden Subsystemen, die sich in ewig andauernden, selbsterhaltenden Eigenbewegungen einander in ihren hierarchischen Formationen umlaufen und sich dabei in ewig sich zyklisch schließender Entwicklung befinden, jeweils ablaufend unter dem multikausalen Zusammenspiel der gegenseitigen Bedingtheit des einander Bedingenden stehend; der einen Vergehen bedingt der anderen Entstehen (siehe: Soucek „Vom Uratom zum Kosmos" 1987, oder Fahr, „Der Urknall kommt zu Fall" 1992). – Es gibt hierbei womöglich überhaupt keinen universellen Informationsverschleiß in diesem kosmischen Evolutionsprozess, wie man dies ansonsten ja thermodynamisch in einem geschlossenen System erwarten würde. Das müsste letztenendes heißen: Alle Strukturen des Universums müssen sich als skaleninvariant erweisen lassen! Das kosmische Geschehen auf allen Raumskalen ist in zyklischen Prozessabläufen mit dazu passenden und typischen

Zeitperioden in sich geschlossen und erfüllt so in einem ganz neuen, unerwarteten Sinne letztenendes doch das „kosmologische Prinzip" und dies sogar in seiner stärksten Form, indem es nämlich möglich machen würde, dass man zu allen Zeiten und von allen Orten aus immer das global gleiche, aber sich immer wieder lokal wandelnde Bild des Kosmos dargeboten bekommt, ein Bild ewiger lokaler Gestaltenwandlung auf kleinen Skalen und morphogenetisch globaler Gestalterhaltung auf größten Skalen.

Literatur

Abbot, L.: The problem of the cosmological constant. Spektrum der Wissenschaften, Juli 1988, 92–99 (1998)

Bennet, C.L., Hill, R.S., Hinshaw, G. Nolta, M.L., et al.: Results from the COBE mission. Astrophys. J. Supplem. **148**, 97–111 (2003)

Blome, H.J., Hoell, J., Priester, W.: „Kosmologie". In: Bergmann-Schäfer (Hrsg.) Lehrbuch der Experimentalphysik, Bd. 8: Sterne und Weltraum, 311–427. Walter de Gruyter GmbH & Co.KG, Berlin (1997)

Fahr, H.J.: The modern concept of „vacuum" and its relevance for the cosmological models of the universe. In: Weingartner, P., Schurz G. (Hrsg.) Philosophy of Natural Sciences, Bd. 17, Proceedings of the Wittgenstein Symposium, S. 48–60. Kirchberg/Wechsel, Hölder-Pichler-Tempsky, Wien (1989)

Fahr, H.J.: The cosmology of empty space: How heavy is the vacuum? What we know enforces our belief. In: Löffler, W. und Weingartner, P. (Hrsg.) Knowledge and Belief, 339–353. öbv&htp Verlag, Wien (2004)

Fahr, H.J., Heyl, M.: About universes with scale-related total masses and their abolition of presently outstanding cosmological problems. Astron. Notes **328**, 192–206 (2007)

Overduin, J.M., Fahr, H.J.: Matter, spacetime and the vacuum. Naturwissenschaften **88**, 229–248 (2001)

Weinberg, S.: The cosmological constant problem. Reviews of Modern Physics **61/1**, 1–20 (1989)

6

Ermüdendes Licht und kontroverse Rotverschiebungen

Ein Schluss, der wohl gezogen werden muss: Selbst das Licht bleibt nicht ewig schnell und hell! Und das hat eine Menge Konsequenzen, wie wir zeigen wollen. Was schon vor Einstein galt, ist mit und nach Einstein geradezu zur Gralsweisheit der Naturwissenschaften geworden: Das Licht bewegt sich immer und überall gleichschnell, nämlich mit einer immer gleichen Geschwindigkeit, eben der Lichtgeschwindigkeit (= 300.000 km/s), die damit auch als fundamentale Naturkonstante gilt. Ob heute oder vor hunderttausend Jahren, ob hier auf der Erde oder in den fernsten Bereichen des Universums, immer und überall soll sich die Lichtausbreitung genau mit diesen 300.000 km/s vollzogen haben. Das aber ist ein sehr leichtfertiger Schluss, denn dafür fehlen uns jegliche Beweise. Allerdings war von Anfang an sowieso klar, dass diese Weisheit nur dann gelten kann, wenn es sich um die Ausbreitung des Lichtes im Vakuum handelt! Was aber ist dieses Vakuum? Existiert es überhaupt irgendwo in unserem Universum? Und wenn ja!, ändert es sich nicht vielleicht in den kosmologischen Epochen? Oder ist

© Springer-Verlag Berlin Heidelberg 2016
H.J. Fahr, *Mit oder ohne Urknall*, DOI 10.1007/978-3-662-47712-0_6

dieses Vakuum vielmehr eine reine Kunstgröße, eben nur eine Fiktion, von der man in der Physik gerne redet, die man in Wirklichkeit vielleicht aber nirgendwo antrifft und insbesondere physikalisch nicht zureichend versteht?

Natürlich weiß alle Welt, dass Licht sich in brechenden Medien, wie Luft, Wasser oder Glas, unterschiedlich schnell ausbreitet. Und zwar je nach Frequenz oder Wellenlänge unterschiedlich schnell. Wäre dem nicht so, so gäbe es keine Lichtbrechung und auch keine spektrale Lichtzerlegung, wie sie zum Beispiel im Glasprisma entsteht. Denn der in einem materiellen Medium wirksame Brechungsindex $n_m = c_0/c_m$ ist ja gerade nichts anderes als das Verhältnis von Lichtgeschwindigkeit c_0 im leeren Raum zu Lichtgeschwindigkeit c_m im brechenden Medium, und nur weil die Ausbreitungsgeschwindigkeiten für die einzelnen Frequenzen verschieden sind, werden die Spektralfarben des weißen Sonnenlichtstrahles auch beim Eintritt in ein brechendes Medium unterschiedlich gebrochen und werden dementsprechend in die Regenbogenfarben zerlegt. Und zwar bewegt sich das Licht im dichteren Medium immer langsamer als im dünneren Medium: Ein von einer Quelle ausgehender Lichtpuls kann somit im dünneren Medium dem zugeordneten Puls im dichteren Medium weit voranlaufen.

Schaut man nach dieser Überlegung nun einmal auf die Lichtausbreitung in den großen Weiten des Universums, so kann der heutige Kosmos außerhalb von Sternen und Galaxien zwar als praktisch leer angesehen werden und sein Brechungsindex ist dem des Vakuums sehr nah und praktisch gleich 1. Im frühen Kosmos sollte nach der Vorstellung der Urknallkosmologen jedoch die Materiedichte beliebig groß werden, und das Licht breitete sich im frühen Kosmos dementsprechend deutlich langsamer als heute aus. Wenn das Weltall jemals um den Faktor 100.000 kleiner als heute gewesen ist, so lässt sich für die dann gegebene, viel größere Materiedichte ausrechnen, dass das Licht zu dieser Zeit nur halb so schnell wie heute unterwegs war.

Auch in geometrisch gekrümmten Räumen des Universums bewegt sich das Licht anders als im euklidischen Vakuum. Wenn man nämlich aus der allgemeinen Relativitätstheorie Einsteins ableitet, dass das Licht, nicht nur von dielektrischen Medien, sondern auch, wie wohl allerdings spektral unspezifisch von Gravitationsfeldern gebrochen wird, so muss man schließen, dass auch der bei der Schwerefeldeinwirkung maßgebende, gravitationsbedingte Brechungsindex $n_g = c_0/c_g$ etwas mit feldbedingt verminderten Lichtgeschwindigkeiten c_g zu tun hat. Die Frage erhebt sich dann, um wieviel bestimmte Gravitationsfelder die Lichtgeschwindigkeit vermindern. Das lässt sich nun tatsächlich für die Gravitationsfelder um sternförmige Massen herum klar beantworten: Wenn zum Beispiel ein Lichtstrahl von einer fernen Quelle im Kosmos unmittelbar an der Sonnenoberfläche vorbeiläuft, so wird er laut Einstein um einen Winkel von 1,75 Bogensekunden abgelenkt. Daraus errechnet sich an der Sonnenoberfläche ein Brechungsindex von: $n_{g,s} = 1 + (R_{ss}/r_{\odot})$ und eine lokale Lichtgeschwindigkeit von $c_{g,s} = c_0/n_{gs}$. Hierbei bezeichnen $r_{\odot}$ und R_{ss} den Radius der Sonne und den solaren Schwarzschildradius, der mit der Masse der Sonne M_s auf die folgende Weise zusammenhängt: $R_{ss} = (2GM_s/c_0^2)$. Hieraus errechnet sich an der Sonnenoberfläche eine gegenüber dem freien Raum um ein Hunderttausendstel reduzierte Lichtgeschwindigkeit. Der gravitationsbedingte Brechungseffekt scheint hiernach die Lichtgeschwindigkeit nur sehr geringfügig zu ändern. Das wird jedoch sofort ganz anders in der Nähe „schwarzer Löcher", wenn $r \simeq R_s$ wird und dementsprechend sich der Brechungsindex zu $n_s \simeq 2$ berechnet. Dann ergibt sich eine Lichtgeschwindigkeit, die nur noch die Hälfte der Lichtgeschwindigkeit im freien Raum beträgt.

Was demnach ist dann überhaupt die Lichtgeschwindigkeit im freien kosmischen Raum? Um dies beantworten zu können, muss man von den bekannten Maxwell-Gleichungen der Lichtwellen allerdings in einer für allgemeine Schwerefelder gültigen, allgemein-relativistischen Form ausgehen. Wenn man sich dieser zugegebenermaßen großen Mühe unterzieht, so zeigt sich dann, wie zum Dank, etwas überaus Interessantes: Auch das Gravitationsfeld des großen weiten Kosmos, beschrieben durch den Metriktensor g_{ik}, wirkt sich auf die Lichtausbreitung wie ein brechendes Medium aus und sorgt dafür, dass auch die lokale Lichtgeschwindigkeit im freien Universum nicht konstant ist, sondern sich im Zuge der kosmischen Evolution, bedingt durch die jeweilige Gesamtkonstellation des Universums und die sich dabei kosmologisch verändernden Gravitationsfelder, reflektiert in $g_{ik} = g_{ik}(t)$, in Form eines Brechungsindexes von $n = 1 / \sqrt{-\det(g_{ik})}$ verändert. Fazit dieser Betrachtungen ist somit: Der Traum von der ewig gleichen Lichtgeschwindigkeit lässt sich zwar immer noch vor dem Hintergrund einer völlig leeren und gravitationsfreien, euklidischen Welt ($-\det(g_{ik}) = 1$) träumen, jedoch scheint er nichts mit der Realität dieser Welt zu tun zu haben, in der es für die Lichtausbreitung weder materiell völlig leere Räume noch gravitationsfreie Räume gibt.

Wenn aber nun die Lichtausbreitung nicht wie gedacht, eine ganz eindeutige Sache ist, wie sieht es dann erst mit den Rotverschiebungen aus, die die Lichtteilchen, die Photonen, bei der Ausbreitung im Weltall erfahren? Für das Studium der Dynamik und der Materieverteilung des gesamten Kosmos erweisen sich die sogenannte Rotverschiebungen der Galaxien ja doch schließlich als die wesentlichsten Indikatoren. Unserem gesamten kosmologischen Weltverständnis müssen diese Beobachtungen als die eigentlich tragenden Fakten, neben wenigen zusätzlichen anderer Art, unterbaut werden, wobei aber diese Tatsachen leider nicht für sich selbst sprechen. Rotverschiebungen bedürfen der Interpretation, denn nicht als solche, sondern nur als interpretierte Rotverschiebungen beinhalten sie kosmologisch relevante Informationen. Sicher hat jeder von uns schon einige mögliche Deutungen für die vorliegenden Rotverschiebungen vernommen. So wurden sie mittels des speziell-relativistischen, optischen Dopplereffektes zunächst auf Relativgeschwindigkeiten der emittierenden Himmelsquellen gegenüber uns zurückgeführt. Sodann wurden sie in neuerer Zeit als „kosmologische Rötung" der Photonen bei ihrer Ausbreitung in der expandierenden Raum-Zeit unseres Universums gedeutet. Beide Erklärungen ließen die objektzugehörigen Rotverschiebungen im Rahmen derzeitiger Weltmodelle als weitgehend ungereimt erscheinen. Alle Weltmodelle beschreiben homogene, isotrop expandierende Welten, – aber alle bisherigen Rotverschiebungsdeutungen weisen eine inhomogene, hierarchisch ausgebildete Quellenvertei-

lung im Universum aus und eine daran erkennbare, anisotrope Expansion des Kosmos!

So könnte sich leicht die Frage erheben, ob es nicht andere, alternative Erklärungen für die auftretenden Rotverschiebungen gäbe, die unter Umständen ein viel stimmige-
res Bild des Kosmos hervortreten ließen. Und in der Tat gibt
es da eine ganze Reihe weiterer Erklärungsversuche für die
gesehenen Rotverschiebungen, von denen wir hier nur einige hervorheben wollen. Zunächst lässt sich erwähnen, dass
Photonen durch die Wechselwirkung ihrer energiebeding-
ten Massen $m_v = h\nu/c^2$ mit dem kosmischen Gravitationsfeld eine Änderung ihrer Energie, und das heißt ihrer Wellenlänge, erfahren. So tritt ja zum Beispiel eine Photonenrötung ein, wenn Photonen das Gravitationsfeld eines sie
emittierenden Sternes verlassen, um zu uns vorzudringen.
Im Allgemeinen sind die dabei auftretenden Rotverschiebungen wegen der Schwäche der wirkenden Gravitationsfelder jedoch recht klein. So erfahren Photonen beim Verlassen
der Sonnenoberfläche durch die Wirkung des solaren Gravitationsfeldes nur eine Rotverschiebung von $z \simeq 5 \cdot 10^{-6}$,
aber beim Verlassen der Oberfläche eines „weißen Zwerges"
durch die Wirkung des dortigen, starken Oberflächengravi-
tationsfeldes dieses entarteten Sterns eine Rotverschiebung
von $z \simeq 10^{-4}$.

Beide Werte sind dennoch sehr klein im Vergleich zu
Rotverschiebungswerten $z \geq 0,3$, die an vielen Himmelsquellen in unserer weiteren kosmischen Nachbarschaft festgestellt werden. Hier lässt sich also keinesfalls davon ausgehen, dass alle beobachteten Rotverschiebungen solcher Größenordnung auf die Emission von exotischen Himmelsob-
jekten mit extrem starken Gravitationsfeldern zurückgehen,

handelt es sich doch in der großen Mehrzahl der Fälle um ganz biedere Himmelsobjekte wie elliptische Galaxien oder Scheibengalaxien, die schließlich bereits in unserer Nachbarschaft auftauchen und weit geringere Rotverschiebungen aufweisen. Könnte diese große Rotverschiebung nur mit der Ferne dieser Objekte zu tun haben? Oder mit einer „rotverschiebenden" Eigenschaft der Ferne? Wenden wir uns mit dieser Frage hier einigen, eher noch spekulativen Vorstellungen von physikalischen Vorgängen zu, die zu einer Energieabnahme und damit verbunden einer Wellenlängendehnung von Photonen führen sollen. So wird verschiedentlich die Idee vertreten, Photonen könnten nicht leistunslos durch den freien Weltraum propagieren, sondern müssten bei ihrer Ausbreitung über weite Raumstrecken Energie aufwenden.

Die ersten Vorstellungen hierzu gehen auf die beiden ungarischen Physiker, die Brüder Barnothy, zurück, die 1985 von einer Photonenermüdung gesprochen hatten. Danach sollten Photonen umso mehr an Energie verlieren, je länger sie sich durch den Raum bewegen. Eine Photonenrötung wäre somit ein Maß für die Länge des Weges, den die Photonen seit ihrer Emission von irgendeiner Quelle her zurückzulegen hatten. Rotverschiebung, wenn sie nur auf diese Weise zustandekäme, wäre demnach ein direktes, ideales und willkommenes Maß für die Entfernung der Quellen, nicht jedoch, wie von den meisten Astronomen unterstellt, für die Bewegung dieser Quellen oder derjenigen des Weltraums selbst.

Für die Brüder Barnothy war diese Rötungstheorie damals eine reine Ad-hoc-Hypothese, die sie durch keinerlei physikalisches Konzept stützen konnten. Inzwischen aber sind einige moderne Vorstellungen aus der Quantenfeldtheorie hinzugekommen, die den Barnothy'schen Ansatz der Photonenermüdung garnicht mehr so abwegig erscheinen und nicht nur so etwas wie ein Bauchgefühl sein lassen. Diese Vorstellungen ergeben sich aus der quantenfeldtheoretischen Betrachtung des Vakuums, durch das sich ja die kosmischen Photonen zwangsweise im freien Weltraum hindurchzubewegen haben. Dieses Vakuum stellt nach heutiger Ansicht nichts anderes als den lokalen Grundzustand aller Teilchenfelder dar, in dem sich permanent und immer wieder aufs neue aus quantenmechanischen Gründen virtuelle Teilchenpaare als Vakuumfluktuationen hervortuen und danach wieder vergehen müssen. Das heißt also, dass praktisch aus dem Nichts heraus lokal Teilchenpaare, bestehend aus Teilchen und Antiteilchen, spontan auftauchen und nach dem Gebot der Heisenberg'schen Unschärfe nach kurzer Zeit wieder verschwinden. Sie manifestieren sich immerhin aber kurzzeitig als reell existierende Teilchen. Jedes reelle Photon beeinflusst über elektromagnetische Felder, die es ausübt, solche Vakuumfluktuationen während der Zeit ihrer Präsenz. Reelle Photonen sind bekanntlich die Feldquanten des elektromagnetischen Feldes, welche mit allen elektrisch geladenen Teilchen, am effektivsten mit den leichtesten unter ihnen, über die sogenannte Thomsonstreuung oder Comptonstreuung wechselwirken. Dabei kommt es generell zu einer Energie- und Impulsänderung, wie zum Beispiel also zu einer Energieabgabe der Photonen, solange die Photonenenergie größer als die thermische Energie der Teilchenpaare ist. Nun lässt sich unschwer absehen, dass die Photonenwechselwirkung mit reellen Teilchen, wie den Elektronen und Protonen im

Sonneninneren, wesentlich intensiver vonstatten geht als die Wechselwirkung mit virtuellen Teilchen des Vakuums, die nur hier und da im Raum, und dann auch nur für kürzeste Zeiten, als paarige Fluktuationen auftreten. Immerhin aber sollte die Wechselwirkung von kosmischen Photonen insbesondere mit den virtuellen Elektronen und Positronen des fluktuierenden Vakuums über weite Strecken hinweg doch zu einer Energieabnahme der Photonen führen, während sie praktisch nicht zu einer Ablenkung der Photonen aus deren Ursprungsrichtung führt, weil es sich hier um ein „kohärentes" Streuphänomen handelt, bei dem das einzelne Photon immer gleichzeitig mit dem positiv geladenen Positron und dem negativ geladenen Elektron der paarig auftretenden Fluktuation wechselwirkt. Dabei erfährt es Impulsänderungen, deren Komponenten senkrecht zur Ausbreitungsrichtung sich jeweils aufheben. Nach genaueren theoretischen Überlegungen von J.P. Vigier aus dem Jahre 1988 sollte diese Streuung am fluktuierenden Vakuum, bei entsprechenden Kovarianzeigenschaften des Vakuums, in einer Art und Weise verlaufen, bei der im wesentlichen nur eine Energieänderung eintritt, ohne dass dabei gleichzeitig eine Richtungsablenkung der Photonen erfolgen würde, die ja ansonsten zu einer diffusen Verwischung ferner Himmelsquellen führen müsste. Auch sollte sich unter diesen Umständen dann ergeben, dass die bei solcher Photonenwechselwirkung mit dem fluktuierenden Vakuum eintretende Rotverschiebung nicht von der Wellenlänge des Photons abhängig wird, wie es ja schließlich auch nicht dem astronomischen Tatbestand entspräche. Wenn man auch heute noch keine feste Zahlenangabe über die Rate dieser Energieabnahme je zurückgelegter

Wegstrecke machen kann, so scheint doch ein qualitatives Verständnis für den Photonenermüdungseffekt hiermit vorbereitet zu sein. Mehr noch, es scheint hiermit unter Umständen auch ein alternativer Weg gefunden zu sein, wie über den Umweg einer kosmisch globalen Rötung von Photonen aller Strahlungsquellen im Universum letztlich auch ein diffuser, kosmischer Strahlungshintergrund als eine Art kosmischer Entropieerhöhung des fluktuierenden Vakuums entstehen sollte (siehe dazu auch Fahr und Zoennchen 2009).

Wir werden auf diese Aspekte später noch bei der Erörterung des Phänomens der kosmischen Hintergrundstrahlung vertiefter eingehen. Wenn ausschließlich und alleinig eine solche Photonenermüdung durch Wechselwirkung mit den Vakuumfluktuationen die kosmologisch gedeuteten Rotverschiebungen zustande brächte, so sollte demnach ein streng linearer Zusammenhang zwischen Rotverschiebung und Entfernung erwartet werden. Die Quellenhäufungen im Rotverschiebungsraum müssten dann tatsächlich als echte Häufungen im dreidimensionalen Raum oder Entfernungsraum gewertet werden, und würden demnach in Form des durch Abb. 4.5 wiedergegebenen Beobachtungsbefundes eine klare Aussage über die Inhomogenität der Materieverteilung im Kosmos machen. Wenn man jedoch die Befunde über scheinbare Quasarleuchtkräfte als Funktion von zugeordneten Quasarrotverschiebungen ansieht, so scheinen diese eigentlich nichts anderes aussagen zu wollen, als dass scheinbare Leuchtkräfte im Grunde überhaupt keine Funktion der Rotverschiebung sind; im Gegenteil, es will eher so scheinen, dass eine bestimmte scheinbare Leuchtkraft sich offensichtlich genauso häufig bei Quasaren der unterschiedlichsten Rotverschiebungswerte, insbesondere also sowohl bei Quasaren mit sehr kleiner ($z = 0, 1$) als auch bei solchen mit sehr großer Rotverschiebung ($z = 4, 0$) auffinden lässt. – Haben demnach Quasarrotverschiebungen vielleicht überhaupt nichts mit dem Abstand der Objekte – und auch nicht mit der Geschwindigkeit dieser Objekte – und somit auch nichts mit der Expansionsgeschichte des Universums als Ganzem zu tun? Sind sie vielleicht rein Quasar-intrinsischer Natur?

Von Beginn ihrer Beobachtungen um 1972 bis hinein in die heutige Zeit haben Quasarregistrierungen klar werden lassen, dass ihre Leuchtkraftstatistiken und Rotverschiebungen eher nur sehr wenig oder gar nichts gemein haben mit allen Vorhersagen aus den Theorien der bisher bekannten, homogenen Weltmodelle. In der Tat scheint es bis heute so, dass man mit der Annahme, die scheinbare Helligkeit der Quasare hätte überhaupt nichts mit deren Rotverschiebungen zu tun, den Beobachtungen weit besser gerecht wird als durch jede andere Theorie, nach der Quasare in irgendwelchen, rotverschiebungsgemäßen, kosmischen Entfernungen positioniert sein sollen. Insbesondere implizieren die scheinbaren Helligkeiten dieser exotischen Objekte angesichts der zugehörigen großen Rotverschiebungen, wenn letztere kosmologisch gedeutet werden sollen, schier unglaubliche, absolute Objektleuchtkräfte. Quasare mit Rotverschiebungen von $3,5 < z < 4,5$ sollten danach im Rahmen der gängigen Deutung durch die Weltmodelle der Friedmann-Lemaître Kosmologien die zehntausend- bis hunderttausendfache Leuchtstärke unserer gesamten Milchstraße besitzen, obwohl sie selbst nur punktförmige, quasistellare Erscheinungen am Himmel darstellen, deren räumliche Ausdehnung man bis vor Kurzem noch gar nicht auflösen konnte.

Erst seit 1981 gelingt es, die Strahlungsumgebung dieser Objekte besser aufzulösen und damit klar werden zu lassen, dass Quasare nicht wirklich punktförmige, absolut exotische Gebilde ohne Struktur sind, sondern dass sie eher nebelhafte Emissionsobjekte darstellen, die sich in ihrer Phänomenologie kaum von aktiven Galaxien oder Seyfert-Galaxien unterscheiden. Im Gegenteil scheinen diese Quasare vom Typus ihres Emissionsspektrums her sogar eng verwandt mit solchen aktiven Galaxien zu sein, die einen sehr leuchtintensiven Galaxienkern und intensive, breite Emissionslinien aufweisen. Lediglich besitzen letztere Objekte geringere Rotverschiebungen und werden deswegen von den Astronomen im Vergleich zu den Quasaren als uns vergleichsweise nähere Objekte eingestuft. Hierin zeichnet sich für viele Astronomen neuerdings die Tatsache ab, dass Quasare und aktive Galaxien, gerade wegen ihrer spektralen Verwandtschaft, ein und dasselbe Objektphänomen darstellen, jedoch gesehen zu unterschiedlichen Entwicklungsstadien dieses Objekttypes. In diesem Zusammenhang ist seit Längerem vorgeschlagen worden, die registrierten Rotverschiebungs-Magnituden Statistiken bei Quasaren unter dem Aspekt einer absoluten, zeitlichen Entwicklung der Anzahldichte solcher Objekte im evolvierenden Kosmos zu analysieren. Weiterhin wurde vermutet, dass man nicht nur eine zeitliche Entwicklung der Anzahldichte solcher Objekte im Raum, sondern auch eine Entwicklung ihrer Leuchtstärke und ihres Spektrums während ihrer Lebensdauer berücksichtigen müsste. Alles zusammengenommen scheint also ersichtlich die kosmologische Deutung solcher Quasarstatistiken immer schwieriger werden zu lassen.

Problematischer werden aber auch die Deutungen von Beobachtungen an weit weniger exotischen, eher spießig konservativen Leuchtobjekten im All, wie etwa ganz normalen Spiralgalaxien vom Sa-, Sb- oder Sc-Typ, wenn man sie einmal nach ihrer Morphologie getrennt auf Rotverschiebungen untersucht. Hier hat sich der leider kürzlich verstorbene englische Astronom Halton C. Arp, der bis vor kurzem am Max-Planck-Institut für Astrophysik in Garching als auswärtiges wissenschaftliches Mitglied wirkte, über viele Jahrzehnte hinweg wohl die meisten Verdienste um die Aufdeckung kosmologischer Ungereimtheiten erworben. Diese bestehen im wesentlichen darin, dass seit 1966 zunehmend mehr Fälle entdeckt wurden, in denen man einige Objekte am Himmel beobachtet, die nach Aussage der verschiedensten, voneinander unabhängigen Entfernungsbestimmungsmethoden sich im gleichen Abstand von uns befinden, aber oft beträchtlich verschiedene Rotverschiebungen aufweisen. Aufgrund solcher Befunde beginnt sich eine kleine, aber ständig wachsende Gruppe von Astronomen herauszubilden, der außer Halton Arp immerhin auch so berühmte Astrophysiker wie Sir Fred Hoyle, Hermann Bondi, Thomas Gold, Geoffrey Burbidge, Jayant Narlikar, Chandra Wickramasinghe, Arthur Segal und Hannes Alfven angehören. Innerhalb dieser Gruppe herrscht die Vermutung, eigentlich sogar die Gewissheit, vor, die Urknalltheorie, dargestellt im Rahmen der kosmologischen Standardmodelle, sei angesichts dieser exotischen Rotverschiebungsdaten zum Scheitern verurteilt, während eine Mehrheit von Astronomen nach wie vor am Urknall festhalten will und noch auf konservative Erklärungen solcher Ungereimtheiten sinnt.

Wir wollen hier kurz diskutieren, woran sich die gravierendsten Unstimmigkeiten aufzeigen lassen: Alle Galaxien sollten nach der herkömmlichen Expansionstheorie des Universums zu einer bestimmten Epoche der kosmischen Evolution als massive selbstgravitierende Kondensationen aus dem homogenen, kosmischen Hintergrundgas entstanden sein, sowie auch in weitgehend analoger Weise die Flüssigkeitströpfchen in einer Blasenkammer längst bestimmter Teilchenspuren zu mehr oder weniger einem Zeitmoment entstehen und später dagegen nicht mehr. Galaxien sollten also nach der Urknalltheorie alle in etwa der gleichen kosmischen Epoche vor etwa 13,7 Milliarden Jahren entstanden sein – und sie sollten demnach alle „alt" sein. Weit von uns entfernte Galaxien sollten wir nur deswegen in einem evolutionsmäßig frühen Stadium sehen, weil das Licht, das sie uns heute zeigt, sehr lange unterwegs war.

Danach sollten wir jedoch eine Alterssequenz unter den Galaxien entdecken können; nahe bei uns sollten wir die samt unserer eigenen Milchstraße ältesten Galaxien sehen, wie etwa die der „Lokalen Gruppe" und bei wachsenden Abständen von uns sollten wir folglich morphologisch immer jüngere Galaxien zu sehen bekommen. In Entfernungen von 13 Milliarden Lichtjahren sollten wir sogar die Galaxienentstehung selbst mit ansehen können! Dies ist jedoch ganz und gar nicht der Fall! In diesen größten Entfernungen sehen wir, wie allgemein geglaubt wird, vielmehr die Quasare, die in ihren Spektren ihren erstaunlichen Metallreichtum zu erkennen geben, welcher selbst als ein untrügliches

Zeichen evolutionärer Alterung gilt. Zum anderen finden wir ganz junge Galaxien in unserer kosmischen Nachbarschaft, Galaxien, die voller ganz junger Sterne sind, und deren Emission eindeutig von diesen jungen Sternen beherrscht wird. Einige dieser Galaxien in unserer Megaparsec-Nachbarschaft werden vollkommen in ihrer Emission von heißen O- und B-Sternen dominiert, die selbst nach einhelliger Astronomenmeinung wegen ihrer intrinischen Lebensdauer nicht älter als einige Millionen Jahre sein können.

Anzunehmen, sie seien aus dem verbliebenen Rest des Wasserstoffs einer an sich schon alten Galaxie als Spätgeburten entstanden, kommt angesichts ihrer zahlenmäßigen Dominanz in solchen Galaxien nicht in Frage. Vielmehr kann man mit Hilfe der 21-Zentimeter-Radioastronomie, bei der man atomaren Wasserstoff durch die für ihn typische Emission kartieren kann, bis zu größten Entfernungen im Kosmos hin jungfräuliche Zusammenballungen von Wasserstoff von galaktischen Massenausmaßen erkennen, die überall verteilt im Universum, ob nah oder fern, die Vorstufe einer dort bevorstehenden Galaxienentstehung zu markieren scheinen. Es gibt somit auch noch heute Galaxien in „statu nascendi". Das Weltall ist also durchaus noch nicht in dem Maße vergreist, wie es nach der Urknalltheorie eigentlich unausweichlich zu erwarten wäre! Wie der kanadische Astronom Sidney van den Bergh vom Dominion Astrophysical Observatory in Victoria in der Wissenschaftszeitschrift NATURE berichtete, glaubt man, solch eine junge Protogalaxie, die noch nicht einmal damit begonnen hat, massive Sterne zu bilden, jetzt auch in unserer eigentlichsten kosmischen Nachbarschaft gefunden zu haben. Unsere lokale Galaxiengruppe umfasst im Rahmen eines gravitativ lose gebundenen Verbandes etwa 27 bekannte Mitglieder, von denen unsere Milchstraße eines ist.

Diese Gruppe erfüllt einen uns umgebenden Raum mit einem Radius von etwa 2 Megaparsec (7 Millionen Lichtjahre) und besteht im Wesentlichen aus altersmäßig etwa gleich alten Galaxien, in denen die Sternentwicklung bereits in vollem Umfange stattgefunden hat, so dass in ihnen bereits mehr als 90 Prozent der galaktischen Gesamtmasse in Sternen gebunden ist. Kaum weiter entfernt als der Rand dieser lokalen Gruppe aber, bei etwa 3 Megaparsec Entfernung, lässt sich dagegen, wie Beobachtungen gezeigt haben, eine Protogalaxie entdecken, in der die Sternbildung offensichtlich noch nicht einmal angelaufen ist, in der man hingegen nur molekulare Gasbestandteile wie Kohlenmonoxyd und molekularen Wasserstoff in weiträumiger Verteilung entdecken kann. Schon 1992 schien man dieser jungfräulichen Erscheinung einer Großstruktur im nahen Kosmos auf die Spur gekommen zu sein. Die beiden Astronomen Martha Haynes und Riccardo Giovanelli haben dafür durch ihre Messungen mit dem 305-Meter-Radioteleskop in Arecibo auf Puerto Rico den Beweis geliefert. Im Lichte der für den atomaren Wasserstoff typischen Emission bei einer Radio-Wellenlänge von 21 Zentimetern vermochten diese beiden Wissenschaftler eine riesige extragalaktische Wasserstoffansammlung zu identifizieren, die die klaren Merkmale der Vorstufe einer sich soeben durch Verdichtung bildenden Galaxie in unserer kosmischen Nachbarschaft an sich trägt. Es scheint sich bei diesem Gebilde ebenfalls um eine riesige Wolke neutralen Wasserstoffgases zu handeln, die sich in 25 Megaparsec (80 Millionen Lichtjahren) Entfernung von uns befindet und etwa einen Durchmesser von 800.000 Lichtjahren aufweist. Sie ist damit um ein mehrfaches voluminöser als unsere Milchstraße und umfasst eine Masse von etwa 500 Milliarden Sonnenmassen, womit sie sogar massereicher als unsere eigene Galaxie sein könnte. Ein solches Gebilde wird innerhalb der nächsten zehn Millionen Jahre sein eigentliches Leben als junge leuchtende Galaxie in unserer Nachbarschaft beginnen und wird in etwa einer Milliarde Jahren von heute das Aussehen unserer Milchstraßengalaxie angenommen haben, dann nämlich, wenn unsere Galaxie am Ende ihrer Möglichkeiten angekommen ist, und die irdische Menschheit längst ihr Leben eingestellt haben wird.

Das alles weist darauf hin, dass praktisch an der gleichen Stelle im Kosmos sowohl evolutionsmäßig gesehen sehr junge als auch sehr alte Objekte anzutreffen sind; der Kosmos hat also offensichtlich kein allbeherrschendes, einheitliches, „absolutes" Evolutionsalter, das etwa mit dem Expansionsalter der Welt, dem Hubble-Alter, identifiziert werden könnte. Im Gegenteil, dieses sogenannte Expansionsalter der Welt, also jene gedachte Zeitspanne, die bis heute seit dem Beginn der universellen Explosion der kosmischen Materieverteilung im Urknall vergangen sein sollte, erweist sich für die meisten kosmologischen Standardmodelle als kürzer denn das Alter der ältesten Sterne in unserer Galaxie, was natürlich ein Unding darstellt. Wenn man im Rahmen konservativer Weltexpansionsmodelle berechnen will, vor wie langer Zeit das Universum bei invertierter Expansion sozusagen in einem Punkt vereinigt gewesen sein sollte, so gewinnt man mit den heute gehandelten Hubble-

Konstanten von $50\,\mathrm{km/s/Mpc} < H < 80\,\mathrm{km/s/Mpc}$ über den Zusammenhang $\tau = c/H$ ein Weltalter von 8 bis 13 Milliarden Jahren. Nun wissen wir, dass allein unser Sonnensystem 4,6 Milliarden Jahre alt sein soll und dass es neben ihm weit ältere Sterne gibt.

Die ältesten Sterne in den Kugelsternhaufen unserer Milchstraße kommen nach allgemeiner Astrophysikermeinung auf ein Alter von 17 bis 19 Milliarden Jahren und deuten damit klar an, dass sie keine Objekte aus einer Welt sein könnten, deren Expansionszeitalter vielleicht nur knapp 13 Milliarden Jahre beträgt. Dieses letztere Problem lässt sich mit gewissen Kunstgriffen noch im Rahmen der Urknalltheorie bewältigen, wenn man bestimmte für diesen besonderen Erklärungszweck ausgewogene Verhältnisse von realer Materiedichte und Vakuumenergiedichte, einer Größe analog der schon erwähnten „kosmologischen Konstanten Λ, im Universum voraussetzt. Aber auch damit löst man nur das halbe Problem: Dann ist es zwar möglich, den Kosmos bei seinem Expansionsgeschehen im Übergang zwischen einer Friedmann'schen Dezeleration und einer inflationären Akzeleration durch eine zeitlich lang erstreckte Phase der Quasistagnation zu führen, wodurch einem Kosmos mit der heute beobachtbaren Expansionsrate ein wesentlich höheres Alter zugestanden werden könnte (siehe Abb. 5.1 Kurve 3). Dennoch aber muss es auch im Rahmen eines solchen Ad-hoc-Weltmodells weiterhin unerklärlich bleiben, warum wir heute im Kosmos an der gleichen Stelle sowohl alte als auch ganz junge Galaxien sehen und warum wir keinen Altersgradienten mit der kosmischen Entfernung in der Phänomenologie des Universums abgebildet sehen.

Was das enge Beieinander von Jung und Alt im Kosmos anbelangt, so sind hierfür insbesondere dem Astronomen Halton Arp auf diesem Gebiet die augenfälligsten kosmischen Beobachtungsbeispiele zu verdanken. Quasare hat man bekanntlich seit ihrer Entdeckung bis heute phänomenologisch weder einordnen noch deuten können. Seit 1966 ist jedoch immer deutlicher geworden, dass viele von diesen exotischen Objekten gemäß ihrer Himmelsposition sehr eng mit nahegelegenen Galaxien assoziiert sind. Vielfach wird sogar heute beobachtet, dass mehrere Quasare in den Ausläufern der Arme einer benachbarten Spiralgalaxie liegen, oder um eine elliptische Galaxie herum gruppiert sind. Im Falle der Spiralgalaxie NGC1073 handelt es sich so zum Beispiel um eine normale Galaxie mit niedriger Rotverschiebung, die eng benachbart wird von drei Quasaren mit hoher Rotverschiebung. Nach Hubble'scher Deutung sollte dies also bedeuten, dass alle Quasare in Entfernungen stehen, die vergleichsweise riesig gegenüber der Entfernung der betreffenden Vordergrundgalaxie sein sollten. Die Wahrscheinlichkeit dafür aber, dass einer von diesen Quasaren durch eine gerade günstige Zufallsprojektion auf die Himmelskugel in so enger Konjunktion zu einer solchen Vordergrundgalaxie auftritt, beurteilt Arp mit: *eins-zu-einer Million* $= 10^{-6}$! Die Wahrscheinlichkeit, dass dies gleich bei drei Quasaren der Fall ist, wäre entsprechend noch viel, viel kleiner, nämlich 10^{-18}!

Als sinnvolle Erklärung für ein solches, inzwischen immer häufiger beobachtetes Phänomen kommt nur in Frage anzunehmen, dass diese eng einer Normalgalaxie affiliierten Quasare in einem physikalisch morphogenetischen Zusammenhang zueinander stehen oder zumindest standen.

Wenn jedoch solche Quasare in einer physikalischen Wechselwirkung mit ihrer Nachbargalaxie stehen, oder sogar einer solchen wie immer gearteten Wechselwirkung letzten Endes ihre Entstehung verdanken, so kann die an ihnen beobachtete immense Rotverschiebung unmöglich kosmologischer Natur sein. Nach kosmologischer Deutung der Rotverschiebung wären solche Quasare in Entfernungen von einigen 10^8 bis einigen 10^9 Lichtjahren positioniert und könnten mit ihren affiliiert erscheinenden Normalgalaxien bei Entfernungen von nur einigen 10^7 Lichtjahren unmöglich in physikalischer und morphogenetischer Wechselwirkung stehen.

Seit 1991 existiert ein vollständiger Katalog von Quasaren, die alle mit nahegelegenen Galaxien assoziiert sind. Hieran haben die Astronomen Geff Burbidge, Adelaide Hewitt, Jayant Narlikar und Peter Das eindeutig zeigen können, dass alle diese Quasare innerhalb eines Himmelskreises vom Zwei- bis Dreifachen eines Galaxiendurchmessers um Galaxien niedriger Rotverschiebung zu finden sind, fast wie eine entstehungsgeschichtlich bedingte, assoziierte Population. Dies fordert den überraschenden Schluss heraus, dass alle diese exotischen Objekte, die der bisherigen Theorie nach am äußersten Rande des sichtbaren Universums stehen sollten, in der Tat physikalisch zu uns nächstgelegenen Galaxien gehören. Die schier unglaublichen Rotverschiebungen dieser Quasare sollten demnach nicht als von kosmologischer, sondern von intrinsisch objektspezifischer Natur angesehen werden. Halton Arp glaubt den Schluss ziehen zu müssen, dass diese nur wegen ihrer absoluten Leuchtkraft meist als exotisch-leuchtstark eingestuften Objekte eigentlich relativ unscheinbare Lichtquellen im Vergleich zu ihrer

Muttergalaxie darstellen. Rückt man diese Objekte nämlich in die gleiche Entfernung wie die ihnen assoziierten Galaxien, so erscheint ihre Leuchtkraft im Vergleich zu der der affiliierten Galaxien gering, und diese Objekte stellen sich als kleine Begleiter der Zentralgalaxie dar, deren Energieausstoß sich auf der kosmischen Klassifikationsskala aller Leuchtobjekte als vergleichsweise gering ausnimmt, – deren Emissionsspektrum allerdings – warum auch immer, das ist hier die Frage – stark rotverschoben erscheint.

Wenn nun solche Quasare als unerklärtermaßen stark rotverschobene Begleiter normaler Galaxien angesehen werden können sollen, so muss man sich fragen dürfen, ob es nicht vielleicht noch andere Typen von Galaxienbegleitern gibt, die ebenfalls ungewöhnliche, nicht-Hubble'sche Rotverschiebungen aufweisen. Und in der Tat wird man bei dieser Frage wieder auf die schon früher erwähnten, den Quasaren spektral verwandten, kompakten und aktiven Galaxien und den Seyfert-Galaxien hingeführt. Auch bei ihnen sind Assoziationen zu Normalgalaxien in eklatantem Maße vorhanden und sie zeigen häufig sogar leuchtende, brückenartige Materieverbindungen zu nahegelegenen Galaxien, durch die sie die physikalisch-kausal unterbaute Nähe zu diesen Objekten noch unterstreichen. Dennoch besitzen diese Seyfert'schen Begleitobjekte aber Rotverschiebungsabweichungen $0{,}01 < \Delta z < 0{,}1$ von der affiliierten Galaxie entsprechend Relativgeschwindigkeiten der Größenordnung $5000\,\text{km/s} < c \cdot \Delta z < 50.000\,\text{km/s}$. Nach Doppler'scher Deutung besagt dies, dass diese Objekte sich mit erstaunlichen Differenzgeschwindigkeiten von Bruchteilen der Lichtgeschwindigkeit von diesen Galaxien wegbewegen sollten. Im Falle der Quasare mit Rotverschiebungsdifferenzen von $0{,}1 < \Delta z < 2{,}0$ würde es sogar unsinnigerweise Differenzgeschwindigkeiten von einfacher bis mehrfacher Lichtgeschwindigkeit bedeuten!

Seit über zwanzig Jahren dauert unter Astronomen nunmehr die Diskussion um die Frage an, ob solche kompakten galaktischen Objekte wie Seyfert-Galaxien tatsächlich in einer physikalisch-räumlichen Assoziation zu großen Muttergalaxien stehen, oder ob es sich hier nur um zweidimensionale Zufallskonstellationen an der Himmelskuppel handelt. Seit etwa zehn Jahren kann aber in Verbindung mit den verbesserten Beobachtungstechniken zusehends mehr als bewiesen gelten, dass es tatsächlich sichtbare, real existente, materielle Verbindungen zwischen der Muttergalaxie und ihren Seyfert-Begleitern gibt, die sich mit den heute zu Gebote stehenden elektronischen Bildverstärkungstechniken (CCD-Technik!) an solchen Objekten klar erkennen lassen. Diese optisch klar markierten Materiebrücken von der zentralen Muttergalaxie zu ihren aktiven Begleitern scheinen anzudeuten, dass die Begleiterobjekte offensichtlich in Form eines eruptionsartigen Materieausstoßes aus dem Zentrum der Muttergalaxie herauskatapultiert worden sind. Ihre hohen Differenzrotverschiebungen lassen sich dennoch nicht als Doppler'sche Folge der hohen Ausstoßgeschwindigkeiten begreifen, weil man nicht verstehen könnte, wie es im Zentrum der Muttergalaxie zu Materieauswürfen von galaktischen Ausmaßen kommen kann, bei denen Beschleunigungen auf Fluchtgeschwindigkeiten von einigen Zehnteln der Lichtgeschwindigkeit realisiert werden, die außerdem auch noch stets radial von uns weg gerichtet sein müssten, niemals dagegen auf uns zugerichtet.

Ein sehr interessantes Faktum an diesen rot-exzessiven Begleiterobjekten scheint für Halton Arp einen Hinweis auf die Natur ihrer Rotverschiebungen zu enthalten: Diese Begleiter zeichnen sich nämlich allemal von ihren Spektren her als evolutionsmäßig junge Objekte aus. So sind die in diesem Zusammenhang besonders interessanten Seyfert-Galaxien, kompakten Galaxien und irregulären Galaxien in ihren Spektren stark blaugewichtig. Das bedeutet, dass bei einer Dreifarben-Farbfilter Photometrie solcher Objekte mit U-, B-, und V-Farbfiltern ein hoher Blauanteil an der optischen Gesamtemission eklatant zum Vorschein tritt. Dieser hohe Blauanteil kann auf die große Zahl von jungen, heißen Sternen vom Typ der O- und B-Sterne in diesen Gebilden zurückgeführt werden, welche im Vergleich zu sonnenähnlichen Sternen sehr kurze Lebensdauern besitzen und nur in der Anfangsphase der galaktischen Evolution in so großer Zahl vorhanden sein können. Alle Begleiter von Großgalaxien mit großer exzessiver Rotverschiebung besitzen Emissionsspektren, die auf die starke Emissionsbeteiligung und damit auf die hohen Anzahldichten junger Sterne in solchen Objekten hinweisen.

Zudem spricht das morphologische Erscheinungsbild dieser Objekte deutlich für den stark gestörten, unrelaxierten und gleichgewichtsfernen Zustand dieser galaktischen Objekte, wie er nur vorübergehend und kurzzeitig existieren kann, bevor eine Wandlung in beständigere, galaktische Formationen eintreten muss. Nach Arp's Meinung liegt es auf der Hand anzunehmen, dass Rotverschiebung und Alter dieser Objekte eng miteinander korreliert sind. Er kommt zu der Vorstellung, dass alle großen Galaxien gelegentlich kompakte Objekte zunächst als Quasare in Verbindung mit einem kompakten Materiejet ausstoßen. Die Rotverschiebung dieser gerade ausgestoßenen Objekte ist, wie ein Indikator für deren Jugendlichkeit, zunächst besonders groß. Wenn die so als Affiliation hervorgetretenen Quasare hernach dann altern, so weiten sie sich zu kompakten Begleitgalaxien aus, deren Rotverschiebung systematisch kleiner wird, je relaxierter ihre Morphologie wird.

H. Arp kann in der Tat eine deutliche Korrelation zwischen galaktischen Morphologien und den zugehörigen Rotverschiebungsexzessen aufzeigen; so findet man die größten Rotverschiebungsexzesse bei den Quasaren, große Exzesse bei den kompakten und irregulären Galaxien, die in ihren Massenverteilungen unrelaxiert und also morphologisch jung erscheinen, und schließlich systematisch kleiner werdende Exzesse bei Spiralgalaxien vom Sb- und Sc-Typ. Die kleinsten Exzesse treten bei großen, stark relaxierten, elliptischen Galaxien auf, die morphologisch und kosmogonisch nach allgemeinem astronomischem Konsens als evolutionsgeschichtlich alte Objekte eingestuft werden.

Dieser überaus faszinierende Zusammenhang zwischen Jugendlichkeitsgrad und Rotverschiebungsexzess scheint sich sogar noch bei den einzelnen, stellaren Objekten bestätigen zu lassen. Zwar kann man nur in den uns nächst gelegenen Galaxien, wie zum Beispiel im Falle der kleinen und großen Magellan'schen Wolken, einzelne Sterne separat erfassen und spektral analysieren, aber auch an diesen Einzelsternen fällt immerhin auf, dass die jüngsten unter ihnen, wie gerade die heißen, blaulichtigen O- und B-Sterne höhere Rotverschiebungen aufweisen als der Gesamtgalaxie zukommt, die man als systematische, globale Verschiebung zum Beispiel aus ihren interstellaren Emissions- und Absorptionslinien ermitteln kann. Entnimmt man aus einem Sternkatalog die Rotverschiebungsexzesse der jungen Sterne der kleinen Magellan'schen Wolke und trägt sie gegen das astrophysikalische Alter dieser Sterne auf, so zeigt sich hieran wiederum der sprechende Befund: Je jünger, je roterverschobener (natürlich nicht politisch gemeint!).

Nun ist dieser Befund zunächst einmal nur rein empirischer Natur, und man mag sich fragen wollen, ob es dafür auch eine theoretisch-physikalische Erklärung geben könnte. Dazu besinnt man sich am besten zuerst einmal auf den Ursprung aller Linienemissionen, die ja mit dem Übergang atomarer Hüllenelektronen von einem höheren in einen tieferen der möglichen, gequantelten Energiezustände verbunden ist. Beim Wasserstoffatom werden solche Energiezustände zum Beispiel durch ganzzahlige Quantenzahlen $n = 1, 2, 3, 4, 5$ etc. beschrieben, und die Wellenlänge einer für den Wasserstoff typischen Emissionslinie errechnet sich dann nach der folgenden Formel:

$$v_{1,2} = \mathfrak{R} \cdot [(1/n_1) - (1/n_2)] \,,$$

wobei $n_1 \leq n_2$ sein muß, und eine atomtypische Konstante, die sogenannte Rydberg Konstante $\mathfrak{R}$, auftritt, die durch folgende atomphysikalischen Grundgrößen definiert ist:

$$\mathfrak{R} = \frac{2\pi^2 e^4 m}{h^3 c (1 + m/M)} \,,$$

wobei die verwendeten Größen die folgenden Bedeutungen haben: e = elektrische Elementarladung; h = Planck'sche

Wirkungskonstante; m = Elektronenmasse; M = Protonenmasse; c = Lichtgeschwindigkeit.

Man erkennt also unschwer, dass die Frequenzen bzw. Wellenlängen der atomaren Emissionslinien stark von der Größe der Massen des Elektrons und des Protons bestimmt werden. Bedenkt man dazuhin, dass das Massenverhältnis von Elektron zu Proton sehr klein ist (nämlich m/M = 1/1898), so wird klar, dass diese deswegen praktisch sogar ausschließlich von der Elektronenmasse bestimmt werden. Eine Idee, wie die oben diskutierte astronomische Antikorrelation zwischen exzessiver Rotverschiebung und Objektalter ihre Erklärung finden könnte, geht deswegen davon aus, dass die Massen der Elementarteilchen keine festen Größen darstellen, sondern dass eben diese mit der Zeit nach der Entstehung dieser Teilchen veränderlich sein könnten. Nach einer Idee des berühmten österreichischen Physikers Ernst Mach (1889) kann die Trägheit eines Körpers keine rein intrinsische Eigenschaft dieses Körpers sein, vielmehr sollte sie sich aus Gründen der Relativität der Trägheit als Erscheinung einer Wechselwirkung dieses Körpers mit den Massen aller anderen Körper im Weltall ergeben. Dieser Mach'sche Gedanke, so bestechend schön er an sich ist, ist niemals konsequent im Rahmen einer Gravitationstheorie formuliert worden. Einzig Hans Thirring (1918) und Dennis Sciama (1953) haben sich später auf diesen Mach'schen Gedanken tiefer eingelassen (siehe auch Fahr und Zoennchen 2006, Fahr und Sokaliwska 2011). Fred Hoyle (1990, 1992) hat zwar im Rahmen eines verallgemeinerten, allgemeinrelativistischen und skaleninvarianten Wirkungsprinzips die Massen der Elementarteilchen als in komplizierter Weise mit der Raumzeitmetrik korrelierte Größen beschrieben, jedoch war aus einem solchen Zusammenhang keine konsistente Beschreibung von zeitlicher Entwicklung sowohl der Teilchenmassen als auch des Universums selbst zu gewinnen.

In etwas einfacherer Weise als bei Hoyle lässt sich jedoch eine grundsätzliche Form der Mach'schen Massenabhängigkeit eines Elementarteilchens absehen. Im Sinne Machs muss ja klar sein, dass ein Teilchen unmittelbar nach seiner Erzeugung noch nicht in Wechselwirkung mit der gesamten Materie des Weltalls getreten sein kann. Dies kann über lichtschnelle Gravitonenwechselwirkung vielmehr erst im Laufe der Ausbreitung des Lichthorizontes von dem neuen Teilchen her über die gesamte andere Weltmaterie hinweg geschehen. Je weiter sich dieser Wechselwirkungshorizont vom Teilchen aus ausdehnt, umso träger mag das Teilchen werden, das heißt, umso größer mag seine träge sowie auch seine schwere Masse, als innere Äußerung des wachsenden Widerstandes gegenüber Beschleunigungen relativ zur Weltmaterie werden. Gemäß dieser Idee ließe sich absehen, dass ein Anwachsen der Masse eines Teilchens mit wachsender Zeit nach seiner Erzeugung erfolgen sollte bis hin zu einem maximalen Grenzwert. Im Prinzip müsste sich im Laborexperiment nachweisen lassen, ob es tatsächlich eine solche, altersbedingte Massenzunahme von frisch erzeugten Elementarteilchen gibt und wie diese in quantitativer Form aussehen sollte.

So könnte man zum Beispiel daran denken, über eine Teilchen-Antiteilchen-Paarerzeugung aus energiereichen Gamma-Photonen neue Teilchen zu erzeugen, wie etwa ein Elektron und ein Positron. Würde man dann das frisch erzeugte Elektron in einen Atomrumpf einfangen, so sollte sich nachweisen lassen, ob die Emissionslinien dieses neu erzeugten, atomaren Emitters wegen der noch sehr kleinen Masse des gerade erzeugten Hüllenelektrons stark rotverschoben sind. Allerdings entstehen die Teilchen bei der Paarbildung ja aus Gammaphotonen, deren Äquivalentmasse $m_v = h\nu/c^2$ eben auch nicht gleich Null, sondern schon mindestens 500.000 eV beträgt. Zumindest die träge Masse der neuen Teilchen sollte also diesem Wert äquivalent sein, während die schwere Masse der Teilchen vielleicht erst allmählich zunimmt. Im numerischen Wert der atomaren Emissionsfrequenzen steckt aber gerade die träge Masse des Elektrons, nicht dagegen dessen schwere Masse. Auch würde das die Äquivalenz von träger und schwerer Masse aufheben, auf der die ganze Allgemeine Relativitätstheorie aufgebaut ist. Auch sollte sich zeigen lassen, dass das neu erzeugte Positron wegen seiner kleinen Masse bei einem nachfolgenden Annihilationsprozess mit einem schon stark gealterten massiven Elektron der Umgebung zu einer Zerstrahlung in zwei Gammaphotonen führt, deren Ruhesystem das Laborsystem, und nicht aber das System des bewegten Positrons ist. Über derartige Messungen, weil sie wohl auch schwierig durchzuführen wären, ist bisher nichts bekannt. Dennoch kann man aber einmal wagen, den Mach'schen Gedanken über die Relativität der schweren Teilchenmassen bis zu einer konkreten Aussage weiterzudenken.

Wenn wir also einmal davon ausgehen, dass jedes neu erzeugte Teilchen schließlich erst dann zu seiner wesenseigenen Masse m kommt, wenn es über gravitonische Austauschwechselwirkung mit dem Materieinhalt des gesamten Universums in Verbindung getreten ist, so lässt sich zumindest qualitativ erfassen, wie seine Masse wachsen sollte. Wenn man gemäß dieser Vorstellung, nur um eine grobe Idee der damit verbundenen Massenzunahme mit der Zeit zu bekommen, einmal einen ungefähr homogen mit Materie erfüllten Kosmos vom Weltradius R zugrunde legt, so sollte ein Massenverhalten mit der Zeit, also $m = m(t)$, gemäß der folgenden Form suggeriert sein: $m(t) = m_\infty$ $exp[-R/ct]$, wo t die Zeit nach Erzeugung des Teilchens angibt. Das würde bedeuten, dass die Masse eines Teilchens nach seiner Erzeugung ständig zunimmt, aber so, dass die Massenzunahme pro Zeiteinheit mit der Zeit immer geringer wird, so dass das Teilchen asymptotisch einer endlichen Grenzmasse von m_∞ zustrebt. Eine funktional ähnliche Beziehung für die Zeitveränderlichkeit der Masse m, die sogar Mach-konform ist, ist von E. Eiermann (2001) vorgeschlagen worden.

Hat man nun atomare Emitter, wie etwa Wasserstoffatome, so würden sich die Wellenlängen von deren Resonanzemissionslinien wegen ihrer Abhängigkeit von der Elektronenmasse $m(t)$ alle in gleicher Weise mit der Zeit ändern. Und zwar wäre diese Wellenlängenänderung verbunden mit einer zeitlichen Änderung der Rotverschiebung gemäß $dz/dt = -R/ct^2$. Über eine wesentlich kompliziertere Überlegung kommen Fred Hoyle und Jayant Narlikar (1974) bei der Bemühung um die Formulierung eines skaleninvarianten Wirkungsprinzips zur Beschreibung der Bewegung von Teilchen in deren selbst verursachten Feldern zunächst zu der Forderung nach metrikabhängigen Teilchenmassen, also nach Teilchenmassen, die sich mit der Änderung der Raum-Zeit-Metrik des Kosmos in der Weltzeit ändern. Man kann bekanntlich die Raumzeitmetrik eines homogenen Universums, die gewöhnlich durch die sogenannten Robertson-Walker-Metrik beschrieben werden kann, durch eine konforme Transformation der Raumzeitkoordinaten in eine Euklidisch-Minkowski'sche Form überführen, mit der man gewöhnlich den flachen, ungekrümmten Raum beschreibt. Im Rahmen eines skaleninvarianten, allgemeinen Wirkungsprinzips, das die Wirkung der Raumzeitmetrik sowie diejenige der darin bewegten Teilchen konsistent beschreibt, bedeutet dies dann aber, dass alle Teilchenmassen proportional zum Quadrat ihrer Existenzzeit t wachsen müssen. Hierbei ergibt sich ebenfalls eine Massenzunahme mit der Zeit nach der Teilchenerzeugung, die allerdings über die Massenabhängigkeit der atomaren Resonanzwellenlängen, wie Hoyle und Narlikar ausgerechnet haben, zu der folgenden Beziehung zwischen den Rotverschiebungen z_1 und z_2 eines atomaren Oszillators zu zwei Zeiten t_1 und t_2 nach seiner Entstehung führt:

$$(1 + z_1)/(1 + z_2) = (t_2^2/t_1^2)$$

Wenn also in einem galaktischen Assoziationsgebilde, wie etwa demjenigen bestehend aus einer großen elliptischen Muttergalaxie und einer kleinen, kompakten Begleitergalaxie, zwischen den emittierenden Gebieten des einen und des anderen Objektes eine Altersdifferenz von $\Delta t = t_1 - t_2$ besteht, so ließe sich gemäß der obigen Relation zwischen ihren Emissionen ein entsprechender Rotverschiebungsexcess $\Delta z = 2\Delta t/t_1$ als Funktion der Altersdifferenz Δt erwarten. Besonders interessant erscheint in diesem Zusammenhang dann noch die folgende Konsequenz aus diesem Zusammenhang: Wenn man einmal davon ausgehen würde, dass Galaxien des Typs unserer Milchstraße überall in unserer kosmischen Nachbarschaft zu etwa der gleichen kosmischen Zeit t entstanden sind, so können wir schließen, dass wir ja solche Schwestergalaxien in einer Entfernung D zu einer um die Laufzeit ihres Lichtes D/c früheren Epoche zu sehen bekommen. In Verbindung mit der obigen Rotverschiebungsformel errechnet sich dann die folgende Beziehung zwischen der bei uns wahrnehmbaren Rotverschiebung dieser Schwestergalaxie und ihrer Entfernung:

$$z(D) = 2D/ct$$

Es würde sich also aus dieser Beziehung interessanterweise so etwas wie eine Hubble-Beziehung ergeben, ohne dass hier irgendetwas von Relativbewegung oder kosmischer Expansion ins Spiel käme. Die Rotverschiebung würde also hiermit eine völlig andere Bedeutung bekommen, als ihr bisher zugedacht worden ist: Für gleichaltrige Objekte wäre sie ein reiner Entfernungsindikator; für gleich weit entfernte Objekte wäre sie ein Altersindikator!

Aus dem Vorhergesagten ergeben sich auf der Basis der neuen Deutung von kosmischen Rotverschiebungen völlig neue Einsichten über die Beschaffenheit und Dynamik des Kosmos. Wenn man auch noch lange nicht darüber einig ist, wie solch altersbedingte Rotverschiebungen in Verbindung mit altersbedingtem Wachstum der Elektronenmasse quantitativ exakt zu beschreiben sind, so lässt sich doch aus diesen theoretischen Erklärungsansätzen eine revolutionäre Neuerung des kosmologischen Weltbildes herleiten. Halton Arp drückt diese Sicht der Dinge auf seine Weise

aus, in dem er wohl mit Recht sagt, die gesamte Urknallkosmologie der letzten sechzig bis siebzig Jahre sei auf der
Annahme aufgebaut gewesen, dass kosmische Rotverschiebungen Geschwindigkeiten bedeuten. Diese Annahme sei
jedoch niemals in ihrer Richtigkeit, zumindest nicht in
Gänze, bestätigt worden – schon deswegen nicht, weil Galaxien eben keine verlässlichen Tachometer an sich tragen,
an denen man ablesen könnte, wie schnell sie sich wirklich durch den Raum bewegen. Sie sei jedoch inzwischen
in unzähligen Fällen widerlegt worden, in denen Objekte
trotz räumlich-physikalischer Nachbarschaft mit sehr unterschiedlicher Rotverschiebung registriert wurden. Hier
handelt es sich also um kosmologisch „diskrepante" Rotverschiebungen, die mit dem herkömmlichen Bild eines
expandierenden Universums und dafür zeichengebend kosmologischen Rotverschiebungen der mitschwimmenden
Galaxien nicht zu vereinbaren sind.

Das würde einen enormen Éklat darstellen und die gesamte Big-Bang-Kosmologie in Frage stellen. Letztere ist
ideologisch ja auf dem allgemein verbreiteten Urknalltheo-
rem aufgebaut und besagt, dass das gesamte Universum
in einem einzigen Raum-Zeit-Moment als Energiesin-
gularität entstanden ist und danach mit seiner internen
Expansionsdynamik allein gelassen worden ist. Die grundlegende Struktur der Materie und die damit gekoppelte
Natur der Raumzeitmetrik wurden demnach im allerersten,
infinitesimal winzigen Zeitintervall von der Dauer eines
unvorstellbar mikroskopischen Bruchteils einer Sekunde
(etwa $\Delta t \simeq t_{Pl} = 5,4 \cdot 10^{-44}$ s, wo t_{Pl} als die sogenannte
Planck-Zeit bezeichnet wird) vollkommen festgelegt, und
beide erfahren hernach im Laufe der kosmischen Evolu-

tion lediglich eine entelechistische Wandlung potentiellen in aktuelles Sein unter der Gesetzesvorgabe genereller Erhöhung der kosmischen Gesamtentropie. Alle Strukturen und Strukturwandlungen, die im Laufe der kosmischen Geschichte sich ergeben, müssten demnach bereits in einem singulären Weltereignis, in einer Raumzeitsingularität nämlich, festgeschrieben gewesen sein.

Als die Stützen dieser Weltentstehungstheorie dienten bis heute im Wesentlichen die drei folgenden Fakten:

Normale Galaxien vom voll relaxierten, elliptischen Typ, deren Abstände man noch gut mit konservativ klassischen Methoden festlegen kann, weisen bis zu Rotverschiebungen von $z \simeq 0{,}5$ eine relativ gute lineare Korrelation zwischen der ihnen zugehörigen Rotverschiebung und ihrer Entfernung auf. Dies Faktum lässt sich mit der Theorie kosmologischer Rotverschiebungen als Zeichen homologer Expansion des von diesen Objekten besetzten Weltraumes gut interpretieren und scheint somit etwas wie die Herkunft der Gesamtbewegung aus einem gemeinsamen Zentrum durch eine Initialexplosion anzudeuten.

Gegen eine solche Deutung sprechen die unzähligen Fakten nicht-kosmologischer Rotverschiebungen. Alle kompakten und aktiven Objekte im Kosmos weisen nicht-kosmologische Rotverschiebungen auf, die sich am ehesten vielleicht noch mit dem Entstehungsalter dieser Objekte in Verbindung bringen lassen. Danach wäre die Rotverschiebung normaler Galaxien, wenn sie alle etwa gleich alt sind, wohl ein Maß für ihre Entfernung von uns, nicht jedoch ein Maß für ihre Bewegung.

Man wird wohl die Zukunft der Kosmologie abwarten müssen, um sehen zu können, welchen Weg diese Wissenschaft noch zu gehen haben wird.

Literatur

Eiermann, K.E.: Das Ewige Universum: Vom Machprinzip zum kosmologischen Modell. Verber Verlag, Gießen, ISBN 3-932917-25-1 (2001)

Fahr, H.J., Sokaliwska, M.: Revised concepts of cosmic vacuum energy and binding energy: Innovative Cosmology. In: Alfonso-Faus, A. (Hrsg.) Aspects of Todays Cosmology, S. 95–120 (2011)

Fahr, H.J., Zoennchen, J.: Cosmological implications of the Machian Principle. Naturwissenschaften **93**, 577–588 (2006)

Fahr, H.J., Zoennchen, J.: The "writing on the cosmic wall": Is there a straightforward explanation of the cosmic microwave background? Annalen d. Physik **18**, (10–11), 699–721 (2009)

Hoyle, F.: The nature of mass. Astrophysics Space Science **168**, 59–88 (1990)

Hoyle, F.: Mathematical theory of the origin of matter. Astrophys. Space Science **198**, 195–230 (1992)

Hoyle, H., Narlikar, J.V.: Action at a distance in Physics and Cosmology. Freeman Publ.Comp., San Francisco (1974)

Sciama, D. W.: On the origin of inertia. Mon. Not. Roy. Astr. Soc. **113**, 34–43 (1953)

Thirring, H.: Über die Wirkung rotierender ferner Massen im Einstein Kosmos. Zeitschrift f. Physik **19**, 33–39 (1918)

7

Gleichförmigkeit des Anfangs und die Struktur des kosmischen Jetzt

Im Rahmen des Urknallbildes ist von George Gamov und Kollegen bereits 1950 die Existenz einer allgemeinen, isotropen kosmischen Hintergrundstrahlung im Mikrowellenbereich des elektromagnetischen Spektrums als Relikt der „heißen Kosmogenesis" vorhergesagt worden, und danach, beginnend mit den Entdeckungen von Arno Penzias und David Wilson im Jahre 1965, durch eine wachsende Flut von Beobachtungen tatsächlich auch bestätigt worden. In diesem Phänomen wird bis heute eine der stärksten Stützen der Urknalltheorie gesehen. Allerdings sollte man auch die Probleme in dieser Erklärung kennen: Wenn auch der thermische, Planck'sche Charakter dieser Strahlung von der Urknalltheorie als Gleichgewichtszustand zwischen Strahlung und Materie im frühen Universum erklärt werden kann, so vermag diese Theorie dennoch aus sich heraus keinen konsistenten Wert für die heutige Temperatur dieser Hintergrundstrahlung anzugeben. Die Hintergrundstrahlung sollte zwar gemäß den strengen Symmetrievorstellungen der Urknalltheorie weitgehend isotrop beschaffen

© Springer-Verlag Berlin Heidelberg 2016
H.J. Fahr, *Mit oder ohne Urknall*, DOI 10.1007/978-3-662-47712-0_7

sein, nach den heutigen Ergebnissen des NASA-Satelliten COBE (Cosmic Background Explorer) (siehe Smoot et al. 2000) und des Satelliten WMAP (Bennet et al. 2003) ist diese Hintergrundstrahlung jedoch viel zu isotrop, als dass man die kosmische Strukturbildung hin zu den heutigen Galaxien und Galaxienhaufen unter Urknall-theoretischen Prämissen aus einem derart homogenen Weltgebilde verstehen könnte. Die relativen Temperaturvariationen in der Hintergrundstrahlung betragen über Himmelsbereiche von einigen Winkelgraden im Durchmesser betrachtet weniger als ein hundert-tausendstel Grad Kelvin! Das heißt dann aber: $\delta T_{CMB} = \Delta T_{CMB} / \langle T_{CMB} \rangle \simeq 10^{-5}$! Wenn dies also das Bild unseres Kosmos aus der allerfrühesten Zeit wiedergibt, dann erhebt sich das vehemente Problem, die daraus entstandene Strukturhaftigkeit unseres heutigen Kosmos zu verstehen. Wenn der Kosmos doch schon damals, wie durch die Hintergrundstrahlung angedeutet, in einem so perfekten Gleichgewichtszustand gewesen sein sollte, warum ist dann anschließend, trotz des thermodynamischen Gebotes der Entropievergrößerung, daraus dieses hierarchisch hoch strukturierte Universum hervorgegangen?

Die Entdeckung der kosmischen Hintergrundstrahlung, die aus dem Raum hinter den Sternen herkommt, geht, wie allgemein bekannt ist, auf Arno Penzias and Robert Wilson (1965) zurück, die mit dem Radioteleskop von Holmdell/New Jersey den Himmel abgetastet haben und später dann für die dabei gemachten Entdeckungen den Nobelpreis erhalten haben. Eher kaum bekannt ist jedoch, dass diese Astronomen eigentlich nicht die heute sogenannte kosmische Hintergrundstrahlung entdeckt haben, sondern ihre Entdeckung war lediglich, dass der Himmel im Radiowellenbereich bei 7 cm Wellenlänge völlig isotrop, gleichmäßig und zeitstabil mit einer Intensität strahlt, die derjenigen eines Planck'schen Schwarzstrahlers von etwa 3 Kelvin entspricht. Diese Messungen von damals konnten nicht als Beweis dafür genommen werden, dass es sich bei dieser Himmelsstrahlung wirklich um eine Schwarzstrahlung handelt. Erst als in den dann folgenden Jahren diese isotrope Strahlung auch bei vielen anderen Radiowellenlängen mit gemäß einem Rayleigh-Jeans Spektrum ansteigenden Intensitäten gefunden wurden, konnte von einem „Planck'schen Himmel" mit einer Temperatur von $T_{CMB} = 2{,}735$ Kelvin die Rede sein (Partridge 1995; Goenner 1996; Smoot et al. 2000; Hinshaw et al. 2009). Hiermit wurde auch klar, dass ein solches thermisches Planckspektrum einer Temperatur von $T_{CMB} = 2{,}735$ Kelvin ihr spektrales Maximum erst im Mikrowellenbereich bei etwa einer Wellenlänge von 20 mm haben würde. Danach ließ sich erstmals mit Recht von einer kosmischen „Mikrowellen"-Strahlung reden (siehe Abb. 7.1).

Diese Erkenntnis aber hat es dann auch zur Aufgabe der Kosmologen werden lassen, ein derartiges Planck'sches Hintergrundstrahlungsphänomen einer stichhaltigen Erklärung zuzuführen. Obwohl die einzelnen Detaileigenschaften dieses Hintergrundstrahlungshimmels bis heute einer stichhaltigen Interpretation entbehren, schienen sich die Hauptmerkmale dieser Strahlung, nämlich ihr Planck'scher Spektralcharakter, ihre Isotropie und ihre effektive Temperatur im Rahmen der Standardkosmologie gut erklären zu lassen. Die Idee hierbei war, dass bei der Rückschau in die Vergangenheit des Universums man auf Zeiten stoßen sollte, in denen die kosmische Materie sehr heiß und

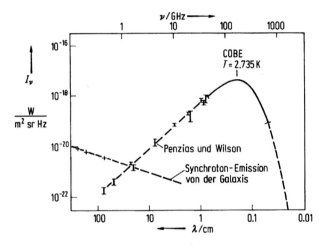

Abb. 7.1 Konventionelle Darstellung des Spektrums der kosmischen Mikrowellen-Hintergrundstrahlung (CMB) als Logarithmus der spektralen Intensität in [W/m²/sr/Hz] gegen den Lorithmus der Frequenz (*obere Abzisse*) bzw. der Wellenlänge (*untere Abzisse*). (aus D.T. Wilkinson, SCIENCE, 232, 1512, 1986, Figure 1)

ionisiert gewesen sein muss. Daher waren in dieser Zeit naturgemäß die kosmischen Photonen über Thomson- und Compton-Stöße eng an den thermischen Zustand der Materie gekoppelt. Das bedeutet, dass sich über häufige Wechselwirkungsprozesse zwischen Strahlung und Materie in dieser Zeit ein idealer thermodynamischer Gleichgewichtszustand etabliert haben sollte. Die Materie besaß Maxwell'sche Geschwindigkeitsverteilung mit einer Temperatur T_m, und die Strahlung besaß ein Planck'sches Schwarzkörperspektrum mit einer genau gleichen Temperatur, also $T_S = T_m$.

Es bleibt dann nur die Frage, warum dieses anfangs Planck'sche Photonenspektrum trotz Abkaltung und Rekombination der Materie im expandierenden All hernach trotzdem ein Plancksches Spektrum geblieben ist, wenn auch mit immer niedrigeren Temperaturen von heute $T_S \simeq 3$ Kelvin. Es ist bekannt, dass unter 5000 Kelvin die kosmische Materie aus Elektronen und Protonen zu neutralen Wasserstoffatomen rekombiniert, die mit den Photonen der Umgebung praktisch nicht mehr wechselwirken können. Das bedeutet, dass die kosmischen Photonen in der nachfolgenden Zeit wechselwirkungsfrei nur der kosmischen Expansion ausgesetzt sind. Dabei erfahren diese Photonen also lediglich die kosmologische Rotverschiebung und eine Umverteilung auf immer größer werdende kosmische Räume. Erhalten sie aber bei solchen Prozessen ihr anfängliches Planck-Spektrum?

Unter bestimmten kosmologischen Voraussetzungen lässt sich dies tatsächlich nachweisen (siehe Fahr und Zoennchen 2009), nämlich wenn garantiert ist, dass das Universum eine isotrope Krümmung besitzt und eine homologe Expansion gemäß einer Robertson-Walker-Symmetrie (siehe Goenner 1996) beschrieben durchführt. Dann ergibt sich nämlich, dass ein anfängliches Planck-Spektrum der spektralen Photonendichte $dn_r(\lambda)$ zur Zeit t_r mit der Temperatur $T_{s,r}$

$$dn_r(\lambda) = \frac{2}{\lambda^4} \frac{d\lambda}{(\exp[\frac{hc}{KT_{s,r}\lambda}] - 1)}$$

sich gerade auf folgende Weise mit der Zeit ändert: Erstens wird die spektrale Photonendichte $dn_r(\lambda)$ mit wachsender

Raumskala wie R^{-3} kleiner werden, und zweitens werden alle Photonen eine kosmologische Wellenlängenänderung $\lambda'/\lambda = (R'/R)$ gemäß der kosmischen Skalenänderung erfahren. Beides zusammengenommen überführt die obige Verteilung dann ersichtlich in die folgende Verteilung:

$$dn_t(\lambda) = \left(\frac{R_r}{R}\right)^3 \frac{2}{\lambda'^4} \frac{d\lambda'}{(\exp[\frac{hc}{KT_r\lambda'}] - 1)}$$

$$= \frac{2}{\lambda^4} \frac{d\lambda}{(\exp[\frac{hc}{KT_r\lambda(R/R_r)}] - 1)}$$

Wenn man nun noch die kosmologische Verschiebung des Planckmaximums gemäß dem Wien'schen Verschiebungsgesetz $T \cdot \lambda = $ const berücksichtigt und deshalb die folgende Beziehung gewinnt $T = T_r \cdot (R_r/R)$, so erkennt man unschwer, dass aus dem obigen Spektrum wieder ein vollwertiges Planckspektrum, jedoch zu einer kleineren Temperatur $T \leq T_r$ gehörig hervorgeht.

Diese Erklärung zum Erhalt der Planck'schen kosmischen Hintergrundstrahlung (CMB) lässt sich jedoch nur dann stützen, wenn die Annahme einer isotropen und homologen Expansion des Universums als richtig gelten kann. Es ist natürlich sofort klar, dass CMB-Photonen nur dann von allen Richtungen her die gleiche Rotverschiebung erfahren und damit ein universelles Planckspektrum überbringen können, wenn in all diesen Richtungen die Expansion des Universums exakt gleich abläuft. Wenn dagegen eine anisotrope, nichthomologe Expansion des Weltalls stattfindet, wie sie etwa den Kosmologen Buchert (2005, 2008) oder Wiltshire (2007) vorschweben, sieht die Sache gleich ganz anders aus. Wenn etwa angenommen werden

muss, dass die Expansion des Weltalls in zwei entgegen-
liegenden Hemisphären des Universums unterschiedlich
verläuft, so erfahren kosmische Photonen, die uns von der
einen Hemisphäre erreichen, eine andere Rotverschiebung
als diejenigen von der gegenüberliegenden Hemisphäre.
Das aber brächte automatisch eine dipolare Struktur der
Hintergrundstrahlung hervor; auf der einen Hemisphäre
wäre die Hintergrundstrahlung heißer als auf der anderen
(siehe Abb. 7.2).

Gerade dieses Merkmal liegt jedoch tatsächlich vor: Die
eine Hemisphäre des CMB-Himmels weist eine etwas heißere Hintergrundstrahlung als die gegenüberliegende aus.
Man nennt dies die dipolare CMB-Komponente und erklärt sie sich im konventionellen Rahmen als Phänomen
der speziell-relativistischen Dopplerverschiebung bedingt
durch die Eigenbewegung der Erde bzw. des CMB Detektors (d. h. COBE oder WMAP Satellit!) gegen das
Ruhesystem der kosmischen Hintergrundstrahlung. Wie
aus Wiltshires Überlegungen jedoch hervorgeht, sollte die
Allexpansion ein anderes Bild zeigen, wenn man aus einer
dichten Galaxienwand („wall"!) längs der Wandnormalen in
den Kosmos (in eine „void") hinausschaut, oder wenn man
in der Gegenrichtung in die Wand hineinschaut. Auch in
dieser Situation ist eine dipolare CMB-Komponente zu erwarten, die sich jetzt allerdings völlig anders erklärt. Wenn
etwa der jetzige Skalenwert des Universums, gesehen in der
Void-Richtung, R_V, und der gesehen in der entgegengesetzten Wall-Richtung, R_W, ist, so ergibt sich der folgende
hemisphärische Temperaturunterschied $\Delta T_{V,W}$ (Fahr and
Zoennchen 2009; siehe dazu auch Abb. 4.6):

$$\Delta T_{V,W} = T_r[(R_r/R_V) - (R_r/R_W)]$$

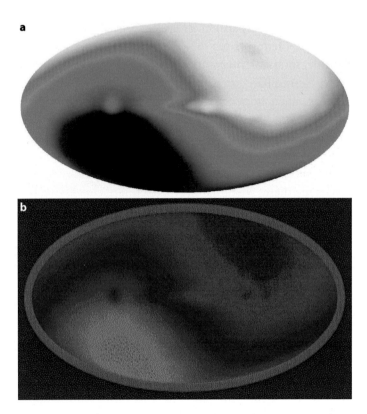

Abb. 7.2 **a** CMB Strahlungshorizont mit Dipolkomponente; theoretisch gerechnet (Fahr and Zönnchen, Ann. d. Physik, 1–23, 2009, Figure 4), **b** beobachtet von WMAP (Bennet et al., APJS, 148, 1–27, 2003, Figure 10, upper part)

Das aktuelle Universum ist hoch strukturiert in Form von Galaxien, Galaxienhaufen und Wänden (Geller and Huchra 1989; Ellis 1998). Wenn auch die Materieverteilung zur Zeit der Entstehung der Hintergrundstrahlung sehr homogen gewesen sein mag, so muss doch in den nachfolgenden Evolutionsepochen die Materieverteilung sehr inhomogen geworden sein, um das heutige strukturierte Universum hervorzubringen. Daher bleibt der Versuch, eine perfekt symmetrische Geometrie in einer sehr klumpigen kosmischen Materieverteilung (Wu et. al 1999) zur Erklärung der Planck'schen CMB-Strahlung zu benutzen, doch ein sehr zweifelhaftes Unterfangen.

Ein weiteres Mysterium bei der konventionellen Erklärung des CMB-Hintergrundes verbirgt sich in dem heute damit verbundenen Zahlenverhältnis von CMB-Photonen zu Baryonen (Protonen). Die Zahl der CMB-Photonen ist nämlich erheblich viel größer als die Zahl der Protonen, obwohl die Ersteren aus den Letzteren und ihren Antiteilchen dereinst einmal durch Annihilationsprozesse hervorgegangen sein sollen. Während einer sehr frühen Zeitepoche der Annihilation von Baryonen und Antibaryonen muss es zur Teilchenzerstrahlung in Photonen gekommen sein. Es erhebt sich dann die Frage, ob aus dieser kosmischen Vernichtungsorgie außer den entstehenden Photonen überhaupt noch etwas Materielles verblieben sein sollte. Wenn nach Ansicht der Elementarteilchenphysiker aus Gründen des Baryonenerhaltungssatzes im frühen heißen Universum Baryonen und Antibaryonen nur streng paarig vorgekommen sind, so sollten sie entweder alle in Photonen zerfallen sein, oder es sollte paarig zu den hinterbliebenen Baryonen auch heute noch Antibaryonen geben. Es trifft aber weder das eine noch das andere zu; Baryonen sind nach wie vor im Weltall vorhanden, während deren Antiteilchen offensichtlich nicht vorhanden sind.

Man darf annehmen, dass die CMB-Hintergrundphotonen, weil sie den gesamten Kosmos gleichmäßig erfüllen, auch die allermeisten Photonen des Universums repräsentieren. Dann lässt sich die kosmische Photonendichte auf die folgende Weise einfach errechnen:

$$n_v = \frac{\sigma_{SB}\,T_{CMB}^4}{h\bar{v}_{CMB}} = \frac{\sigma_{SB}\,C_W\,T_{CMB}^3}{hc},$$

wobei σ_{SB} und C_W die Stefan-Boltzmann Konstante und die Konstante des Wien'schen Verschiebungsgesetzes sind. T_{CMB} ist die Plancktemperatur der CMB Strahlung. Dann ergibt sich daraus, dass das Verhältnis $\Gamma_{v,B}$ von kosmischen Photonen zu kosmischen Baryonen sich zu (z. B. Blome and Priester 1984)

$$\Gamma_{v,B} = \frac{n_v}{n_B} = \frac{4\alpha\,T_{CMB}^3}{3n_B} \simeq 10^{9,2}$$

berechnet, wobei als Abkürzung $\alpha = 3\sigma_{SB}C_W/4hc$ benutzt wurde.

Man sieht daran auch, dass der zu $\Gamma_{v,B}$ inverse Wert $\Gamma_{B,v} = \frac{n_B}{n_v}$, also die Zahl der verbliebenen Protonen im Verhältnis zu den entstandenen Photonen, nicht etwa „null" ist, sondern

$$\Gamma_{B,v} = \frac{n_B}{n_v} \simeq 10^{-9}\,.$$

Wenn man diesen zwar sehr kleinen, dennoch aber nicht verschwindenden Wert von $\Gamma_{B,v} \simeq 10^{-9}$ verstehen will, muss man davon ausgehen, dass es im frühen Universum in der Phase der Teilchen-Antiteilchen-Annihilation zu einer schwachen Verletzung des ansonsten so fundamentalen „Baryonenzahl"-Erhaltungssatzes gekommen sein muss.

Elementarteilchenphysiker versuchen diesen fundamentalen Symmetriebruch durch das Auftreten hypothetischer Teilchen zu erklären, den sogenannten X-Bosonen, die in der Lage sein sollen, Protonenzerfälle zu ermöglichen durch Verwandlung von zwei up-Quarks des Protons in ein X-Boson, welches dann in ein Positron und ein Anti-down-Quark zerfällt und dann letztlich das übrig gebliebene down-Quark des Protons annihiliert, um sich in ein neutrales Pi-Meson, also ein π^0-Meson, umzuwandeln. Letzteres zerfällt später dann in Photonen. Dieser etwas krampfhaft erscheinende Versuch, das mysteriöse Verhältnis $\Gamma_{B,\nu}$ zu erklären, mutet natürlich sehr stark wie eine Ad-hoc-Theorie an, umso mehr, als bis heute keinerlei Protonenzerfälle dieser Art jemals registriert werden konnten. Daher sollten alternative Erklärungen der mysteriösen Zahl $\Gamma_{B,\nu}$ durchaus eine Chance verdienen.

Ein Weg aus dieser Problematik heraus könnte sein anzunehmen, dass die sogenannten CMB-Photonen tatsächlich eben keine Echoteilchen aus der heißen Phase des Universums sind, sondern einfach letztlich auf stellare Photonen zurückgehen, die lediglich über den Prozess der kosmischen Gleichverteilung und Thermalisierung in die Gestalt des registrierten CMB Spektrums überführt worden sind. Das könnte auf folgende Weise geschehen sein: In einem statischen Universum, in dem potenzielle und kinetische Energien in kosmischer Balance sind (siehe Fischer 1993; Fahr und Heyl 2007; Scholz 2009), müssen auf Dauer auch die Raten von Sternentstehung und Sternauflösung im Gleichgewicht sein. Die Baryonen sitzen nun im wesentlichen in den Sternen als den tragenden materiellen Baublöcken des Universums. Diese Sterne zum anderen führen nukleare Fusion von Wasserstoff zu Helium durch und können als die wesentlichen Lichtgeneratoren des Universums angesehen werden.

Wenn wir deshalb einmal von dem bekannten, kosmischen Häufigkeitsverhältnis $\xi(He/H) \simeq 10^{-1}$ von Helium zu Wasserstoff ausgehen und berücksichtigen, dass bei jeder solchen $H \rightarrow He$ -Fusion primär Fusionsphotonen mit einer Energie von $h\nu_\gamma \simeq 8\,\text{MeV}$ (Gamma-Photonen) entstehen, so lässt sich ausrechnen, in wieviel Hintergrundphotonen der 3 Kelvin-heißen CMB Strahlung, nach erfolgter Thermalisierung, diese verwandelt werden könnten. Die aus der Fusion stammenden primären Gammaphotonen verlassen die Sternoberflächen nach einer Odyssee von Umverteilungsprozessen über Compton- und Thomson-Stöße mit stellaren Elektronen als optische Photonen und sind dann auf ihrem Wege durch den freien Kosmos weiteren Umverteilungsprozessen wie Staub-Photon Stößen, Photon-Elektron- und Photon-Photon-Stößen unterworfen. Diese Umverteilung in der Energie und im Raum führt zu einer Thermalisierung in Richtung auf eine Planckverteilung unter Wahrung der Energieerhaltung.

Wenn wir dabei annehmen, dass die anfänglichen stellaren Photonen letztendlich als CMB-Photonen des 3-Kelvin-Hintergrundes mit einer mittleren Frequenz von $\langle \nu_{CMB} \rangle \simeq 160\,\text{GHz}$ und einer mittleren Energie von $\langle h\nu_{CMB} \rangle \simeq 7 \cdot 10^{-4}\,\text{eV}$ enden, so lässt sich damit dann die folgende Bilanz ausrechnen

$$\Gamma_{B,\nu} \simeq \frac{N_B}{\frac{1}{10} N_B \frac{8\,\text{MeV}}{7 \cdot 10^{-4}\,\text{eV}}} = 0,875 \cdot 10^{-9}$$

Frappierender Weise führt diese Rechnung also praktisch genau auf die Zahl, die es zu erklären galt.

Wenn dies auch ein sehr ermutigendes Resultat darstellt, so muss doch dann aber nach einem geeigneten Photonen-Thermalisierungsprozess gesucht werden. Wie werden stellare Photonen mit Energien von einigen eV schließlich in CMB-Photonen mit Energien von 10^{-4} eV umgewandelt? Hier mag es interessant sein festzustellen, dass aus der CMB-Photonendichte

$$n_{\nu,CMB} = \frac{\sigma_{SB}\, T_{CMB}^4}{c \, \langle h\nu_{CMB} \rangle}$$

erstaunlicherweise eine typische räumliche CMB-Photonenseparation von $\langle d_{CMB} \rangle = \sqrt[3]{n_{\nu,CMB}} = 0,2\,\text{cm}$ hervorgeht, welche überraschenderweise gerade in etwa gleich der mittleren Wellenlänge der CMB-Photonen $\langle \lambda_{CMB} \rangle = 0,19\,\text{cm}$ ist. Das bedeutet, dass CMB-Photonen sich im Raum überlappen. Das kann vielleicht darauf hinweisen, dass die Thermalisierung der CMB Photonen unter solchen Voraussetzungen über Photon-Photon- (also Welle-Welle) Wechselwirkung als elektromagnetischer Diffusionsprozess im Wellenvektorraum möglich sein sollte. Diese Idee wurde in einer Arbeit von Fahr and Zoennchen (2009) tatsächlich quantitativ verfolgt, und es ergab sich, dass über die zu erwartenden Wellenvektordiffusionsprozesse tatsächlich sich

schließlich ein Planck'sches CMB Spektrum ergeben sollte. Hier bietet sich also eine Alternative zum Nachglühen
des heißen Universums an. Wenn auch das Ziel eines solchen Diffusionsprozesses damit klar ist, so ist die Effizienz
desselben damit noch nicht klar; das heißt, man vermag
nicht zu sagen, wie lange es dauert, bis ein stellares Photon
als ein gleichverteiltes CMB-Hintergrundphoton erscheint.
Hier könnten Vakuumfluktuationen hilfreich sein, denn
wenn nach Aussage der Quantenfeldtheorie im leeren
Raum sporadisch Elektronen und Positronen als virtuelle Teilchen auftauchen, so könnten diese als Thomson- und
Compton-Streupartner der Photonen dienen und so deren
Umverteilung in Richtung und Energie ermöglichen. Die
Dichte dieser virtuellen Streupartner kann man ausrechnen,
wenn man von der heutigen Vakuumenergiedichte ausgeht,
die die heutige Kosmologie für den Kosmos reklamiert
(Bennet et al. 2003) und annimmt, dass diese Energiedichte
auf die Energiedichte der vorhandenen virtuellen Teilchen
zurückgeht. Geht man deswegen also von einer kosmischen
Vakuumenergiedichte von $\varepsilon_{vac} = 7 \cdot 10^{-15}$ erg/cm^3 aus, so
würde sich daraus eine Dichte der Vakuumelektronen von
$n_v = 10^{-8}$ cm^3 errechnen. Bei dieser Dichte würden freie
Photonen allerdings innerhalb eines Hubble-Alters keinen
Comptonstoß ausführen können, und ihre Thermalisierung
würde dementsprechend mehrere Hubble-Alter lang dau-
ern. Die Frage bleibt deswegen also hier wohl immer noch,
ob man um die Annahme eines heißen Frühstadiums des
Universums herumkommt.

Zumal für ein solches, heißes Frühstadium des Universums, wie oft hervorgehoben wird, auch die typischen
kosmischen Häufigkeitsverhältnisse der leichtesten Ele-

mente des Periodensystems zu sprechen scheinen. Diese leichtesten Elemente, wie der Wasserstoff, das Deuterium, das Helium-3, das Helium-4, und das Lithium, entstammen nach bisheriger Sicht der Dinge nicht den Elementbrutstätten im Inneren der Sterne, sondern der Elementenküche des frühen Big-bang-Universums. Die relativen Häufigkeiten dieser Elemente werden als direktes Indiz für die kosmische Expansionsdynamik während der Phase der Baryogenese (d. h. Entstehung von Protonen und Neutronen) und der sich darauf aufbauenden Elementenfusion im thermodynamischen Durchgangsbereich zwischen 10^{10} Kelvin und 10^9 Kelvin angesehen. Wenn die kosmische Evolution mit ihrem Temperturbereich in diesem Fenster verharren würde, so würde die nukleare Fusion bis zur Bildung der schweren Kerne wie Sauerstoff und Kohlenstoff weiterschreiten. Gerade aber in Verbindung mit der kosmischen Expansionsdynamik wird der fusionsrelevante Bereich zwischen 10^{10} Kelvin und 10^9 Kelvin je nach kosmologischem Modell schneller oder langsamer durchlaufen, und dementsprechend unterschiedlich sieht die dabei zustande kommende, kosmische Elementenbrut aus. Wenn die kosmische Temperatur von 10^9 Kelvin erst einmal unterschritten ist, so wird die weitere Fusion der Elemente nämlich gestoppt.

Die heutigen kosmischen Elementenverhältnisse sind jedoch nur dann aus Urknall-theoretischen Zusammenhängen reproduzierbar, wenn ganz bestimmte Proporze von kinetischer und potenzieller Energie im Kosmos vorausgesetzt werden können, deren Gegebenheit sich jedoch nicht am Bild des heutigen Kosmos bestätigen lassen. So verlangen alle Standardmodelle zur Urknallgenese des Kosmos hierfür ein Photonen-zu-Baryonen-Verhältnis von etwa 10^{10} (siehe Kolb and Turner 1990). Für die tatsächlich gegebenen Verhältnisse von 10^9 sollten sich dagegen deutlich zu hohe Heliumhäufigkeiten und deutlich zu niedrige Deuteriumhäufigkeiten ergeben. Diese Dinge des Kosmos lassen sich also schwerlich reimen, insbesondere wenn in neuer Zeit auch noch Dunkelmaterie und Dunkle Energie als Ingredienzien der kosmischen Dynamik ins Spiel kommen. Anders könnte dies im Rahmen der Urknalltheorie wahrscheinlich erst dann aussehen, wenn von einer „inhomogenen Baryosynthese" im Universum, also von einer Baryonenerzeugung in einem inhomogen strukturierten Kosmos, ausgegangen werden kann. In einen solchen Kosmos würde dann allerdings wieder eine streng isotrope Hintergrundstrahlung, wie sie ja beobachtet ist, ganz und gar nicht hineinpassen. Die sogenannten Standardfakten zur Stützung der Urknalltheorie erweisen sich somit bei genauer Hinsicht, fast wie nach einer Ironie des Schicksals, als die drei schlagkräftigsten Standardbumerangs, die geeignet erscheinen könnten, letztenendes die Urknalltheorie gerade zu Fall zu bringen (siehe Fahr 1992). Aus diesem Grunde entwickeln sich nun in der letzten Zeit mit wachsender Frequenz zu dieser Standard-Urknalltheorie alternative Weltentstehungstheorien. Darauf wollen wir im folgenden genauer eingehen.

Schon 1948 haben Fred Hoyle, Hermann Bondi und Thomas Gold das sogenannte „Steady State Model", also das Modell eines stationär expandierenden Kosmos, als Alternative zur Big-Bang-Kosmologie propagiert. Dabei schwebte ihnen eine kontinuierliche kosmische Materieerzeugung sozusagen aus dem Nichts vor, die dafür sorgen könnte, dass ein Universum selbst bei Vorliegen einer allgemeinen Expansion stets den gleichen materiellen Zustand in Form von Massen- und Energiedichte repräsentiert, weil Materie im selben Maße nachgebildet werden kann wie gerade nötig, um den größer werdenden Weltraum stets mit der gleichen Materiedichte erfüllt zu halten; also ein Prinzip der Erscheinungskonstanz trotz gegebener Volumenexpansion. Eine solche Materienachbildung, oder Materierealisierung, lässt sich heute durchaus mit allgemein feldtheoretischen Gesichtspunkten für ein expandierendes Universum begründen, indem etwa argumentiert worden ist, dass expandierende Raumzeitmetriken die Tendenz haben, die einzelnen Teilchenquantenfelder in höhere Anregungszustände zu überführen, womit quantentheoretisch ja eine Teilchenentstehung verbunden ist (Dehnen 1993). Dennoch folgt man heute dieser Theorie grundlos kontingenter, zudem homogener Teilchenerzeugung nicht mehr.

Man proklamiert stattdessen heute die lokal induzierte Materieerzeugung als den für die Bilanz im Universum maßgeblichen Regenerationsprozess. So favorisieren heute die Astrophysiker Hoyle, Wickramasinghe und Narlikar eine kausal induzierte, lokalisierte Materialisierung, die in nichtlinearer Weise durch starke Gravitationsfelder wie die in den galaktischen Zentren angetrieben wird. In solchen supermassiven Zentren kann es offensichtlich in periodisch sich wiederholender Weise zu feldinduzierter Ejektion von Masse und freier Energie kommen, also zum Auswurf von niederentropischer Energie bestehend aus baryonischen, anstelle von photonischen Materieformen, die dann später zur Bildung neuer Generationen von Tochtergalaxien dienen. So propagiert auch der Astronom Halton Arp den

Gedanken, dass gravitative Verdichtungen großer Mengen von akkretierter Materie, wie sie ja auf der galaktischen Typenskala zu kompakten Galaxien mit aktiven Zentren führen, schließlich in einer kritischen Phase der zentralen Massenansammlung zum jähen Auswurf sehr kompakter, junger Objekte, wie den Quasaren, führen. Hierin formuliert sich sozusagen, völlig abweichend von der Idee eines singulären, alles verantwortenden Urknalls, der Gedanke von ständig überall im Weltall sich wiederholenden lokalen „Mini-Bangs", also von lokal induzierten explosiven Materieneubildungen, bei gleichzeitig gegebenem Zusammensinken der Materie auf ihre eigenen Schwerkraftzentren in anderen Bereichen des Kosmos.

Wenn diese Entstehung neuer kompakter Objekte mit einer anfänglichen Masselosigkeit der frisch geschaffenen Materie einhergeht, wie wir sie im vorigen Kapitel als Grund der exzessiven Rotverschiebung erörtert haben, so lässt sich damit auch leicht verstehen, dass die Muttergalaxie dieses neugeschaffene Objekt ohne großen Energieaufwand aus dem Zentrum ihres Schwerkraftfeldes auf große Zentrumsabstände befördern kann. Erst nach geraumer Zeit dann, wenn die Masse dieses Objektes im Laufe der Zeit entsprechend zugenommen hat, kann das neue Objekt dann bei großen Zentrumsabständen schließlich in eine ferne Keplerbahn um das Mutterobjekt gebunden werden. Hierin ergäbe sich offensichtlich ein in sich geschlossener, voll ausgebildeter Regenerationsprozess, in dem ein ideales kosmisches Recyclingverfahren angelegt scheint, das sich kurz wie folgt zusammenfassen ließe: Aus zunächst unverbrauchter, dynamischer Materie, also aus diffus verteiltem Wasserstoff, bildet sich durch Kontraktion unter Selbstgravitation eine neue Großgalaxie. Sie durchläuft die übliche nach Edwin Hubble ausformulierte Evolutionssequenz, beginnend bei zunächst sehr stark kompaktierten und irregulär strukturierten Materieformationen und übergehend zu immer stärker relaxierten, virialisierten Formationen längst des vorgegebenen morphologischen Weges: Sc-Galaxien, Sb-Galaxien, Sa-Galaxien, S0-Galaxien, elliptische Galaxien. Am Ende geht hier also immer eine elliptische Galaxie aus der Evolutionssequenz hervor, die aber selbst nun nicht mehr, wie in der Urknallkosmologie angenommen, das Ende der Entwicklung darstellt, sondern sie birgt nun in ihrem Zentrum den Herd für eine Neuschöpfung. In ihrem Zentrum wird nämlich ständig weitergehend über eine schnell rotierende, viskose Akkretionsscheibe weitere Materie aus den äußeren Bereichen dieser Galaxie auf ein supermassives Zentralobjekt zugeführt. Dabei wird das Zentralobjekt ständig weiter mit Masse und „Schwerkraft" gefüttert, bis dabei ein kritischer Gravitationsfeldzustand entsteht, der dann plötzlich in einem spontanen Ereignis den Ausstoß großer Mengen neuer Materie katalysiert, ähnlich wie bei einem Eruptionsereignis eines Vulkans, das vielleicht zwar geologisch abzusehen, dennoch zeitlich nicht vorhersagbar ist.

Das eigentliche Ereignis der Materieerzeugung im Zentralbereich dieser Galaxie ist hierbei jedoch dem Urknallereignis völlig unverwandt. Denn ihm liegt ein nichtlinearer, autokatalytischer Prozess zugrunde, völlig verschieden von der blinden Grundlosigkeit und ubiquitären Willkürlichkeit der Urknallexplosion. Vielmehr akkumuliert sich hier durch fortgesetzten und klar determinierten Zustrom von Materie in ein enges zentrales Raumgebiet, auf eine vielleicht in nächster Zukunft auch physikalisch quantitativ nachvollziehbare Weise, ein instabiler Zustand des Vakuums der Umgebung, der sich in Form spontaner Materieerzeugung sozusagen in einen stabilen Zustand eines „massehaften Vakuums" entladen muss.

Wie Rafelsky und Müller bereits 1985 in ihrem Buch über das Vakuum dargestellt haben, kommt es nachweislich zu solchen Entladungsereignissen des Vakuums, wenn zum Beispiel zu viel elektrische Ladung auf engstem Raum vereinigt wird, wie etwa in überschweren Atomkernen mit Kernladungszahlen von über 137. Dann nämlich ist das Vakuum um die elektrische Ladungskonzentration herum instabil gegenüber einem spontanen Zerfall in freie, elektrische Ladungen; es kommt dann zur Realisierung von freien Trägern der elektrischen Ladung im Vakuum, wie etwa von Elektronen und Positronen. Etwas Analoges tritt auch auf, wenn überkritische Konzentrationen von Massen auf engem Raum akkumuliert werden. Auch hier repräsentiert das Vakuum um diese Massenkonzentration herum einen instabilen Zustand, der sich spontan zugunsten eines stabileren Zustandes, nämlich eines „massehaften" Vakuumzustandes, ändern muss, in dem dann plötzlich freie Massen auftreten. Eine solche Situation ist z. B. auch von Stephen Hawking in Form eines sogenannten „weißen Loches", als eines Konterparts zum allgemein bekannten, „schwarzen Loch", vorhergesehen worden, jedoch arbeitet Hawkings weißes Loch zu ineffizient, insbesondere dann, wenn es sich dabei um Massen von einigen tausend Sonnenmassen handelt.

Hawking geht von einer Polarisierung des Vakuums aus, bzw. seiner Teilchen-Antiteilchen-Fluktuationen, in der Nähe des Schwerkraftrandes eines schwarzen Loches. Dann aber lässt sich zeigen, dass es zu einer materiellen Abstrahlung des schwarzen Loches ins Vakuum kommt, und zwar einer solchen, die einer umso höheren Gleichgewichtstemperatur, und dementsprechend einem höher angeregten Zustand des Massenspektrums der Teilchen entspricht, je weniger Masse das „schwarze Loch" besitzt und je kleiner sein zugehöriger Schwarzschildradius ist. Wenn es dagegen viel Masse in sich vereinigt, so sollte es nur sehr ineffizient abstrahlen. Aus ihm kommen dann nur die leichtesten Teilchen hervor, wie vornehmlich Photonen, aber keine Baryonen, aus denen kompakte Sterne gemacht werden könnten.

Eine weitere Idee zum Verständnis eines solchen, durch ein supermassives Galaxienzentrum betriebenen Materialisierungsschubes könnte von der heute viel diskutierten Higgsfeldtheorie herkommen. Diese beschreibt ein skalares Quantenfeld, dessen Feldquanten die sogenannten Higgsbosonen sind, Quantenfeldteilchen mit einem verschwindenden Spindrehimpuls, welche ihrerseits durch den Grad ihrer Ankopplung (Wechselwirkung) an die fermionischen Feldquanten der anderen Teilchenfelder, diesen Teilchen graduell Masse beibringen. Diese Theorie der graduellen Teilchenmassen, welche durch den Stärkegrad der Ankopplung an das Higgsbosonenfeld beschrieben werden, wird im Allgemeinen nur für das Big-Bang-nahe Urknallszenario diskutiert, wo sehr hohe Temperaturen im Kosmos erwartet werden können. Solche oder ähnliche Temperaturen, bei denen dieses Szenario folglich auch diskutiert werden muss, bilden sich sehr wahrscheinlich im Inneren supermassiver, galaktischer Zentren ebenfalls aus, so dass die Higgsfeldtheorie eventuell gerade hier und sogar immer wieder aufs Neue zum Zuge kommen kann.

Nach modernen Vorstellungen der Teilchenfeldtheoretiker vollzieht sich bei höchsten Temperaturen im Kosmos etwa Folgendes: Bei Temperaturen von über 10^{28} Kelvin ist das Quantenfeld der Higgsbosonen, die durch ihre Wechselwirkungen mit allen anderen Teilchen letzteren ihre jeweilige Masse vermitteln sollen, bei einem Wert der felderzeugenden Skalarfunktion von $\Phi = \Phi_o = 0$ in einen sogenannten „falschen" Vakuumzustand eingefangen, weil in diesem Zustand das Vakuum eine bestimmte nicht verschwindende Energiedichte

$$\varepsilon(\Phi_0) > 0$$

besitzt. Letztere weist aus dem Grunde auf einen „falschen" Vakuumzustand hin, weil es neben diesem Zustand auch noch einen anderen Bereich der skalaren Higgsfeldfunktion $\Phi > \Phi_0 = 0$ gibt, in dem das Vakuum eine kleinere, zugehörige Energiedichte $\varepsilon(\Phi) \leq \varepsilon(\Phi_0)$ besitzt. Ein spontaner Übergang vom falschen in den „wahren" Vakuumzustand ist jedoch bei Temperaturen von über 10^{20} Kelvin nicht möglich, weil der Zustand $\Phi = 0$ ein lokales Minimum darstellt, aus dem das System „Kosmos" in dieser Temperaturphase spontan nicht herauskommt. Erst bei fallender Temperatur im Kosmos, sei es im Zuge der Expansion des Urknallkosmos, oder sei es auch verbunden mit dem Heraustreten von Teilchen aus dem heißen Zentralbereich supermasiver Zentren in den kühleren Außenbereich, ändert sich dann jedoch als Folge der Temperaturerniedrigung der Kurvenverlauf für die Vakuumenergiedichte gemäß der Higgsfeldfunktion, $\varepsilon = \varepsilon(\Phi, T)$, so dass schließlich unterhalb einer kritischen Temperatur T_c der Zustand $\Phi = 0$

einen instabilen Zustand darstellt, der nunmehr energetisch ein lokales Maximum repräsentiert. In dieser Situation kann dann jedoch ein spontaner Übergang in den „wahren" Vakuumzustand erfolgen. Dieser Prozess eines spontanen Phasenumschlages ist ähnlich zu verstehen wie der Prozess einer spontanen Tröpfchenbildung aus übersättigtem Dampf oder der Eisbildung in unterkühltem Wasser, und wird von den Feldtheoretikern auch als ein Zerfall des „masselosen" in ein „massehaftes" Vakuum beschrieben.

Letzteres deswegen, weil alle vorhandenen Elementarteilchen im Zustand des falschen Higgsvakuums weder Ruhemasse noch Ruheenergie besitzen, jedoch im Zustand des wahren Vakuums dann plötzlich durch die dann existente Kopplung an die skalaren Higgsteilchen Ruhemasse und Ruheenergie vermittelt bekommen. Im Moment dieses Umschlags vollzieht sich ein sehr drastischer Symmetriebruch unter den Teilchen des Kosmos, da nunmehr alle Teilchen sich bezüglich der Stärke der Kopplung an die Higgsfeldteilchen voneinander unterscheiden, was zur Folge hat, dass sie sich danach dann auch bezüglich ihrer Massen deutlich voneinander unterscheiden. Elementarteilchen, die bisher alle wegen verschwindender Massen einander völlig gleich waren, unterscheiden sich nunmehr durch den Betrag ihrer Massen drastisch voneinander. Wo immer im Kosmos eine Temperatur $T > T_c$ vorherrscht, wobei bis heute nicht genau festzulegen ist, wie hoch diese Temperatur T_c wirklich ist, dort sollte sich automatisch dieser Zustand des falschen Vakuums ($\Phi = 0$) einstellen; ein Zustand, der nach dem eben Gesagten dazu führt, dass das zugehörige Vakuum dort eine positive Energiedichte $\varepsilon(\Phi)$ repräsentiert. Jede Volumeneinheit dieses Teils des

Kosmos enthält also aufgrund existenter Vakuumenergie diese spezifische Energiemenge ε.

Mit diesem Zustand eines energiehaltigen Vakuums verbindet sich jedoch die besondere Eigenschaft, dass der Energieinhalt dieses Raumteiles sich durch Ausdehnung vermehren kann. Indem nämlich der energiegeladene Raum sich ausdehnt, er sein Volumen also vergrößert, gewinnt er weitere Energie entgegen dem üblichen Verhalten eines Gases, das bei Ausdehnung gegen einen normalen Gasdruck Arbeit leistet und folglich seinen inneren Energieinhalt bei der Ausdehnung vermindert. Im Falle des falschen Vakuums liegt offensichtlich im thermodynamischen Sinne beurteilt, wegen dieses absonderlichen Verhaltens des Vakuums, so etwas wie ein „negativer" Druck vor, der das lokale Weltvolumen gemäß der Einstein'schen Feldgleichungen zu inflationärer Expansion antreiben kann.

Hiernach könnte man sich eine inflationäre Aufblähung des leeren, mit falschem Vakuum erfüllten Raumes im Bereich supermassiver, galaktischer Zentren vorstellen, in dem es zunächst nur masselose Teilchen gibt. Mit einer solchen, vakuumgetriebenen Expansion verbindet sich allerdings wie gewöhnlich eine Abnahme der Materietemperatur, eventuell von $T > T_c$ herunter auf $T < T_c$, und damit sodann auch ein Übergang in immer neue thermodynamische Zustände des lokal expandierenden Raumes. Hiermit sind aber gleichzeitig eine Reihe von sogenannten Symmetriebrüchen verbunden, bei denen sich jedesmal die Gesetzmäßigkeiten des materiellen Verhaltens verändern, indem eine bisher vorherrschende Symmetrie von nun an aufgehoben ist. Ein erster Symmetriebruch ereignet sich, wenn die Temperaturen unter den kritischen Wert von $T = T_c$ fallen, wenn also das masselose Vakuum von dem Wert $\Phi = 0$ des skalaren Higgsfeldes in einen Wert $\Phi > 0$ übergeht und dabei die Energiedichte des Vakuums schlagartig absinkt auf einen Wert $\varepsilon(\Phi) < \varepsilon(\Phi = 0)$.

Damit ist verbunden, dass der bisher negative Vakuumdruck entweder ganz verschwindet oder zumindest doch erheblich weiter gegen null geht. Zum anderen nehmen nun alle real vorhandenen Teilchen dieses Raumes eine für sie charakteristische Masse an. Der Symmetriebruch besteht in diesem Falle also darin, dass Teilchen „i", die bisher alle die Masse $m_i = 0$ besaßen, nunmehr sich bezüglich der Masse unterscheiden in der Form $m_i \lesseqgtr m_j > 0$. Und noch ein weiterer, für den bis dahin noch jungen Mini-Bang-Auswurf unbekannter Umstand tritt neu hinzu: Die nunmehr massebehafteten Teilchen im Kosmos stehen von diesem Zeitpunkt an nicht mehr wechselwirkungsfrei einander gegenüber, vielmehr wirken sie plötzlich in vielfältiger Weise, insbesondere aber aufgrund ihrer Massen gravitativ aufeinander ein. Damit beginnen sie den Expansionsschub des lokalen Mini-Bang-Kosmos zu bremsen. Im Zuge einer weitergehenden lokalen Expansion käme es dann auch zu weiteren Symmetriebrüchen im Materieverhalten, wenn jeweils bestimmte kritische Temperaturschwellen unterschritten werden. Dabei ändern sich die Gesetze des Materieverhaltens jeweils drastisch. Die bei uns heute herrschende Asymmetrie unter den Teilchen und Kräften der Natur – die Tatsache nämlich, dass es verschiedene Naturkräfte und verschiedene, darauf unterschiedlich ansprechende Elementarteilchen gibt – ist demnach dem Umstand geschuldet, dass unsere materielle Umwelt ein thermodynamisches System relativ geringer Temperatur ($T \ll T_c$) repräsentiert! Der großen Vereinheitlichung von Kräften und Teilchen, und sogar Kräften mit Teilchen, strebt ein physikalisches System dagegen umso mehr entgegen, je höher sein Energieinhalt angehoben wird.

Kommen wir nun zurück auf die Vorgänge, die sich im Bereich supermassiver Galaxienzentren gemäß oben erwähntem Szenario abspielen könnten. Im Zuge ständig weiterlaufender Zufütterung von Materie in solche Zentren, mögen hier superkritische Temperaturen realisiert werden, unter denen die Higgsbosonenankopplung an normale Teilchen lokal aufgehoben wird, so dass die dortigen Teilchen also masselos werden. Gleichzeitig ergibt sich dort die Neigung dieser lokal instabil gewordenen Raumzeitgeometrie zu einer Art Explosion der Raumzeitgeometrie, vielleicht in der Art einer stark anisotropen, monodirektional axialen Raumzeitinflation, durch die diese in die Raumzeit eingebetteten, masselosen Teilchen aus solchen Zentren in Form eines Jets herauskatapultiert werden könnten.

Erst wenn das sie begleitende thermodynamische Milieu zu unterkritischen Temperaturen hingeführt hat, begännen diese aus dem Zentrum hervorgetretenen Teilchen wieder neuerdings Masse zu entwickeln. Auch wenn hier heute längst noch nicht alle Schritte einer solchen Entwicklung einer klaren, physikalischen Beschreibung unterworfen werden können, so scheint dennoch im Rahmen eines solchen Szenarios die Möglichkeit einer Materieerzeugung aus dem Raum um supermassive Zentren angedeutet zu sein. Immerhin aber wäre festzuhalten, dass diese Materieerzeugung als eine Erscheinung stärkster Gravitationsfelder angesehen werden kann, so wie analog auch die Ladungserzeugung als eine Erscheinung stärkster elektrischer Felder auftreten kann. Überkritische, räumliche Exzesse jeder Ladungsqualität mögen danach also zum eruptiven Zerfall solcher instabiler Feldkonstellationen bestimmt sein. Wenn die Schwerkraftbindung einer jeden Masse an das von allen lokal konzentrierten Massen gemeinsam verursachte Gravitationsfeld so stark wird, dass dabei eine Bindungsenergie vergleichbar der Ruheenergie der Teilchen selbst resultiert, so kommt es wahrscheinlich zur spontanen Teilchenneuerzeugung. Hierbei handelt es sich sozusagen um einen lokal „getriggerten" Mini-Big-Bang, den Hoyle, Burbidge und Narlikar (1993) im Rahmen ihrer neuen QSSC-Kosmologie (Quasi-Steady-State-Cosmology) als eine Variante des früheren Steady-State-Modelles von Hoyle (1948) in neuerer Zeit in die Literatur gebracht haben.

Während jedoch im Rahmen der ersteren Modelle die Materienacherzeugung nicht lokal getriggert und kontingent, einfach als eine Reaktion auf die homolog expandierende Raumzeitmetrik, geschehen sollte, vollzieht sich im Rahmen dieser neuen QSSC-Theorie die Materieerzeugung in den Zentren der größten Materieverdichtungen. In dieser Theorie kommt außerdem dem sogenannten Planck-Teilchen eine primäre Rolle zu, das nach Meinung der Autoren als erstes bei Fluktuationen der Raumzeit in überstarken Gravitationsfeldern auftritt. Dieses Teilchen stellt sozusagen die quantisierte Raumzeit selbst dar, indem seine quantenmechanische Wellenlänge, seine sogenannte Comptonlänge, identisch wird mit seinem eigenen Schwarzschildradius. Dieses Teilchen besitzt eine für Elementarteilchen immens große Masse, die sogenannte Planckmasse von $M = M_p$ ($M_p = \sqrt{ch/4\pi G} =$

$2{,}2 \cdot 10^{-5}$ g mit $M_p c^2 = 10^{19}$ GeV). Hier bedeuten $h =$ Planck'sches Wirkungsquantum, $c =$ Lichtgeschwindigkeit, $G =$ Gravitationskonstante), aber gleichzeitig eine extrem kurze Lebensdauer gegeben durch die sogenannte Planckzeit, $\tau_p = \sqrt{hG/2\pi c^5} = 5{,}4 \cdot 10^{-44}$ s. Dieses Planckteilchen muss nämlich binnen kürzester Zeit zerfallen in eine Kaskade von weniger massereichen, dafür aber viel längerlebigen Teilchen. Darunter befinden sich alle Teilchenvertreter des bekannten Baryonenoktetts, also der Familie der stark wechselwirkenden Teilchen, worunter Neutron und Proton die bekanntesten und langlebigsten Vertreter sind.

Nach Meinung der zuvor genannten Autoren sollte dies dazu führen, dass zunächst, nachdem die kurzlebigen Teilchen sich in sekundären Zerfällen weiterverwandelt haben, normale Materiebestandteile wie Neutronen, Protonen, Elektronen und Photonen aus dem Zerfall des Planckteilchens hervorgehen. Hierbei sollte automatisch dafür gesorgt sein können, dass sich das Häufigkeitsverhältnis zwischen Photonen und Baryonen, das für die Big-Bang-Kosmologie eines der härtesten Probleme darstellt, im Falle der Mini-Bangs durch den Zerfall der neugebildeten Planckteilchen natürlicherweise auf die magische Zahl von $\Gamma_{\nu,B} = 10^9$ hinentwickelt, wie der Kosmos sie in der Tat widerspiegelt. Es wird außerdem von den Autoren behauptet, dass in Verbindung mit der nachträglichen Elementenfusion aus den frisch gebildeten Neutronen und Protonen schließlich das richtige Häufigkeitsverhältnis der leichtesten Elemente des Kosmos wie Wasserstoff, Deuterium, Helium-3, Helium-4, Lithium hervorgeht, so wie es im Kosmos tatsächlich angetroffen wird (Narlikar 1990). Alternativ zur Schöpfung der

Welt im singulären Ereignis des Urknalls würde also hiermit im Rahmen dieser oder einer ähnlichen QSSC-Kosmologie eine kontinuierlich weitergehende, wenn auch jeweils sporadisch und lokal um kompakte Massenzentren auftretende Materieneubildung vorgeschlagen, die insgesamt so angelegt ist, dass sie das großräumige Bild des Kosmos über alle Zeiten hinweg bestehen lässt. Am besten verständlich wird dieses Szenario im Rahmen eines global funktionierenden Materie-Recyclings, mit jeweils lokal in sich geschlossen angelegten Evolutionsprozessen, bei denen das Vergehen der einen Struktur das Wiederentstehen der gleichen Struktur an anderer Stelle betreibt.

Für eine derartig zyklisch angelegte Evolution scheint sich vielleicht sogar ein biologisches Bild des Kosmos anzubieten, in dem alternde Galaxien wie reifende Pflanzen zu sehen sind, die vor ihrem Verwelken den Samen liefern, aus dem hernach wieder Strukturen ihres eigenen Zuschnitts hervorgehen können, – alles eingebunden in den Kreis einer ewigen Wiederkehr des Gleichen. Dies aber ist gerade ein Bild des Kosmos, wie es in neueren Büchern als Durchbruch zu einem neuen Weltverständnis angeboten wird (siehe Soucek 1987 oder Fahr 1992, 2004). Auch Halton Arp scheint sich dieses Bild zu eigen gemacht zu haben, wenn er beispielsweise weissagt, dass etwa alle acht Milliarden Jahre nach ihrer Entstehung eine normale Galaxie wie etwa Messier-31 im Rahmen eines eruptiven Mini-Bang-Ereignisses eine Familie von neuen Galaxien-Begleitern ausschleudert, zu denen zum Beispiel auch unsere Milchstraße gehören mag.

Galaxien, die der Morphologie und der Rotverschiebung nach als jünger ausgezeichnet sind, scheinen dabei in ihrer Eruptionstätigkeit aktiver zu sein und geben den Eindruck, dass sie zum Beispiel erst in jüngster Zeit junge, kompakte Objekte wie etwa Quasare ausgestoßen haben. Dieser sich wiederholende Vorgang scheint in gewissen Perioden abzulaufen und führt wiederkehrend zu gewissen Schöpfungsschüben, bei denen jeweils junge Objekte entstehen, die hernach dann für sich altern und im Zuge dieses Alterns systematisch ihre Rotverschiebung verkleinern. Wenn man in die Häufigkeitsstatistiken von Quasarzahlen als Funktion der exzessiven Rotverschiebung hineinsieht, so zeigt sich dort eine typische Wiederkehrperiode von Häufigkeitsmaxima, die sehr deutlich für derartige Periodizitäten spricht.

Ein solches Bild eines ewigen Gleichgewichtes zwischen Entstehen und Vergehen im Kosmos lässt sich auch in der Erscheinungsform der Materie anhand der gegebenen Elementenhäufigkeiten viel eher bestätigen als das übliche Bild vom Urknalluniversum und einer sich in ihm nur einmalig vollziehenden Elementensynthese. Nach allen Darstellungen der Urknallkosmogenese kommt es in der frühesten Phase der kosmischen Expansion, im Rahmen der sich vollziehenden kosmischen Elementenfusion aus Neutronen und Protonen, im Temperaturbereich zwischen zehn und einer Milliarde Grad Kelvin lediglich bis zur Bildung von Lithium, während alle schwereren Elemente des Periodensystems erst viel später von den Sternen innerhalb der einzelnen Galaxien erbrütet und allmählich in diesen angereichert werden sollten. Nach dieser theoretischen Leitvorstellung sollte man erwarten können, dass sich die kosmische Elementenbildungslinie in Form der Spektren von Sternen aus unterschiedlichen Altersepochen des Kosmos einfach verfolgen ließe. Die ersten Sterne, die sich innerhalb von jungen Galaxien bilden, sollten danach keine schwereren Elemente als Lithium aufweisen, wogegen die Sterne, die gegen Ende der Lebensdauer einer normalen Galaxie auftreten, deutlich erhöhte Anteile an schweren Elementen aufzeigen sollten. In der Tat erweist sich nun zwar die chemische Zusammensetzung der Sterne als reichlich variabel, was dabei aber verwundern muss, ist der Umstand, dass genau diejenigen Sterne der „ersten Generation", die sich sozusagen direkt aus dem unprozessierten, kosmischen Urknallgas entwickeln mussten – also aus Wasserstoff, Helium und Lithium –, dass es diese Sterne nirgendwo zu sehen gibt!

Hiermit fehlt aber das erste Glied einer prophezeiten Entwicklung! Man kann zunächst vielleicht sagen, dass ja diese Sterne der ersten Generation inzwischen längst auf eine der für sie typischen Weisen, also durch Supernova-Explosion oder Verlöschen nach langem Zwergdasein, verschwunden sein könnten und sich deswegen der heutigen Beobachtung entziehen. Dem muss man aber entgegenhalten, dass man ja als Astronom mit der Entfernung wachsend in immer frühere Phasen des Kosmos hineinsieht, wenn es denn überhaupt in diesem Kosmos „absolut frühere Phasen" gegeben hat, das heißt, wenn alles kosmische Geschehen überhaupt an einen gemeinsamen Zeitstrang angebunden ist! Ginge unser heutiger Kosmos aus einer Expansion des gesamten Weltalls im Nachgang zu einer Initialexplosion im Urknallereignis verbunden mit ständiger Abkühlung der Weltmaterie hervor, so ließe sich das Geschehen der Elementenbildung ganz klar absehen: Die verschiedenen Elemente des Periodensystems konnten sich im Rahmen eines solchen Szenarios erst zu bilden beginnen, als die Welttemperatur unter zehn Milliarden Grad Kelvin abgefallen war, so dass dank der abgesunkenen Temperaturen und Energien die bei Stößen frisch aus Neutronen und Protonen fusionierten Atomkerne mit anderen Stoßpartnern Letztere nicht sogleich wieder zerspalten (Fission!) wurden. Wenn andererseits die Welttemperatur unter den Wert von 10^9 Kelvin abgesunken ist, so sind die in Stößen realisierten Energien nunmehr zu gering geworden, als dass durch sie eine weitergehende Fusion zu höheren Atomkerneinheiten bewirkt werden könnte. Dies bringt es in der Konsequenz mit sich, dass die nuklearsynthetische Erbrütung der chemischen Elemente im expandierenden Weltbrei, die sich ja sozusagen von den leichtesten zu den schwereren Kernen erst stufenweise hocharbeiten muss, nur bis zu Atomkernladungszahlen von 3, vielleicht allenfalls 4 voranschreitet. Spätestens beim Aufbau des Berylliums oder des Bor sollte also die kosmische Elementenfusion ins Stocken geraten und zum Stillstand kommen.

Praktisch alle anderen Elemente, wie gerade diejenigen, die unser irdisches Leben bestimmen, also Kohlenstoff, Stickstoff, Sauerstoff, sollten sich der Urknallvorstellung nach erst viele hunderttausend Jahre danach in den dann entstandenen, stellaren Brutöfen bilden, wo bei den gegebenen hohen Binnendrucken und Binnentemperaturen in den Sternzentren sehr effizient Fusion ablaufen kann. So entsteht zum Beispiel im Sonneninneren bei Temperaturen von 16 Millionen Grad Kelvin aus Wasserstoff über die Zwischenprodukte Deuterium und Tritium das Element Helium. Unsere Sonne vermag jedoch praktisch keine höheren Elemente zu erbrüten, weil dazu die Temperaturen nicht ausreichen. In solchen Sternen verlagert sich, wenn im Zentrum nur noch Helium vorhanden ist, dann die Fusion des Wasserstoffs in die Außenhülle und macht dann den Stern zum sogenannten „roten Riesen". Erst wenn in den Sternzentren Temperaturen von mehr als 100 Millionen Grad Kelvin realisiert werden, kann das hier zentral enstandene Helium noch weiter zu Kohlenstoff fusioniert werden. Solche Brutofenbedingungen ergeben sich jedoch nur in solchen Sternen, die wesentlich massereicher sind als die Sonne, etwa bei Sternen des O-Typs oder des B-Typs, deren Massen das zehnfache bis hundertfache der Sonnenmasse betragen. Solche Sterne, die Kohlenstoff fusionieren, leben nun aber nicht sehr lange von ihrem Energievorrat und folglich müssen sie schließlich gegen Ende ihres Lebens kollabieren. Während dieser Schrumpfungsphase und der anschließenden, extrem kurzen Kollapsphase läuft die Fusion sehr schnell weiter bis zum Sauerstoff, Stickstoff, Silizium und Neon, wenn die Temperaturen über die $5 \cdot 10^8$ Kelvin steigen. Erst bei Temperaturen über 10^9 Kelvin kommt es dann im Sterninneren wegen der dort gegebenen hohen Plasmadichten noch zur Fusion von Chrom, Mangan, Nickel, und Eisen, und den noch höheren Elementen, bei deren Aufbau keine Energie aus der Nuklearsynthese mehr gewonnen wird, sondern im Gegenteil aufgewendet werden muss. Dieser sich im Laufe eines Sternenlebens bildende Elementenvorrat bleibt zunächst in der konvektiv durchmischten Sternsphäre geborgen und dringt nur bei Gegebenheit eines existierenden Sternwindes von dem Stern weg nach außen in den Umgebungsraum hinaus.

Sternwinde können durch ihren Materiefluss bis zu einem Millionstel der Sternmasse pro Jahr in den Raum entfernen und damit die interstellare Umwelt mit nuklear prozessiertem Material befluten. Noch sehr viel effektiver wird schließlich das nuklear erbrütete Material im Rahmen eines Supernova-Eruptionsereignisses an den Umgebungsraum veräußert. Ein solches Ereignis, bei dem der innere Kern des sterbenden Sterns wegen erlöschenden Energievorrats unter seiner eigenen Schwere implodiert und gleichzeitig die freiwerdende Gravitationsenergie des Systems in Form einer massiven Schockwelle nach außen läuft, ist praktisch Standard im Leben eines Sterns mit mehr als zehn Sonnenmassen. Bei einem solchen Eruptionsereignis wird mit der auslaufenden Supernovaschockwelle ein gehöriger Bruchteil der im Stern erbrüteten schweren Elemente, wie insbesondere auch die Metalle, an den interstellaren Raum ausgeliefert, in dem ja ursprünglich solche Elemente überhaupt nicht vorkommen sollten. In diesem Sinne sind Sterne als kosmische Fabriken aufzufassen, die den interstellaren Raum mit schweren Elementen anreichern, und zwar tun solches massereichere Sterne in viel effizienterer Weise, weil sie pro Masse viel mehr schwere Elemente erbrüten und sie diese viel effizienter und in kürzerer Zyklenperiode in den Raum ausschütten.

In jeder jungen Galaxie sollte zunächst die Sternentstehung in einem Gasmaterial mit Jungfräulichkeitsstatus anlaufen und erst sehr viel später, wenn die ersten Sterngenerationen ihren Elementenauswurf entsprechend effektiv vorangetrieben haben, sollten dann Sterne entstehen können, deren chemische Zusammensetzung auch schwerere Elemente, wie gerade auch Metalle, aufweist. Die Metallizität des Mediums, aus dem sich die Sterne einer Galaxie über gravitative Verklumpung bilden, sollte demnach im Laufe des Alterns einer Galaxie ständig weiter zunehmen. Daraus sollte zu schließen sein, dass Sterne, die sich früh in der galaktischen Evolution gebildet haben, extrem metallarm sind, während solche, die sich deutlich später entwickeln, entsprechend metallreicher sein sollten. In der Tat sollte sich so etwas gut bestätigen lassen, wenn man in den Sternspektren nach den gegebenen Metallhäufigkeiten forschen würde. Aus den relativen Intensitäten der Linienemissionen lassen sich schließlich die relativen Elementhäufigkeiten in der jeweiligen stellaren Chromosphärenmaterie ermitteln. So lässt sich auf diesem Wege zum Beispiel zeigen, dass die Sonne einen relativ hohen Metallgehalt besitzt, was im Rahmen der Urknallkosmologie mit der Tatsache verträglich scheint, dass dieser Fixstern „Sonne" einen relativ jungen Stern unserer Milchstraße darstellt, deren Geburt bereits viele andere Sterngenerationen vorangegangen sind, die das interstellare Medium mit Metallen anreichern konnten. Nehmen wir die Sonne als einen stellaren Metallstandard, so lässt sich feststellen, dass es in der weiteren Nachbarschaft der Sonne eine ganze Gruppe von anderen Sternen gibt, deren Metallizität verglichen mit diesem Standard beim 0,5- bis 2,0-fachen des solaren Wertes liegt. Alle diese Sterne, die im wesentlichen die Scheibenpopulation unserer Milchstraße ausmachen und das galaktische Zentrum in der Milchstraßenebene auf quasi-zirkularen Bahnen umlaufen, werden als Population-I-Sterne bezeichnet und gelten als die jüngere Sternpopulation unserer Galaxis. Daneben gibt es dem astronomischen Dafürhalten nach eine „ältere" Sternpopulation, Population-II genannt, deren Metallhäufigkeit geringer, zum Teil deutlich geringer als die der Sonne ist. Diese Sterne bewegen sich meist in recht exzentrischen, elliptischen Bahnen, die sich bis weit oberhalb oder unterhalb der galaktischen Scheibe erstrecken. Das Alter dieser Sterne wird nach heutiges Sternentwicklungstheorie trotz des Hubble-Alters des Weltalls von 13,7 Milliarden Jahren kontroverser Weise bei etwa 15 Milliarden Jahren vermutet.

Solche Sterntypen befinden sich oft in Kugelsternhaufen zu tausenden bis millionen Sternen gruppiert. Alle Sterne in solchen Kugelsternhaufen gehen auf einen ungefähr gleichzeitigen Ursprungsmoment zurück. Die bisher beobachteten 154 Kugelsternhaufen unserer eigenen Milchstraße datiert man auf Alter zwischen 12 und 18 Milliarden Jahren. Die in ihnen anzutreffenden Sterne sind demnach alle deutlich älter als die Sonne mit ihren 4,6 Milliarden Jahren. Dazu scheint es nun gut passen zu wollen, dass diese Kugelhaufensterne alle metallärmer als die Sonne sind. Alle Sterne aber, die man in solchen Haufen findet, besitzen dennoch eindeutig nachweisbare Metallanteile. Selbst die Sterne aus den „ältesten" Kugelsternhaufen haben einen Metallgehalt im Bereich von Promillen des solaren Wertes. Die Sterne der Stunde „Null" aber, also solche die aus primordialem kosmischem Urknallgas entstehen mussten – also jene Sterne mit verschwindendem Metallgehalt – die Population III sozusagen – die scheint es einfach nicht zu geben! Zudem fällt auch auf, dass zwar diese Population-II Sterne, auch Halosterne genannt, weil sie den galaktischen Halo ausmachen, gegenüber der Sonne stark im absoluten Metallgehalt abgereichert erscheinen, dass aber die relativen Häufigkeiten der verschiedenen Metalle in ihnen praktisch identisch mit denen der Sonne sind.

Man kann sich nun fragen, inwieweit man sich über diese Umstände wundern muss, wenn doch die Nichtexistenz von metall-losen Sternen im Rahmen der Urknallkosmologie ein zumindest ungelöstes Rätsel darstellt. Ansätze zu einer Lösung mag es schon geben, aber die Lösung selbst scheint sich bis heute darin nicht anzudeuten. Der Astrophysiker J.G. Hills von den Los Alamos Laboratorien in den USA vermutet so zum Beispiel einfach, dass die Nichtexistenz absolut metallfreier Sterne nur eine Besonderheit unserer Galaxie sein könnte, wo dies Phänomen ja wegen gegebener Beobachtungsmöglichkeiten ausschließlich manifest wird. In unserer Galaxie könnte die Sternentstehung eventuell erst angelaufen sein, nachdem schwere Elemente (mit Kernladungszahlen $Z \geq 8$) aus dem extragalaktischen Raum als Folge von Supernova-Eruptionssalven aus den Galaxien des nahen Virgo-Haufens der primordialen, noch sternfreien, diffusen Gasmasse unserer Galaxie einverleibt worden sind. Eine konkurrierende Theorie von J.W. Truran und A.G.W. Cameron vom Harvard Observatorium in USA bevorzugt die Idee, dass die frühesten Sterne der Milchstraße wegen fehlender Metallanteile viel massereicher als heutige Sterne gewesen sein müssen und dass sie gerade wegen dieser großen Massen auch sehr kurzlebig waren. Denn Sterne sind nach allgemeiner astronomischer Erkenntnis umso kurzlebiger, je massereicher sie sind. Da aus dieser frühesten Zeit deswegen also nur die extrem langlebigen Sterne mit Massen unter dem 0,8-fachen der Sonnenmasse noch bis heute verblieben sein könnten, brauchte man sich über deren Nichtexistenz nicht zu wundern, wenn denn in dieser frühesten Zeit der Sternbildung in unserer Galaxie überhaupt keine Sterne mit solch geringen Massen entstehen konnten.

Der Grund hierfür könnte sein, dass sich kontrahierende Gassphären ohne schwere Elemente, wie Kohlenstoff, Stickstoff oder Sauerstoff sehr viel stärker erwärmen, weil sie die bei ihrer fortschreitenden Verdichtung freiwerdende Gravitationsenergie ohne diese Elemente nicht effizient in Form von elektromagnetischer Strahlung abstrahlen können. Der Kollaps kann bei solchen Sternen dann nur in Verbindung mit entsprechend großen Sternmassen ablaufen, die ein entsprechend starkes Schwerefeld hervorbringen. Auf der anderen Seite muss man sich vielleicht aber sogar eher noch über die Tatsache wundern, dass viele von den galaktischen Halosternen in der Tat im Vergleich zu unserer Sonne deutlich reduzierte Metallanteile aufweisen. Wenn diese Sterne doch zum Teil mehr als zehn Milliarden Jahre älter als die Sonne sind, und man von ihnen weiß, dass sie auf ihren Bahnen alle 100 Millionen Jahre einmal durch die galaktische Ebene hindurchtauchen, in der sich unsere Sonne befindet. Sie sollten demnach bis heute mehr als hundertmal durch diese Ebene durchgetaucht sein und bei jedem Durchtauchen Gasmaterial aus der Scheibe aufgesammelt haben, das dieselbe Zusammensetzung wie die Sonne haben sollte. Wenn sie solches Material vorzugsweise auf ihrer Sternoberfläche akkretiert haben, so sollte es einen eigentlich eher wundern, dass dennoch ein so hoher Metalldefizit bei ihnen in Erscheinung tritt. Vielleicht hängt die Metallhäufigkeit der Sterne, die man ja überhaupt nur an deren Photosphärenmaterial ablesen kann, auch sehr stark mit der im Sterninneren gegebenen Mischungsaktivität zusammen. Wenn es überhaupt keine solche Mischungsaktivität gibt, so beginnen die schwereren Elementanteile im stellaren Gravitationsfeld relativ zu den leichteren zu sedimentieren. Tendenziell sind sie demnach dann dort häufiger vertreten, wo man näher am Sternzentrum ist. Nur wenn im Sterninneren eine effiziente turbulente Durchmischung der Materie stattfindet, kann einer solchen „natürlichen" Entmischung (Gravo-Sedimentation) entgegengewirkt werden.

Bei der Sonne weiß man, dass sie in ihrem „äußeren Drittel" eine konvektive Turbulenz unterhält, die eine gute Durchmischung dieser Region sicherstellt. Wenn man diese Konvektionsturbulenz in der Sonne abschalten könnte, so würden große Teile ihrer schweren Elemente unter die Sonnenoberfläche versinken, und die von außen durch Photosphärenspektroskopie beobachtbare Metallhäufigkeit würde dementsprechend abnehmen. Wie es mit der Konvektionsturbulenz in den Sternhüllen der Halosterne bestellt ist, weiß man nicht gut genug, um abschätzen zu können, welcher Einfluss von dieser Seite her auf die Metallhäufigkeit zu erwarten ist. Sterne sind deshalb kein besonders verlässlicher Indikator für oder gegen ein absolutes Alter des Kosmos. Wenn überhaupt Sterne, dann könnten vielleicht O-Sterne in dieser Frage wegweisend sein. Da helle, massereiche O-Sterne sehr kurze Lebensdauern haben, sowohl verglichen mit der Lebensdauer unserer Sonne als auch mit der Evolutionsperiode normaler Galaxien, so markieren sie in ihrer Chemie und in ihrem Leuchten ziemlich gut den jeweils unmittelbar aktuellen chemischen Entwicklungszustand des interstellaren Gasmediums ihrer Galaxie, aus dem sie hervorgegangen sind.

O-Sterne der Milchstraße dokumentieren demnach die Chemie des gegenwärtigen, interstellaren Mediums in unserer Galaxie. Wenn wir aber in ihnen eine Andeutung für eine kosmische Alterung der Materie abgebildet suchen wollten, so wären wir aufgeschmissen, weil alle sichtbaren O-

Sterne nur den chemischen Zustand höchstens der letzten 10^6 Jahre anzeigen können. Wollen wir weiter in die Evolutionsvergangenheit der interstellaren Materie zurücksehen, so müssten wir schon auf andere Galaxien ausweichen. Nehmen wir an, dass alle normalen Galaxien vom Typus unserer Milchstraße im Zuge der absoluten, kosmologischen Evolution überall im Weltall etwa zur gleichen, absoluten Zeit entstanden sind, so sollten die O-Sterne solcher Galaxien uns umso weiter in die Vergangenheit des Alterungsgeschehens der interstellaren Materie in diesen Galaxien Einblick nehmen lassen, je weiter diese Galaxien von uns entfernt sind. Im Bereich des lokalen Superhaufens, wozu die lokale Galaxiengruppe und der Virgo-Haufen als Mitglieder gehören, könnten wir also schon Galaxien in einem Entwicklungsstadium zu sehen bekommen, welches mehr als 100 Millionen Jahre hinter demjenigen unserer Galaxie zurückliegt. In den O-Sternen all dieser Galaxien müssten wir also eine chemische Entwicklungslinie des galaktischen Gasmediums abgebildet erkennen können.

Eine solche Erkenntnis hat sich bisher jedoch nicht gewinnen lassen, weil Metallizitätsbestimmungen in O-/B-Sternatmosphären ohnehin (dominante Kontinuumsstrahlung!) schwierig sind, und weil sich einzelne Sterne in solchen Galaxien spektral nur in den uns allernächsten Galaxien überhaupt auflösen lassen. Nimmt man aber statt Sternspektren die Emissionsspektren ganzer Galaxien her, so sollten zu ihnen sowohl die Sterne als auch das strahlende galaktische Medium zwischen den Sternen ihren gemeinsamen Beitrag leisten. Schaut man in solchen Spektren nach Elementhäufigkeiten, insbesondere eben den Metallhäufigkeiten, so sollte sich in ihnen zumindest eine klare

Entwicklungslinie erkennen lassen, denn das Gesamtlicht einer jeden Galaxie wird vor allem von den Emissionen der hellen O- und B-Sterne sowie denjenigen der strahlenden Nebel und Gase bestimmt. In diesen Emissionen aber bekundet sich gerade der aktuelle chemische Entwicklungszustand der jeweiligen galaktischen Materie. Somit sollten Galaxienspektren ihrer Tendenz nach umso kleinere Metallhäufigkeiten ausweisen, je entfernter die Galaxien von uns sind, von denen diese Spektren ausgesandt werden.

Das gerade kann jedoch überhaupt nicht bestätigt werden. Hier lässt sich mittels astronomischer Beobachtung schlichtweg überhaupt kein Zusammenhang zwischen Metallizität und Entfernung erkennen. Am eindrücklichsten erfährt man dies in Gestalt der Quasarspektren, die nach herkömmlicher Deutung zu den entferntesten Objekten des Universums überhaupt gehören und die dennoch bezeichnenderweise ganz normale kosmische Materiezusammensetzungen darbieten. So zeigen die Kerne von Seyfert-Galaxien und die Quasare in der Tat Häufigkeitsverhältnisse, die von denen unserer Sonne um weniger als den Faktor 3 abweichen. Quasare, die man ja wegen ihrer extrem großen Rotverschiebungen gemeinhin als die entferntesten und deswegen auch ältesten Objekte im Weltall ansieht, weisen in ihren Spektren bereits eine überraschend starke Präsenz schwerer Elemente wie Kohlenstoff, Sauerstoff, Silizium und Magnesium aus. Wie sollte aber im Rahmen eines seit dem Urknall sich vollziehenden, absoluten Entwicklungsganges im Universum zu verstehen sein, dass schon in diesen extrem frühen Objekten das kosmische Material bereits bis hin zum heutigen chemischen Zustand voranprozessiert erscheint?

Auch in der Morphologie der Galaxien lässt sich keine absolute kosmische Entwicklungslinie erkennen, die in einer absoluten universellen Weltzeit abgebildet wäre. Das scheint sich gerade in neuesten Untersuchungen der amerikanischen Astronomen Alan Dressler, August Oemler, James Gunn und Harvey Butcher eindrücklich zu zeigen, auch wenn diese Autoren es anders deuten. Diese Wissenschaftler haben nämlich 1993 Ergebnisse ihrer Untersuchungen eines ihrer Deutung nach extrem weit entfernten Galaxienhaufens mit dem Weltraumteleskop „Hubble" veröffentlicht. In den von ihnen veröffentlichten, hochauflösenden Aufnahmen zeigt sich, wie die Galaxien-Morphologie in Haufengalaxien vor vielen Milliarden Jahren ausgesehen hat. Die von ihnen bereits früher näher untersuchten Galaxienhaufen liegen schwerpunktmäßig bei Rotverschiebungen von $z = 0,39$ bis $z = 0,49$. Nunmehr vermuten sie aber, dass sie einen Teil der in diesen Haufen entdeckten Galaxienmitglieder, etwa 15 bis 30 an der Zahl, einer noch sehr viel entfernteren Assoziation zuschreiben können, die sich um einen Quasar herum ausgebildet hat, der selbst über seine Emissionslinien eine Rotverschiebung von $z = 2,05$ ausweist. Die Rotverschiebungen der etwa 30 assoziierten Galaxien lässt sich nicht ermitteln, sie alle scheinen den Autoren jedoch von ihrer scheinbaren Helligkeit, Größe, und Farbe her, sowie von ihrer engen Konstellation zu dem Quasar her, Letzterem in Form von Haufenmitgliedern zugeordnet zu sein. An den Mitgliedern dieser entfernten Haufen haben sie nun die Verteilung der Spektralfarbe untersucht, wobei man unter der Spektralfarbe einer Galaxie das Verhältnis der Emissionen dieser Galaxie in zwei getrennten Frequenzbandbereichen (Farbbereichen) versteht. Natürlich muss man hierbei berücksichtigen, dass die standardmäßig für die Farbphotometrie der nahen Emissionsquellen verwendeten Frequenzbänder für stark rotverschobene Objekte umdefiniert werden müssen. Wenn man nun alle diese Galaxien in einem engen gravitativen Verband mit dem Quasar der Rotverschiebung $z = 2,05$ stehen sieht, so muss bei einer angemessenen Farbphotometrie eine zugehörige Frequenzbandkorrektur vorgenommen werden. Interessant ist nun der folgende Umstand: Während Dressler und Gunn an den Mitgliedern der als näher eingestuften Haufen mit $z = 0,4$, bei denen sie die Morphologie der Einzelgalaxien auflösen konnten, eine ganz auffällige Verwandtschaft zur Morphologieverteilung in den uns sehr nahen Haufen erkennen konnten, wich die Morphologieverteilung unter den Galaxien, die der Assoziation mit dem stark rotverschobenen Quasar zugeschrieben werden, sehr auffällig von der aus unserer Nachbarschaft vertrauten Verteilung ab.

Unter den Mitgliedern des ($z = 0,4$)-Haufens zeigte sich, dass die meisten blaugewichtigen, also aktiv sternbildenden Galaxien vom morphologisch jungen Typus der Spiralgalaxien waren, wie dies auch in unserer Nachbarschaft zu beobachten ist. In diesem etwa 4 Milliarden Lichtjahre entfernten Haufen ließ sich sogar eine klassisch Hubble'sche Evolutionssequenz aufzeigen, mit der nachgewiesen werden konnte, dass die verschiedenen Formen der aus unserer Nachbarschaft bekannten Galaxien auch alle schon vor 4 Milliarden Jahren vorhanden waren. Danach machen die blaugewichtigen Spiralgalaxien etwa 10 Prozent in der Morphologieverteilung eines Haufens aus, wenn dieser nicht älter als vier Milliarden Jahre ist. Den genannten Autoren gelang es nun aber festzustellen, dass die etwa 30 Mitglieder, die sie einer Assoziation mit dem fernen Quasar der Rotverschiebung $z = 2{,}05$ zuordnen wollen, mit etwa 50 Prozent einen deutlich höheren Prozentanteil dieser blaugewichtigen, morhologisch jungen Galaxien aufweist. Bei diesen Galaxienmitgliedern war es den Autoren zwar nicht gelungen, die Spiralmorphologie der Objekte selbst aufzulösen, jedoch schien deren hoher Blaulichtanteil sie eindeutig als junge Spiralen auszuweisen. Nun muss man sich jedoch klarmachen, dass die diesen Objekten gemeinsam zugeschriebene hohe Rotverschiebung von $z \simeq 2{,}0$ eine entsprechend starke Farbbandkorrektur für die Beurteilung des Farbcharakters eines Objektspektrums nötig macht, und erst unter der Anwendung einer solchen Korrektur erscheinen dann all diese Objekte als stark blaugewichtig und werden somit erst dann, nach dieser Korrektur, 50 Prozent der Haufenpopulation ausmachen.

Nimmt man jedoch den sehr schlüssigen Gedanken von Halton Arp hier wieder auf, nachdem Quasare trotz ihrer hohen Rotverschiebungsexzesse relativ nahen Galaxienassoziationen mit weit kleineren Hubble-Rotverschiebungen zugehören, so scheint einem die gewollte Zuordnung der Galaxien zu dem Quasar durch die genannten Autoren Dressler, Oemler, Gunn, und Butcher eher als verfehlt. Die dreißig Galaxiensonderlinge sollten danach nicht dem Quasar mit der Rotverschiebung $z = 2$ zugeordnet werden, vielmehr sollte der Quasar dem Galaxienhaufen mit einer Rotverschiebung von $z = 0{,}4$ zugeordnet werden. Dann nämlich ergäbe sich überhaupt kein Überschuss an blauen Objekten, und der 4 Milliarden Jahre alte Haufen würde sich in seiner Morphologieverteilung ganz genauso darstellen, wie jeder uns nahe Haufen auch, und es gäbe keinerlei Anzeichen für eine globale kosmische Alterung im Rahmen einer absoluten Weltzeit. Die nach der Reparatur des Hubble-Space-Telescopes im Januar 1994 aufgekommene, neue Flut von hochaufgelösten Galaxienbeobachtungen scheint in der Tat immer deutlicher zu machen, dass weder die Morphologie noch die Chemie der Galaxien in irgendeiner Weise mit der Rotverschiebung dieser Objekte korreliert ist. Damit darf man wahrscheinlich schließen, dass die Morphologie dieser Objekte sich keiner kosmologischen Alterung unterworfen zeigt, und dass es somit im Kosmos auch überhaupt keine einsträngige Alterung des Weltsubstrates und der Weltenordnung zu sehen gibt.

Literatur

Bennet, C.L., Hill, R.S., Hinshaw, G. Nolta, M.L., et al.: Results from the COBE mission. Astrophys. J. Supplem. **148**, 97–111 (2003)

Blome, H.J., Priester, W.: Vacuum energy in a Friedmann-Lemaître cosmos. Naturwissenschaften **71**, 528–531 (1984)

Buchert, T.: A cosmic equation of state for the inhomogeneous universe; can a global far-from-equilibrium state explain dark energy? Classical and quantum gravity **22**, L113–L119 (2005)

Buchert, T.: Dark energy from structure; a status report. General Relativity and Gravitation **40**, 467–476 (2008)

Dehnen, H., Frommert, H.: Higgs mechanism without Higgs particle. Int. J. Theoret. Phys. **32**, (7), 1135–1142 (1993)

Fahr, H.J.: Der Urknall kommt zu Fall. Franckh-Kosmos Verlag, Stuttgart (1992)

Fahr, H.J.: The cosmology of empty space: How heavy is the vacuum? What we know enforces our belief. In: Löffler, W. und Weingartner, P. (Hrsg.) Knowledge and Belief. öbv&htp Verlag, Wien (2004)

Fahr, H.J., Heyl, M.: About universes with scale-related total masses and their abolition of presently outstanding cosmological problems. Astron. Notes **328**, 192–206 (2007)

Fahr, H.J., Zoennchen, J.: The "writing on the cosmic wall": Is there a straightforward explanation of the cosmic microwave background? Annalen d. Physik **18**, (10–11), 699–721 (2009)

Fischer, E.: A cosmological model without singularity. Astrophys. Space Sci. **207** 203 (1993)

Geller, M.J., Huchra, J.P.: Mapping the universe. SCIENCE **246**, 897–903 (1989)

Goenner, H.: Einführung in die Spezielle und Allgemeine Relativitätstheorie. Spektrum Akademischer Verlag, Heidelberg (1996)

Hinshaw, J.L., Weiland, R.S., Hill, N. et al.: Astrophys. J. Supplement Series *180*, 225–245 (2009)

Hoyle, F.: A new model for the expanding universe. Mon. Not. Roy. Astr. Soc. **108**, 372–384 (1948)

Hoyle, F., Burbidge, G., Narlikar, J.V.: A quasi-steady state cosmological model with creation of matter. Astrophys. Journal **410**, 437–457 (1993)

Narlikar, J.V.: Noncosmological redshifts. Space Science Reviews **50**, 523–614 (1990)

Partridge, R.B. „3K: The cosmic microwave background radiation". Cambridge Astrophysics Series, S. 280–295, Cambridge University Press, (1995)

Penzias, A.A., Wilson, R.W.: A measurement of excess antenna temperature at 4080 Mc/s. Astrophys. J. **142**, 419–423 (1965)

Scholz, E.: Cosmological spacetime balanced by a scale-covariant scalar field. Found. of Phys. Lett. **39**, 45–72 (2009)

Smoot, G. et al.: In Cosmology – 2000: Theoretical and Observational Aspects of the CMB (2000)

Soucek, T.V.: Ungleichheit vom Uratom zum Kosmos. Universitas Verlag, München (1987)

Wiltshire, D.L.: Cosmic clocks, cosmic variance and cosmic averages. New Journal of Physics **9**, 377–390 (2007)

Wu, K.K.S., Lahav, O, Rees, M.J., et al.: The large-scale smoothness of the universe, NATURE **396**, 225–230 (1999)

8

Das kosmische Vakuum als energiegeladener Raum

Wie wir schon im ersten Kapitel des Buches herausgestellt haben, sieht sich die heutige Kosmologie insbesondere mit zwei sehr plagenden und irritierenden Problemen konfrontiert. Sowohl durch die Rotverschiebung der fernsten Supernovae (Perlmutter et al. 1999) als auch durch die Versuche einer Simulation der Struktur im heutigen Universum (Springel et al. 2005, Bennet et al. 2003) ist prekärer Weise zutage gekommen, dass die derzeitige Kosmologie nicht an der Annahme einer durch kosmischen Vakuumdruck beschleunigten Expansion des Kosmos vorbeikommt. Im Gegenteil fühlt sich die heutige Kosmologie gezwungen, zu dem Ingredienz einer kosmischen Vakuumenergie als unverzichtbarem Vehikel kosmischer Expansionsdynamik Zuflucht zu nehmen, damit sich die vorliegenden Fakten besser reimen. Wie aber soll diese erforderte Energie des Vakuums entstehen und warum gerade wirkt sie auf die kosmische Expansion beschleunigend?

Meistens wird diese heute erforderte Vakuumenergie immer noch mit Einsteins „kosmologischer Konstante" (Einstein 1917), einer Art Antigravitation auf großen Raumskalen, in Verbindung gebracht. Neuerdings wird diese An-

© Springer-Verlag Berlin Heidelberg 2016
H.J. Fahr, *Mit oder ohne Urknall*, DOI 10.1007/978-3-662-47712-0_8

tigravitation jedoch eher mit einer sogenannten „dunklen Energie" des Raumes verbunden gesehen, die so etwas Ähnliches wie die energetische Aufladung des leeren Raumes darstellt. Ein positiver Wert von Λ, eben dieser energetischen Aufladung, beschreibt also eine anti-gravitative Wirkung auf die kosmische Raumzeit, die im Hinblick auf die neuen kosmologischen Fakten offensichtlich inzwischen ein kosmisches „Muss" darstellt.

Wenn auch das „Muss" selbst derzeit nicht kontrovers ist, so ist es jedoch immer noch die Beschreibung seiner physikalischen Wirkungsweise. Speziell die allenthalben verwendete Hypothese einer konstanten Vakuumenergiedichte, die mit der kosmologischen Konstante Λ automatisch verbunden ist, wird in der heutigen Präzisionskosmologie gewünscht und allenthalben zugrunde gelegt. Gerade diese Hypothese wollen wir jedoch hier im Folgenden in Zweifel ziehen, da die Annahme einer konstanten Energiedichte eines expandierenden Raumes schwerlich im Lichte physikalischer Rahmenbedingungen zu rechtfertigen ist, denn nach dem Prinzip „actio = reactio" sollte etwas, das auf etwas anderes wirkt, auch eine Rückwirkung von diesem anderen her erfahren. Auch lässt sich die These verfolgen, dass gravitative Bindungsenergie in strukturierter kosmischer Materie, wenn man sie bei fortschreitender Strukturbildung im Zuge der kosmischen Expansion korrekt berücksichtigt, formal genau so wirkt wie Vakuumenergie, die so dann jedoch nicht mit konstanter Energiedichte verbunden ist. Jede gravitative Bindungsform verringert die effektiv gravitierende Materiedichte, macht sie sozusagen „leichter". Warum sollte nun aber das Vakuum überhaupt eine Schwerewirkung zeigen? Warum sollte die Leere schwer sein, wenn sie doch einfach nur das „Nichts" repräsentiert? Als ein solches Nichts sollte dieses eigentlich auch keine Wirkung im physikalischen Sinne hervorrufen, demnach sollte es eigentlich auch nicht gravitieren.

Nach der Semantik der griechischen Atomisten stellt das Vakuum reine Leere dar, die lediglich genügend freie Raumstellen bereitstellt, so dass Atome sich im Raum frei bewegen können (siehe Overduin und Fahr 2001; Fahr 2004). Unter dieser griechischen Sicht der Dinge kann ein leerer Raum keine physikalische, und somit auch keine gravitative Wirkung haben. Jedoch schon Aristoteles brachte einen wichtigen, zusätzlichen Aspekt in den Vakuumbegriff hinein, der mit dem Widerstand der Natur gegen die Schaffung von Leere zusammenhängt, also dem „horror vacui". In diesem Zusatzaspekt drückt sich aus, dass das Vakuum um reelle Materie herum anders beschaffen sein mag als ohne Materiepräsenz, es wird nämlich polarisiert von realer Materie, wie man sagen könnte. Es bildet sich ein „polarisiertes Vakuum" aus. Diese auf Aristoteles zurückgehende Idee hat das Vakuumkonzept wesentlich verkompliziert, und die Geschichte der davon ausgehenden Begriffsbildung kann selbst heute noch nicht als vollendet gelten (siehe z. B. Blome und Priester 1984, Fahr 1989, 2004; Wesson 2000; Barrow 2000). Allerdings ist in den letzten Jahrzehnten erkannt worden, dass das Vakuum, oder der leere Raum, nicht energielos, sondern energiegeladen sein muss, zumindest wenn dieses durch Materie polarisiert wird und von Quantenfeldern erfüllt ist (z. B. Steeruwitz 1975; Zel'dovich 1981; Birrel and Davies 1982; Rafelsky and Müller 1985). Gerade durch diese Energiebeladung sollte es dann aber auch gravitativ wirksam werden können, wenn deswegen auch noch lange nicht klar ist, in welcher Form.

Was soll heißen: Polarisiertes Vakuum? Ein einfaches Beispiel zur elektrostatischen Polarisationsenergie in einem Raum gefüllt mit Protonen und Elektronen soll hier helfen und eine greifbare Analogie zum polarisierten Vakuum anbieten. Man stelle sich vor, der Raum sei von Elektronen und Protonen mit einer Dichte von $n = n_e = n_p$ erfüllt, also in jeder größeren Raumeinheit gleich viel Elektronen und Protonen, so dass Ladungsneutralität herrscht. Als Energiedichte ϵ, gemeint als Ruhemassendichte dieses Raumplasmas, würde man folglich auf den ersten Blick die Summe der Ruheenergien beider Teilchenpopulationen angeben:

$$\epsilon = n(m_p + m_e)c^2 \, ,$$

wobei m_p und m_e die Massen des Protons und des Elektrons bezeichnen. Jedoch mag einem schnell aufgehen, dass diese Zahl ϵ nicht den Umstand berücksichtigt, dass es sich hier um ein neutrales Plasma aus elektrischen Ladungen handelt, die sich ladungsmäßig gegenseitig jeweils auf einer Länge von der Größe der Debye-Länge $\lambda_D = \sqrt{kT/4\pi ne^2}$ abschirmen. Hier bezeichnen k die Boltzmann-Konstante, T die Plasmatemperatur, und e die elektrische Ladungseinheit.

Bedenkt man nun diese immer im Plasma gegebene Ladungsabschirmung, so wird klar, dass sie im Grunde bedeutet, dass jede Ladung das Plasma in ihrer Umgebung polarisiert, indem sie in ihrer Debyeumgebung exakt die Menge ihrer eigenen Antiladung akkumuliert. Die Versammlung einer solchen Antiladung auf dem Volumen einer Debyesphäre entspricht pro Ladungsträger jedoch einer Coulombschen Zusatzenergie von

$$\varepsilon_D = \frac{e^2}{\lambda_D} \, ,$$

was in Elektronenruhemassen m_e ausgedrückt sich dann schreiben lässt als

$$\varepsilon_D = \frac{r_e}{\lambda_D} m_e c^2 \, ,$$

wobei $r_e = 3 \cdot 10^{-13}$ cm = 1 Fermi den klassischen Elektronenradius bezeichnet. Durch diese elektrische Polarisierungsenergie ergibt sich eine Zusatzenergiedichte von

$$\epsilon_D = 2n \frac{r_e}{\lambda_D} m_e c^2$$

und somit schließlich ein Verhältnis von Polarisierungsenergie über Ruhemassenenergie von:

$$\bar{\epsilon}_D = 2 \frac{r_e}{\lambda_D} \frac{m_e}{m_p + m_e} \, .$$

Gewiss ist diese Größe $\bar{\epsilon}_D$ unter realistischen Verhältnissen sehr klein, es sei denn die kosmischen Dichten n werden sehr groß oder die kosmischen Temperaturen T sehr klein, was die Debyelänge sehr klein werden lässt. In aller Regel spielen demnach diese Polarisierungsenergien in normalen Plasmen keine Rolle.

Es wäre vielleicht zu vermuten, dass sich dies jedoch im Falle der Abschirmung jeder nackten elektrischen Ladung durch die sogenannten elektrischen Quantenfluktuationen im umgebenden Vakuum anders verhalten könnte. Hierbei geschieht die Abschirmung durch virtuelle Elektronen oder Positronen, die im fermionischen Quantenvakuum sporadisch (fluktuierend!) auftreten und dabei echte Ladungen zu einem gewissen Grade abschirmen können. Wie sich quantenfeldtheoretisch zeigt, sorgt diese Quantenabschirmung tatsächlich dafür, dass die effektive Ladung von reellen Protonen oder Elektronen in einer Abstandsregion von kleiner als 100 r_e ansteigt. Dieser Abstand entspricht einer Coulomb'schen Energie von 1 GeV. Wenn man also ein reelles Elektron mit dieser Energie zentral auf ein reelles Proton schießt, so beginnt Ersteres die wahre, unabgeschirmte, erhöhte Ladung des Protons zu bemerken. Das Vakuum schirmt also echte Ladungen auf einer viel kleineren Skala von $\lambda_v < 100\ r_e$ ab, jedoch ist auch der Betrag der Ladungsmenge, der dabei abgeschirmt wird, viel kleiner, denn das Vakuum schirmt die Ladung ja niemals komplett ab, sondern nur zu einem geringen Teil, sonst gäbe es ja keine geladenen Teilchen im leeren Raum. Auf der Basis derzeitiger Kenntnisse dieses quantenmechanischen Abschirmungseffektes fällt es allerdings derzeit schwer, aus dem Gesagten ein genaues Maß der Abschirmenergie des polarisierten Vakuums zu berechnen.

Eine andere Frage ist zudem, abgesehen davon wie dieses Vakuum seine Energie bekommt, wie es dank einer solchen Energie Schwere erzeugt? Deshalb soll hier zunächst einmal auf anderem Wege die Energiedichte und der Druck des Vakuums berechnet werden. Die heutige Allgemein-Relativistische Kosmologie erfasst die Wirkung des kosmischen Vakuums, wie diejenige aller anderen relevanten Energieträger auch, durch einen geeignet formulierten Energie-Impuls Tensor dieses Vakuums. Dieser Tensor stellt eine vakuumbezogene Quelle der Raumzeitgeometrie dar und wird analog dem üblichen Verfahren durch einen vakuumspezifischen, hydrodynamischen Energie-Impuls Tensor $T_{\mu v}^{\text{vac}}$ formuliert. In diesem mathematischen Gebilde mit $\mu \cdot v = 4 \cdot 4 = 16$ Raum-Zeit-Komponenten befinden sich Einträge für den Vakuumdruck p_{vac} and die Vakuumenergiedichte $\varepsilon_{\text{vac}} = \rho_{\text{vac}} c^2$, und nur über diese Größen und ihre Platzierung im Tensor kann die kosmologische Wirkung des Vakuums richtig erfasst werden.

Wenn nun die Vakuumenergiedichte ε_{vac} als konstant angenommen werden soll, wie in der Standardkosmologie praktiziert, und wenn annahmegemäß damit verbunden der thermodynamisch assoziierte Vakuumdruck sich als $p_{\text{vac}} = -\rho_{\text{vac}} c^2$ ergibt (siehe Weinberg 1989, Overduin and Fahr 2001, Peebles and Ratra 2003, Bennet et al. 2003), dann führt dies zu folgendem Quelltensor des leeren Raumes

$$T_{\mu v}^{\text{vac}} = (\rho_{\text{vac}} c^2 + p_{\text{vac}}) U_\mu U_v - p_{\text{vac}} g_{\mu v} = \rho_{\text{vac}} c^2 g_{\mu v} \, ,$$

wobei U_λ die Komponenten der Vierergeschwindigkeit $\vec{U}$ des analog zu einer strömenden Flüssigkeit behandelten Vakuums bezeichnet. Wie man sieht, verschwindet dieser „konvektive" Beitrag jedoch vollkommen wegen $\rho_{\text{vac}} c^2 + p_{\text{vac}} = 0$!

Den dann verbleibenden Term kann man mit dem, mit Einsteins kosmologischer Konstante Λ (Einstein 1917) verbundenen Term zusammenfassen, indem man beide auf die rechte Seite der Einstein'schen Feldgleichungen bringt.

Dann gewinnt man einen Term, den man durch eine effektive kosmologische Konstante Λ_{eff} auf folgende Weise ausdrücken kann

$$\Lambda_{\text{eff}} = \frac{8\pi G}{c^2} \rho_{\text{vac}} - \Lambda \; .$$

Schon Einstein (1917) hatte erkannt, dass bezüglich des Wertes von Λ eigentlich keine Einschränkung gemacht ist. In diesem Punkte möchten wir nun allerdings eine Idee ins Spiel bringen, mit der der numerische Wert des Einsteinschen Λ festgelegt werden könnte. Dazu überlege man sich erst einmal, wie denn ein vernünftiges, rational haltbares und überzeugendes Konzept des „absolut leeren" Raumes beschaffen sein sollte. Man besinnt sich also zunächst einmal auf eine einleuchtende A-priori-Definition des Vakuums: Welche Eigenschaften sollen von einem absolut leeren Raum erwartet werden?

Wenn man einer Grundvorstellung folgt und den absolut leeren Raum gerade als Raum ohne raumkrümmende Geometriequellen versteht, also frei von globaler Krümmung und innerer Raumzeitdynamik, dann hat dies essenzielle Konsequenzen für die zu erwartenden Eigenschaften dieses leeren Raumes. So zum Beispiel sollte in einem solchen, physikalisch völlig unbelasteten Raum die Selbstparallelität von allgemeinrelativistischen Vierervektoren beim Paralleltransport längst geschlossener Raumzeitgeodäten (Weltlinien) gewährleistet sein. Das verlangt aber, dass alle Komponenten des Riemann'schen Krümmungstensors $R^\kappa_{\lambda\mu\nu}$ und damit des Ricci-Tensors $R_{\mu\nu}$ und des Riemannskalars R verschwinden müssen (siehe Overduin and Fahr 2001). Zudem lässt sich zeigen, dass der leere Raum die in ihm propagierenden Testphotonen nur dann nicht permanent rotverschiebt, wenn $\Lambda_{\text{eff},0} = 0$, also $\Lambda_{\text{eff},0}$ verschwindet. Denn schließlich sollte doch wohl ein leerer, physikalisch völlig „unbescholtener" Raum frei propagierenden Testphotonen nichts anhaben können! Beides erscheinen vernünftige Forderungen an das materiefreie Vakuum zu sein. Wie nun Overduin und Fahr (2001) oder Fahr (2004) zeigen, werden genau diese Forderungen erfüllt, wenn die effektive kosmologische Konstante des materiefreien Vakuums verschwindet, wenn also in diesem leeren Raum gilt: $\Lambda_{\text{eff},0} = 0$! Das verlangt dann jedoch, das Einsteins kosmologische Konstante Λ (siehe obige Gleichung), die ja von ihrer mathematischen Ableitung her lediglich eine Integrationskonstante mit nur einem einzigen zugelassenen Wert sein muss, wie folgt festgelegt wird

$$\Lambda = \Lambda_0 = -\frac{8\pi G}{c^2}\rho_{vac,0}\ .$$

Die Größe $\varepsilon_{vac,0} = \rho_{vac,0}c^2$ bezeichnet dabei diejenige Energiedichte des absolut leeren Raums, vielleicht gerade diejenige, die die Quantenfeldtheoretiker ausrechnen und die so immens viel größer (120 Größenordnungen!) ist als die Vakuumenergiedichte des heutigen Universums (siehe Peebles and Ratra 2003; Fahr and Heyl 2007 oder Fahr and Sokaliwska 2011).

Man erkennt an dieser obigen Festlegung, dass zunächst einmal, bevor der materieerfüllte Weltraum beschrieben werden kann, die kosmologische Konstante Einsteins so festgelegt werden muss, dass sie exakt von der Energiedichte des leeren Raums kompensiert wird. Ganz gleich welcher Wert letzterer auch immer quantenfeldtheoretisch zuerkannt wird, immer ist dann erfüllt: $\Lambda_{\text{eff}} = 0$!.

Wenn sie aber erst einmal in der oben angegebenen Weise festgelegt ist, so kann sie auch in einem materieerfüllten Raum als mathematische Konstante dort nur diesen und keinen anderen Wert als $\Lambda_0 = -8\pi G \rho_{\text{vac},0}/c^2$ besitzen. Das besagt dann aber eben auch, dass in einem materieerfüllten Universum die Wirkung der Vakuumenergie genau über die folgende, effektive kosmologische Konstante beschrieben wird:

$$\Lambda_{\text{eff}} = \frac{8\pi G}{c^2}(\rho_{\text{vac}} - \rho_{\text{vac},0})$$

Hierin drückt sich aus, dass die Wirkung des aktuellen Vakuums nur von der Differenz zwischen den Werten der Energiedichte $\rho_{vac,0}$ des leeren Raumes und derjenigen ρ_{vac} des materieerfüllten Raumes bestimmt wird. Nur diese Differenz gravitiert in der Tat.

Damit würde sich auch ein weiteres Jahrhunderträtsel lösen: Es würde erklären, warum die von Quantenfeldtheoretikern berechnete, enorme Vakuumenergie selbst nicht fatal raumkrümmend und gravitierend wirkt (Peebles and Ratra 2003, Fahr and Heyl 2007), denn sie ist durch Einsteins Λ kompensiert. Es macht aber auch klar, dass die wirklich wirksame Vakuumenergie $\epsilon_{\text{vac}} = c^2(\rho_{\text{vac}} - \rho_{\text{vac},0})$ von der Materie abhängt, die im Raum verteilt ist und das Vakuum polarisiert. Die Materiepräsenz im Kosmos verändert das kosmische Vakuum also; das wäre hiermit die Ansage. In einem homogenen Universum kann dies dann aber nur bedeuten, dass die effektive Massendichte des Vakuums eine Funktion der Materiedichte ρ ist; also $\rho_{\text{vac}} = \rho_{\text{vac}}(\rho)$ und deswegen auf keinen Fall konstant sein wird, weil sich ρ mit der Größe des Universums ändert! Diese Idee, so unklar sie bezüglich ihrer genauen mathematischen Fassung auch sein mag, sie erinnert jedoch verblüffend genau an die Einsichten des früher erwähnten Aristoteles aus der Zeit um 400 vor Christus, in denen das Nichts schon als unter dem Einfluss des Etwas stehend gedacht wurde, wenn auch nicht im Rahmen einer quantitativen Formulierung.

Neues Licht auf die Einwirkung von Materie auf das Vakuum wirft vielleicht auch folgende, physikalisch interessante Situation: Wenn man versucht von metallischen Wänden begrenzte Leerräume, bewandete Vakua also, zu schaffen, indem man den von solchen Wänden eingeschlossenen Innenraum durch Wandbewegung versucht zu vergrößern, so lässt sich fragen, wie dann der neu geschaffene Innenraum aussieht? Wenn etwa in einem System aus einem allseitig geschlossenen Metallzylinder und einem darin axial beweglichen, aber gasdicht abschließenden Kolben, letzterer vom Boden des Zylinders ausgefahren wird, so sollte er in dem entstehenden Zwischenvolumen ein Vakuum schaffen, weil kein Gas und auch nichts anderes von außen dorthin nachdringen kann. Es sollte also Raum geschaffen werden, in dem nichts drin ist. Wie man aber lange schon, genau gesagt seit der Formulierung des Planck'schen Strahlungsgesetzes zu Ende des vorletzten Jahrhunderts, weiß, wird dieser Erwartung jedoch nicht entsprochen, nicht einmal nach der klassischen Physik. Wenn nämlich die Gefäßwände eine bestimmte Temperatur besitzen, so füllt sich der Zwischenraum vielmehr in endlicher Zeit erstens mit dem Gleichgewichtsdampfdruck des Wandmaterials und zweitens mit dem Planck'schen elektromagnetischen

Strahlungsfeld, das im Gleichgewicht mit der thermischen Abstrahlung der Wände steht. Dieser Innenraum ist also nicht leer!

Nur in einem Raumgebiet, dessen materielle Wände sich auf der Temperatur des absoluten Nullpunktes ($T_0 = -273$ Celsius $= 0 \cdot$ *Kelvin*) der Temperaturskala befinden, würde demnach beides, der Metalldampfdruck und die Energiedichte eines solchen elektromagnetischen Strahlungsfeldes, so wie es von Planck beschrieben wird, verschwinden können. Nun hängt aber interessanterweise die Unerreichbarkeit dieses energielosen elektromagnetischen Vakuums gar nicht mit der thermodynamischen Unerreichbarkeit des absoluten Nullpunktes der Temperatur zusammen, sondern vielmehr mit dem modernen Quantenfeld-theoretischen Unschärfeprinzip. Dieses ergibt sich aus der Tatsache, dass die sogenannte Nullpunktfluktuationen eines Quantenfeldes, also auch des elektromagnetischen Feldes, niemals unterbunden werden können. Im elektromagnetischen Falle besagt dies folgendes: Jedes Raumgebiet stellt ein bestimmtes Eigenwertsystem von elektromagnetischen Oszillatoren dar, also von Eigenschwingungsmoden, die in dem betrachteten Gebiet existenzfähig sind. Diese Oszillatoren mit Eigenfrequenzen ω_0 können nicht bis zu verschwindender Oszillatorenergie heruntergefahren werden, sie müssen vielmehr mindestens ihre quantenmechanische Nullpunktsenergie $\epsilon_0 = h\omega_0/2\pi$ bewahren. Selbst wenn die Abschlusswände eines Raumgebietes auf der Temperatur $T_0 = 0$ Kelvin wären, würde also das elektromagnetische Eigenoszillatorsystem in dem eingeschlossenen Raumgebiet ein Fluktuationsfeld mit endlicher Energie unterhalten mit einem ganz speziellen, spektralen Energiedichteverlauf proportional zur vierten Potenz der Frequenz.

Ein solches Vakuumfluktuationsfeld hat außerdem die überaus interessante Eigenschaft, dass es Lorentz-invariant ist, – wie die Physiker sagen –, dass also sein Fluktuationsspektrum in jedem gleichförmig bewegten Bezugssystem gleich aussieht, also auch für jeden Beobachter gleich erscheint. Es besitzt demnach einen spektralen Absolutcharakter, und das ist auch gut so! Denn die Eigenschaften des Vakuums müssen schließlich für jeden Beobachter, ganz gleich wie er sich im Raum bewegt, gleich sein. Das interessanteste in unserem Zusammenhang ist aber nun, dass hier ein Vakuum mit inhärentem elektromagnetischem Vakuumstrahlungsfeld postuliert wird, dem eine Feldenergie zugesprochen werden muss. Addiert man nämlich den Energieinhalt dieses Spektrums bis zu immer höheren Frequenzen auf, so stellt man fest, dass dieser mit der fünften Potenz der oberen Frequenzgrenze, also proportional zu ν_{max}^5, anwächst. Wollte man bis zu beliebig großen Frequenzen aufsummieren, so würde man unheimlicherweise beliebig große Energiedichten für dieses Vakuumfeld erhalten. Was fängt man aber mit einem Vakuum solch horrend hoher Energiedichte an? Kann denn so etwas überhaupt sinnvoll sein? Man könnte geneigt sein zu hoffen, dass das Theoretisieren über ein Vakuumfluktuationsfeld mit den oben beschriebenen Eigenschaften unser Denken über die Realität der physikalischen Felder irgendwo in die Irre geführt hat und dass man hierin wohl eher einer Chimäre aufgesessen ist.

Gegen eine solche Einschätzung spricht jedoch vehement, dass man unter Experimentalphysikern sicher ist, die Existenz dieses Vakuumfeldes durch den auf letztere zurückführbaren sogenannte Casimir-Effekt nachgewiesen zu haben. Dieser nach dem holländischen Physiker Casimir benannte Effekt besteht darin, dass zwei unter bestem Hochvakuum in geringem Abstand parallel zueinander positionierte Metallplatten einander mit einer Kraft anziehen, die sich als umgekehrt proportional der vierten Potenz des Plattenabstandes erweist. In der Tat lässt sich ein solcher Effekt quantitativ genau auf das Wirken des grundsätzlich vorhandenen elektromagnetischen Vakuumfeldes mit den oben genannten Eigenschaften zurückführen. Man muss also wohl davon ausgehen, dass dieses Vakuumfeld tatsächlich überall im Raum gleichermaßen existiert. Nicht eindeutig sagen lässt sich allerdings bisher, ob dieses Vakuumfeld vielleicht eine natürlich erscheinende, obere Frequenzgrenze zugesprochen bekommen kann, mit der in Verbindung der Energieinhalt dieses Feldes beruhigenderweise wenigstens wieder als endlich groß erwiesen werden könnte.

Eine solche Obergrenze dürfte in einem beliebigen Bezugssystem jedoch nicht einfach durch einen absoluten Frequenzwert festgesetzt sein, sonst würde diese Grenze wegen des Dopplereffektes in jedem anderen Bezugssystem zu einem jeweils anderen Wert führen mit der Folge, dass jedem Bezugssystem ein anderer Wert für die Energiedichte des Vakuumfluktuationsfeldes zukäme. Damit gäbe es also von vornherein eine absolute Bevorzugung eines bestimmten Bezugssystems vor allen anderen gegeben dadurch, dass in ihm die Minimalgröße der dem Vakuum zugeschriebenen Energiedichte aufträte. Dies widerspräche aber in schärfster Form dem relativistischen Äquivalenzprinzip, wonach alle Inertialsysteme einander

gleichwertig sein sollen, was die Beschreibung der Natur-
vorgänge anbetrifft. Um diesem Problem in angemessener
Form zu begegnen, müsste man in jedem System eine
„systemimmanente" Frequenzobergrenze ν_{max} durch das
kürzeste, physikalisch sinnvoll erscheinende Eigenzeitinter-
vall $\Delta t = \nu_{max}^{-1} = l_{min}/c$ definieren und erhielte sodann
die dazugehörige Energiedichte des elektromagnetischen
Vakuumfeldes zu $\varepsilon_{vac} = (1/5)(\hbar\omega_0)(\nu_{max}/\nu_0)^5 I_{vac}$. Was
auch immer man sich hier als geeignete Festlegung eines
solchen Eigenzeitintervalles Δt einfallen ließe – zum Beispiel etwa die Zeit, die das Licht zum überbrücken des
Elektronendurchmessers $r_e = e^2/m_e c^2$ benötigt – es würde
in jedem Falle zu einem bestürzend großen Wert der Vakuumenergiedichte führen. Kann man sich aber, als Physiker
oder Normalbürger, intellektuell mit dieser Situation, dass
das Vakuum so überaus energiegeladen sein soll, zufrieden
geben? Die Antwort lautet überraschenderweise: Ja!

Denn im Rahmen der ganz normalen physikalischen
Prozessabläufe kümmert uns ja auch niemals der absolute
Wert der Energie eines Zustandes! Was uns vielmehr nur
angeht, ist der Unterschied in den Energien zwischen einem
und dem nachfolgenden Zustand eines Systems. So interessiert uns überhaupt nicht der absolute Wert der Energie
eines Kilogramms Wasser in einem hochgelegenen Stausee,
was lediglich für die Stromerzeugung durch ein Wasser-
kraftwerk interessiert, ist der Unterschied in den Energien
eines Kilogramms Wasser im hochgelegenen Stausee und im
tiefer gelegenen Tal, denn diese Energie lässt sich gewinnen
und in Strom verwandeln, nicht die absolute Energie. Der
Energieunterschied zwischen der Energiedichte eines reellen
thermischen Strahlungsfeldes und derjenigen eines elektro-

magnetischen Vakuumfeldes ist jedoch gerade durch das Planck'sche Gesetz bzw. durch das Stefan-Boltzmann'sche Gesetz gegeben. Was die Physiker also bisher immer beschrieben haben, ist sozusagen der energetische Zustand eines realen physikalischen Systems relativ zu dem ihm zugehörigen Vakuum- oder Grundzustand.

Im Detail lässt sich mehr über die Vakuumproblematik zum Beispiel in Arbeiten von Mashhoon (1988), Rafelski und Müller (1985), Fahr (1989) und Weinberg (1989) nachlesen. Insgesamt kommt jedoch, wenn man die Betrachtungen von den elektromagnetischen Vakuumfeldern zu den Vakuumzuständen der massetragenden und ladungtragenden Teilchenfeldern ausdehnt, stets ein zu dem oben Gesagten ähnlicher Befund heraus; nämlich dass die Vakuumzustände auch all dieser Teilchenfelder für sich separat betrachtet zu ganz erheblichen Vakuumenergiedichten, und damit ganz erheblichen Werten von zugehörigen kosmologischen Konstanten führen. Aufgrund solcher Werte der kosmologischen Konstanten sollte man die Nichteuklidizität, also die Gekrümmtheit der leeren Raumzeit, bereits über Distanzlängen von etwa einem Kilometer feststellen können, das heißt, man sollte praktisch nicht weiter als einen Kilometer weit ins Weltall sehen können. Wir könnten also kein Objekt im Raum jenseits einer Entfernung von einem Kilometer mehr sehen! Da wir jedoch konkrete, irdische Objekte bis zu Entfernungen von über 10 Kilometer gut zu sehen glauben, müsste die wahre Vakuumenergiedichte schon um mindestens 120 Größenordnungen kleiner als die derzeit berechnete sein. Daraus kann man entweder schließen, dass wir die Vakuumdichten, insbesondere im Zusammenspiel der einzelnen Quantenfelder, bis heute nicht richtig zu berechnen vermögen, oder dass diese Vakuumdichten eben gar nicht als Quellen der Gravitation auftreten können.

Viele Quantenfeldtheoretiker vermuten heute, dass die richtig berechneten, alle Selbstwechselwirkungen bis zu den höchsten Ordnungen berücksichtigenden Vakuumenergiedichten sich eventuell einzeln in ihrer Summe kompensieren könnten, indem einige Beiträge sich als positiv, andere als entsprechend negativ ergäben. Eine solche unerwartet ideale Kompensation von, absolut genommen, riesigen Größen zu einem Gesamtwert von „null" muss uns jedoch derzeit wie ein Schöpfungswunder par excellence erscheinen, für das es, wenn überhaupt, dann nur eine „anthropische Erklärung" geben könnte – nämlich die, dass wir alle heute nicht da wären, wenn dem nicht von Anbeginn aller kosmischen Existenz so gewesen wäre.

Es scheint viel eher also so, als würde sich die Geometrie der Raumzeit, so wie auch die Physik im Labor, eben einfach nicht um die Absolutwerte der Energiedichte im All kümmern, sondern nur um die relativen Werte, nämlich um den jeweils gegebenen Unterschied in der Energiedichte des vorliegenden Anregungszustandes zu dem des Grundzustandes, also dem Vakuumzustand aller Felder. Das Vakuum selbst aber gravitiert demnach nicht, es hat keinen Einfluss auf die Raumzeitgeometrie. Reelle elektrische Ladungen sind nach allgemeinem Verständnis die Quelle eines elektrischen Feldes. Entsprechend sollten auch nur reelle Energiedichten Quellen des Gravitationsfeldes sein können. Anders gesagt, wo weder reelle Ladungen noch reelle Energien repräsentiert sind, da sind auch weder elektrische noch gravitative Felder zu erwarten.

So vernünftig dies klingen mag, so beirrend bleibt der Umstand, dass von dem Wert der Energiedichte des Vakuums, das heißt dem Wert der kosmologischen Konstanten, so klein sie vielleicht auch letztenendes sein mag, dennoch ungeheuer viel abhängt; nämlich was die aus dem Urknall herkommende Evolutionsgeschichte des Universums anbelangt. Löst man die Einstein'schen Feldgleichungen für ein homogenes und isotrop expandierendes Universum und setzt die kosmologische Konstante Λ gleich „null" (Friedmann-Universum!), so wird in solchen Lösungen eine Expansion beschrieben, deren Expansionsgeschwindigkeit von der allgemeinen Gravitationsanziehung aller Massen untereinander vermindert wird (dezelerierte Expansion!). Das hat auch eine klare Folge für den jeweils zu einer gewissen Weltzeit aktuellen Hubble-Parameter $H(t)$ als Funktion der Weltzeitkoordinate t, durch den diese Form der homologen Expansion ja in geeigneter Weise nach der Hubble-Relation beschrieben werden soll ($\dot{R}/R = \dot{S}/S = H(t)$); wo $\dot{S}$ die Fluchtgeschwindigkeit eines Weltobjektes in einer Entfernung S vom Beobachter ist, und wo R und $\dot{R}$ den Weltradius bzw. seine zeitliche Veränderung darstellen. Ein rein unter der Wirkung gravitierender Massen im Weltraum expandierender Kosmos wäre bis zum eventuellen Kollapspunkt einer ständigen Dezeleration unterworfen mit der Folge, dass sich der jeweilige Hubble-Parameter $H(t)$ mit wachsender Weltzeit stark verkleinert. Wenn unser tatsächliches Universum sich in einer solchen Weise entwickelt hätte, so ließe sich sein Alter mit Leichtigkeit durch einen entsprechenden Maximalwert abschätzen, bei dem man vom heutigen Wert des Hubble-Parameters $H_0 = H(t = t_0)$ auszugehen hat, wenn t_0 die heutige Weltzeit darstellt.

Das Weltalter τ all solcher Universen lässt sich dann nämlich aus ihrem jeweiligen Ist-Zustand mit seiner Obergrenze gut abschätzen, die durch das Reziproke des für den Jetztzustand eines solchen Universums gültigen Hubble-Parameters, also durch $\tau \leq 1/H(t_0) = R_0/\dot{R}_0$ angeben lässt. Kurz gesagt könnte also, wie man leicht ausrechnen kann, unter solchen Voraussetzungen unser Universum mit einer heutigen Hubble-Konstanten von $H_0 = 70\,\mathrm{km/s/Mpc}$ nicht älter als 13 Milliarden Jahre sein.

Ein solches Alter des Universums wird jedoch zu einer äußerst kritischen Größe für die Geschlossenheit oder die Konsistenz der Gesamttheorie, wenn man in diesem Universum auf Dinge oder Objekte stößt, deren Altersdatierung auf höhere Werte führt, denn das Universum als Ganzes sollte nicht jünger als seine in ihm befindlichen Objekte sein können. Aus den chemischen Isotopenanomalien in meteoritischen Gesteinen, die auf die Erde gefallen sind, erschließt man ein Meteoritenalter von 15 bis 18 Milliarden Jahren, und die ältesten Sterne in den Kugelsternhaufen unserer Galaxie datiert man auf ein Alter von 18 bis 20 Milliarden Jahren. Es kann aber nicht angehen, dass solche Dinge wie Meteoriten oder Sterne älter als der Urknall sind, der zu diesem ganzen Universum geführt haben soll. Was soll man daraus schließen? Wiederum zweierlei zueinander Entgegengesetztes: Entweder stimmt die Theorie von der Urknallkosmogenese unseres Universums als ganze nicht – ein Schluss von enormer Tragweite! – oder die Vakuumenergiedichte des Universums ist nicht gleich „null" sondern führt zu einer positiven kosmologischen Konstanten $\Lambda > 0$

– ein alternativer Schluss von fast ebensolcher Tragweite! Mit einer positiven kosmologischen Konstanten, also mit der Situation, dass das Vakuum doch gravitiert, lässt sich das Weltalter jedes expandierenden Universums dann allerdings mühelos mehr oder weniger beliebig vergrößern, so dass angesichts dann möglicher Weltalter keine Altersdatierung irgendeines Objektes eines solchen Weltalls mehr anstößig erscheinen müsste (siehe Abb. 5.1 und 5.2).

In einem solchen Weltall konkurrieren die anziehenden Wirkungen der reellen Massen und die abstoßende Wirkung des Vakuums miteinander während der Expansion, und es lässt sich jeweils zeigen, wie auch immer das Zahlenverhältnis von reeller kosmischer Energiedichte zu Energiedichte des kosmischen Vakuums ausfällt, dass zunächst die anziehende Wirkung bei kleinem Weltradius R vorherrschend ist, das heißt die Expansion wird dezeleriert, dann aber wegen der Abnahme der reellen Massendichte bei der Expansion nimmt schließlich die abstoßende Wirkung des Vakuums wegen dessen konstanter Energiedichte überhand und diktiert dem Kosmos danach, zumindest bei verschwindendem Krümmungsparameter, eine nie mehr endende inflationäre Expansion. Diese ist dann durch einen schließlich asymptotisch konstant werdenden Hubble-Parameter $H = \dot{R}/R = \sqrt{8\pi G \epsilon_\Lambda / 3c^2}$ gegeben, der nur mit der Vakuumenergiedichte ϵ_Λ selbst zusammenhängt. Die Frage bleibt also dann nur, was man wohl lieber bezweifeln will; die Evolution unseres Kosmos als diejenige eines Urknalluniversums, oder die schwerverdauliche „Dogmatik" eines gravitierenden Vakuums!

Zum Abschluss dieser Diskussion um die Energiedichte des Vakuums soll noch einmal auf vorherige Argumentationen eingegangen werden, die wir als Hinweis auf die tief intrinsische Verflechtung zwischen dem makroskopisch Großen und dem mikroskopisch Kleinen im Naturganzen angeführt hatten, und die letztenendes auf Paul Dirac als deren Urheber zurückgehen. Letzterer hatte die extrem auffällige Ähnlichkeit sogenannter dimensionsloser Zahlenverhältnisse aus Mikro- und Makrophysik auf ihren Grund hin befragen wollen, und als die einzig angemessene Antwort auf diese Frage schien ihm suggeriert zu sein, dass die in diesen Zahlenverhältnissen auftretenden, von uns gewöhnlich als physikalische Naturkonstanten behandelten Größen in Wirklichkeit keine Konstanten, sondern kosmologische Zeitfunktionen sind. So sollte sich nach seiner Meinung eventuell herausstellen, dass die Elementarladung e der elektrisch geladenen Partikel oder Newtons Gravitationskonstante G sich im Laufe der Äonen der Weltgeschichte verändern, wenn vielleicht auch nur so langsam, dass wir sie über den kurzen Zeitabschnitt der Menschheitsgeschichte hinweg gut und gerne als unverändert ansprechen können, aber über die langen kosmischen Zeitverläufe zurückgesehen mag dies eine falsche Annahme sein.

Misst man einerseits den Durchmesser des heutigen Universums von vielleicht einigen zehn Milliarden Lichtjahren in Einheiten des klassischen Elektronenradius r_e – sozusagen der kleinsten sinnvollen Längeneinheit, die im mikroskopischen Bereich vorkommt –, so ergibt sich eine riesige Zahl von der Größenordnung 10^{40}! Misst man andererseits die Kraft, mit der sich Proton und Elektron elektrisch anziehen, in Einheiten derjenigen Kraft, mit der sie sich gravitativ anziehen, so ergibt sich erstaunlicherweise praktisch die gleiche Riesenzahl 10^{40} (siehe z. B. Hoyle 1990). Natürlich kann das ein Zufall sein! – Warum sollte man nicht durch alle möglichen Verhältnisbildungen unter mit Standardeinheiten gemessenen Größen gleich große Zahlen erzeugen können? Andererseits aber, und das ist die zweite Möglichkeit, kann dies auch bedeuten, dass die bei diesen Zahlenverhältnissen verwendeten Naturkonstanten, wie Lichtgeschwindigkeit c, Elementarladung e, Gravitationskonstante G, Protonen- und Elektronenmasse m_p und m_e nicht, zumindest nicht alle, in Wirklichkeit echte Konstanten sind, sondern kosmologisch veränderliche Größen, die im Zuge der kosmologischen Ausdehnung des Universums korrelierte Veränderungen erfahren, so dass man dann fantastischerweise an der Größe zum Beispiel von Newtons Gravitationskonstante G die Größe R des Universums ablesen könnte. Nimmt man tatsächlich diesen, immerhin stark suggerierten Standpunkt ein, so ergibt sich, dass die sogenannten Naturkonstanten mit dem zeitlich veränderlichen Radius des Universums $R(t)$ auf die folgende Weise verbunden sein müssten: $r_e/R = e^2/m_e c^2 R \simeq G m_e m_p / e^2$.

Um diese Beziehung bei expandierendem Universum zu erfüllen, würde es zum Beispiel reichen, wenn die Lichtgeschwindigkeit sich mit der Größe des Universums wie $c = 1/\sqrt{R(t)}$ verkleinern würde, oder eine der anderen Naturgrößen aus der obigen Relation sich in einer ihr entsprechenden Weise verhalten würde. In einem von Vakuumenergie dominierten Universum, für welches unser heutiges ja gehalten wird, würde also nicht nur ein konstanter Hubble-Parameter $H = \dot{R}/R = \sqrt{8\pi G \epsilon_\Lambda / 3c^2}$ gelten, sondern auch damit verbunden eine mit der Weltzeit immer kleiner werdende Lichtgeschwindigkeit $c(t) = c_o \exp[-\sqrt{8\pi G \epsilon_\Lambda / 3}(t - t_0)]$. Das hätte natürlich enorme Konsequenzen, die in ihren Auswirkungen kaum auszudenken wären. Wenn das Licht sich bei kleinerem Weltall zum Beispiel wie oben unterstellt schneller als bei größerem Weltall ausbreiten würde, so würde sich sofort eine völlig neue Beziehung zwischen Rotverschiebung und Entfernung eines leuchtenden Himmelsobjektes bzw. zwischen Rotverschiebung und Weltallgröße zur Zeit der Lichtemission von diesem gesehenen Objekt ergeben.

Wenn wir, optional einmal anders gedacht, zum Beispiel eine lineare Abhängigkeit der Lichtgeschwindigkeit vom Radius des Universums als Antwort auf die magische Dirac'sche Zahlenrelation fordern wollten, allerdings dann verbunden mit entsprechenden Zeitabhängigkeiten anderer Fundamentalgrößen, so würden wir sogar zu dem unerhörten Ergebnis kommen, das überhaupt keine kosmologische Rotverschiebung eintreten sollte – ein Ergebnis, das gewisslich auch seine eigene Schönheit besitzen würde. Wäre dadurch doch zwar nicht die Konstanz der Lichtgeschwindigkeit an sich, so doch aber die Konstanz des Proporzes zwischen Weltradius und Lichtgeschwindigkeit zu jeder Phase der Weltentwicklung gewährleistet.

Lassen Sie uns jetzt noch einmal auf die uns unbekannte Vakuumenergiedichte und die zu ihr gehörige kosmologische Konstante Λ zurückkommen: Wir könnten geneigt sein, auch zu ihr eine Dirac'sche Relation herzustellen, indem wir folgendermaßen argumentieren: Bei positiver

Vakuumenergiedichte wird früher oder später das Schicksal des Kosmos allein durch diese Vakuumenergie bestimmt sein, während die Massen im Universum für die Raumzeitstruktur dann ohne jede Bedeutung sind. In dieser Phase kann das All durch eine mit der kosmologischen Konstanten verknüpfte, kosmische Länge $L = 1/\sqrt{\Lambda}$ charakterisiert werden. Dann also sollten nach der Dirac'schen Relation die physikalischen Konstanten dieser kosmischen Endzeit die folgende Bedingung erfüllen:

$$r_e/L = e^2 \sqrt{\Lambda}/m_e c^2 \simeq G m_e m_p/e^2$$

Nimmt man nun an, dass die heute gültigen Werte der obigen Naturgrößen bereits ihren asymptotischen Endwerten entsprechen, so kann man mit der Dirac'schen Relation die kosmologische Konstante Λ bzw. die Vakuumenergiedichte in unserem heutigen Universum ausrechnen. Tut man dies, so erhält man einen Energiedichtewert, der um den Faktor 30 über dem Energiedichteäquivalent der derzeit angedeuteten kosmischen Massendichte leuchtender reeller Materie liegt. Wir sollten demnach mit unserer derzeitigen kosmologischen Expansion längst schon vom Vakuum dominiert sein, was ja von den heutigen Kosmologen auch angenommen wird.

An dieser Stelle wollen wir auch einmal auf die Situation des frühesten kosmischen Vakuums und die damit zusammenhängende früheste Evolution des Kosmos eingehen. Nach den modernsten Vorstellungen der Elementarteilchentheoretiker vollzieht sich in den frühesten, sehr heißen Entwicklungsphasen unseres Universums ja Folgendes: Bei Temperaturen von über 10^{28} Kelvin ist das Quantenfeld der

Higgsbosonen, die durch ihre Wechselwirkungen mit allen anderen Teilchen letzteren ihre jeweilige Masse vermitteln, bei einem Wert der felderzeugenden Skalarfunktion von $\Phi = 0$ in einem sogenannten „falschen" Vakuumzustand eingefangen. In diesem Zustand besitzt das Vakuum eine bestimmte Energiedichte $\epsilon(\Phi = 0) \geq 0$. Letztere markiert aus dem Grunde einen „falschen" Vakuumzustand, weil es auch noch einen anderen Bereich der skalaren Higgsfeld-funktion $\Phi \geq 0$ gibt, in dem das Vakuum eine zugehörige Energiedichte $\epsilon(\Phi) \leq \epsilon(\Phi = 0)$ besitzt und den man des-wegen „wahres Vakuum" nennt. Ein spontaner Übergang vom falschen in den wahren Vakuumzustand ist jedoch bei Temperaturen von 10^{28} K nicht möglich, weil der Zustand $\epsilon(\Phi = 0) \geq 0$ mit $d\epsilon/d\Phi \geq 0$ ein lokales Minimum dar-stellt (wie ein eingestülpter Sombrero-Hut), aus dem das System „Kosmos" in dieser Phase nicht spontan entkom-men kann. Bei fallender Temperatur im expandierenden Kosmos ändert sich dann jedoch als Folge der Temperatur-änderung der Kurvenverlauf für die Vakuumenergiedichte als Funktion der Higgsfeldfunktion $\epsilon(\Phi) = \epsilon(\Phi, T)$, so dass dann schließlich unterhalb einer kritischen Tempera-tur $T = T_c$ der Zustand $\Phi = 0$ energetisch ein lokales Maximum darstellt. In diesem Moment kann dann aber ein spontaner Übergang des Kosmos in den „wahren" Vaku-umzustand erfolgen.

Dieser von Theoretikern ausgedachte Prozess ist für die meisten Leser sicherlich nur verbal nachzuvollziehen. Er wird von den Feldtheoretikern als ein Zerfall des „mas-selosen" in ein „massegeladenes" Vakuum beschrieben, weil alle vorhandenen Elementarteilchen im Zustand des falschen Higgsvakuums weder Ruhemasse noch Ruheenergie besitzen, jedoch im Zustand des wahren Vakuums dann plötzlich durch ihre Kopplung an die skalaren (drehimpulslosen) Higgsfeldbosonen, also die Quanten des Higgsfeldes, Ruhemasse und Energie vermittelt bekommen. In diesem Moment vollzieht sich ein sehr drastischer Symmetriebruch unter den Teilchen des Kosmos, der darin besteht, dass nunmehr bezüglich der Stärke der Kopplung an die Higgsfeldteilchen sich die vorhandenen, bisher ununterschiedenen Teilchen voneinander unterscheiden mit der Folge, dass sie sich danach auch bezüglich ihrer Massen deutlich unterscheiden ($m_p \gg m_e$). Elementarteilchen, die bisher alle wegen verschwindender Massen einander völlig gleich waren, unterscheiden sich nunmehr durch den Betrag ihrer Massen drastisch. Wenn also in der Anfangsphase des kosmischen Expansionsgeschehens eine sehr hohe Temperatur gegeben ist, so sollte dies den Zustand des falschen Vakuums (eingewölbter Sombrero: $\Phi = 0$) geradezu erzwingen, der nach dem eben Gesagten dazu führen muss, dass das zugehörige Vakuum eine positive Energiedichte $\epsilon(\Phi = 0) > 0$ repräsentiert. Jede Volumeneinheit des Universums enthält also dann die aufgrund existenter Vakuumenergie spezifische Energiemenge $\epsilon(\Phi = 0)$.

Gerade mit diesem Zustand eines energiehaltigen Vakuums ist jedoch die Besonderheit verbunden, dass der Energieinhalt des Universums sich zwangsläufig vermehren muss, wenn immer der Weltraum sich ausdehnt, sein Volumen also größer wird, entgegen dem gewohnten Verhalten eines klassischen thermodynamischen Systems, dass bei Ausdehnung eines Volumens gegen einen Druck Arbeit geleistet und folglich durch die dabei notwendige Energieaufwendung der innere Energieinhalt vermindert werden muss. Im Falle des falschen Vakuums liegt offensichtlich wegen seines absonderlichen Verhaltens so etwas wie ein „negativer" Druck des Universums vor, der das Weltall nach Aussage der Einstein'schen Feldgleichungen zu inflationärer Expansion antreibt. Nach dieser Vorstellung hätte man sich die Anfangsphase der kosmischen Expansion als eine inflationäre Aufblähung des leeren mit dem falschen Vakuum erfüllten Weltraumes vorzustellen, in dem es nur masselose Teilchen gibt. Mit einer solchen zwangsläufigen Expansion ist allerdings eine Abnahme der Materietemperatur von $T > T_c$ auf $T < T_c$ verbunden und damit ein Übergang in immer neue thermodynamische Zustände des Kosmos. Hiermit sind aber gleichzeitig eine Reihe von sogenannten Symmetriebrüchen verbunden, bei denen sich jedesmal die Gesetzmäßigkeiten des materiellen Verhaltens verändern, indem eine vorher dagewesene Symmetrie von da an keine Gültigkeit mehr besitzt.

Der erste Symmetriebruch tritt ein, wenn die Temperaturen unter $T = T_c$ fallen, wenn also das masselose Vakuum von dem „falschen" Wert $\Phi_f = 0$ des skalaren Higgsfeldes in den richtigen Wert Φ_w übergeht und dabei die Energiedichte des Vakuums schlagartig absinkt auf einen sehr niedrigen Wert $\epsilon(\Phi_w) \simeq 0$. Damit ist verbunden, dass der bisher negative Vakuumdruck entweder ganz verschwindet oder zumindest doch erheblich kleiner wird. Zum anderen nehmen nun alle real vorhandenen Teilchen im Universum eine für sie genuine Masse an. Der Symmetriebruch besteht in diesem Falle also darin, dass Teilchen, die einander bisher hinsichtlich ihrer Masse gleich waren, plötzlich sich bezüglich derselben voneinander unterscheiden. Und noch ein weiterer, für den bis dahin noch jungen Kosmos unbekann-

ter Umstand tritt neu hinzu: die nunmehr massebehafteten
Teilchen im Kosmos stehen nicht mehr wechselwirkungsfrei
einander gegenüber, vielmehr wirken sie plötzlich insbesondere aufgrund ihrer Massen stark, schwach und gravitativ
aufeinander ein und beginnen so die bis dahin aufgekommene Expansionsfahrt des Kosmos zu bremsen. Ein neues
Zeitalter des Kosmos bricht an!

Im Zuge der weitergehenden Expansion kommt es dann
zu einer Reihe weiterer Symmetriebrüche, wenn bestimmte
kritische Temperaturschwellen unterschritten werden. Jedesmal ändern sich dabei sogar die Naturgesetze drastisch.
Die heutige Asymmetrie unter den Teilchen und Kräften
der Natur, also die Tatsache, dass es verschiedene Naturkräfte und verschiedene, darauf unterschiedlich ansprechende
Elementarteilchen gibt, ist demnach nichts anderes als
eine typische Erscheinungsform eines thermodynamisch
„lauwarmen" Systems mit geringer Temperatur! Die Baryonen, Leptonen, Mesonen, Hyperonen unterscheiden
sich deswegen hinsichtlich ihrer Reaktion auf verschiedene
Kraftfelder, weil sie unsymmetrisch bezüglich Masse, elektrischer Ladung, „schwacher" Ladung und Farbladung sind.
Der großen Vereinheitlichung von Kräften und Teilchen,
und sogar Kräften mit Teilchen, strebt ein physikalisches
System umso mehr entgegen, je höher sein Energieinhalt
angehoben wird.

Verfolgen wir also die Expansion des Kosmos bis in die
tiefste Vergangenheit zurück, so werden wir in Zustände
immer höherer Temperatur zurückgeführt, bei der immer
mehr Symmetrien Gültigkeit erlangen. Zunächst verein-
heitlichen sich die schwachen Wechselwirkungskräfte mit
den elektromagnetischen bei $T \simeq 10^{15}$ Kelvin zu den sog.

„elektroschwachen" Kräften, schließlich sodann auch diese mit den „starken" Kräften voraussichtlich bei $T \simeq 10^{28}$ Kelvin. Davor sind alle Teilchen bezüglich ihrer Wechselwirkungseigenschaften mit anderen als gravitativen Kräften völlig gleich. Oberhalb von $T = 10^{28}$ Kelvin werden dann sogar die Massen aller Teilchen gleich, und zwar gleich „Null", und es gibt folglich auch keinen Unterschied bezüglich der Reaktion auf gravitative Wechselwirkung mehr. Der große Traum von der Vereinheitlichung ist also ein Höchstenergietraum! Anders gesagt: Die Strukturen und materiellen Hierarchien, die wir heute in unserer Welt vorfinden, sind ein Geschenk der „lauen" Temperaturen in unserem heutigen Kosmos. Andererseits, so sehr dies jedem einleuchten mag, der an die Errungenschaft der modernen Elementarteilchentheorie glaubt, so deutlich muß man auch sehen, dass es bereits „genetische" Unterschiede im frühesten Universum angelegt gegeben haben muss trotz ansonsten absoluter Einheitlichkeit, da anderenfalls auch durch Symmetriebruch der Unterschied nicht hätte zum Vorschein treten können, denn kein Teilchen wüsste schließlich, wie und ob es sich vom anderen unterscheiden soll. Wenn es im Anfang der Welt nur masselose Elektronen gegeben hätte, so hätte auch durch Symmetriebruch später kein Proton daneben erscheinen können, wie auch aus einem Kuckucksei niemals ein Wellensittich, sondern immer nur ein Kuckuk hervorgeht. Die Unterschiede waren in nucleo also immer da, nur schlummerten sie im Anfang der Welt im Verborgenen. Erst bei Abkühlung, und damit bei entsprechender Änderung der Umwelt, manifestieren sich dann diese Unterschiede, die in der „Genmatrix" der Elementarteilchen zugrunde gelegt waren, ganz analog zu den genbedingten Unterschieden zwischen verschiedenen Arten von Viren zum Beispiel, die auch erst zum Durchschlag kommen, wenn sie einer dafür geeigneten Umwelt ausgesetzt werden.

An dieser Stelle wäre schließlich noch der Gedanke vom Anfang des Kapitels wieder aufzugreifen, dass nämlich, wenn das Vakuum schon als energietragend anerkannt werden muss und somit eine Inflation der universellen Raumzeit betreibt, dann eventuell auch gut vorstellbar wäre, dass der gesamte heutige, materieerfüllte und expandierende Kosmos eigentlich genaugenommen ganz und gar aus diesem Vakuum hervorgegangen ist. Dazu müsste nur verständlich gemacht werden können, wie eine anfänglich leere Raumzeit, die ja bei positiver Vakuumenergiedichte automatisch zu größeren Skalen $R = R(t)$ hin expandiert, sich allmählich genau bei diesem Geschehen der Expansion mit materiellem Substrat erfüllt, sozusagen als Folge der expandierenden Raumzeit. Letzteres zu erklären, sollte jedoch den heutigen Feldtheoretikern eigentlich gar nicht schwer fallen. Für sie ist doch der Unterschied zwischen reeller Materie und Vakuum sowieso reduziert auf denjenigen zwischen angeregten Feldzuständen und Grundzuständen der Quantenfelder.

Wenn also bei der Raumzeitexpansion des Vakuums die in die Raumzeit eingebetteten Grundzustände aller Felder in einer gewissen Stärke eine Anregung erfahren, so tauchen als schiere Reflektion dessen im Zuge der Anregungen mit wachsender Wahrscheinlichkeit immer mehr reelle, materielle Teilchen aller Arten auf. Diese beteiligen sich natürlich dann durch ihre lokale und ubiquitäre Energierepräsentanz insbesondere auf großen Raumskalen an der

Ausbildung der kosmischen Gravitationsfelder, das heißt, an der Bildung der universellen Raum-Zeit-Metrik. Wären wir also damit schon an einem vollständigen Bild des heutigen Universums angekommen? Hätten wir dementsprechend unsere heutige Welt als deterministische Folge des energetischen Urvakuums aufgezeigt? Dies betreffend müssen allerdings doch noch berechtigte Zweifel bleiben! Wir hätten zwar die Expansion des Universums, und wir hätten auch das darin eingebettete materielle Substrat. Aber wie werden wir das Entropiemaximum los, in dem wir uns in der Zeit voranbewegen würden? Anders gefragt: Wie werden wir die Informationslosigkeit unseres so geschaffenen Universums los? Und wie schaffen wir uns die Strukturen in diesem Weltall, die wir nun einmal allenthalben vorfinden herbei? Und wieso, um mit G.W. Leibniz zu fragen, gab es überhaupt irgendetwas, das werden konnte, und nicht vielmehr nichts?

Literatur

Bennet, C.L., Hill, R.S., Hinshaw, G. Nolta, M.L., et al.: Results from the COBE mission. Astrophys. J. Supplem. **148**, 97–111 (2003)

Birrel, N.D., Davies, P.C.W.: Quantum fields in curved space. Cambridge University Press, Cambridge (1982)

Blome, H.J., Priester, W.: Vacuum energy in a Friedmann-Lemaître cosmos. Naturwissenschaften **71**, 528–531 (1984)

Einstein, A.: Kosmologische Betrachtungen zur Allgemeinen Relativitätstheorie. In: Sitzungsberichte der königl. Preussischen Akademie der Wissenschaften, S. 142–152. Berlin (1917)

Fahr, H.J.: The modern concept of „vacuum" and its relevance for the cosmological models of the universe. In: Weingartner, P., Schurz G. (Hrsg.) Philosophy of Natural Sciences, Bd. 17, Proceedings of the Wittgenstein Symposium, S. 48–60. Kirchberg/Wechsel, Hölder-Pichler-Tempsky, Wien (1989)

Fahr, H.J.: The cosmology of empty space: How heavy is the vacuum? What we know enforces our belief. In: Löffler, W. und Weingartner, P. (Hrsg.) Knowledge and Belief, S. 339–353. öbv&htp Verlag, Wien (2004)

Fahr, H.J., Heyl, M.: About universes with scale-related total masses and their abolition of presently outstanding cosmological problems. Astron. Notes **328**, 192–206 (2007)

Fahr, H.J., Sokaliwska, M.: Revised concepts of cosmic vacuum energy and binding energy: Innovative Cosmology. In: Alfonso-Faus, A. (Hrsg.) Aspects of Todays Cosmology, S. 95–120 (2011)

Hoyle, F.: The nature of mass. Astrophysics Space Science **168**, 59–88 (1990)

Overduin, J.M., Fahr, H.J.: Matter, spacetime and the vacuum. Naturwissenschaften **88**, 229–248 (2001)

Peebles, P.J.E., Ratra, B.: The cosmological constant and dark energy. Rev. Modern Physics **75**, (4), 559–599 (2003)

Perlmutter, S., Aldering, G., Goldhaber, G. et al.: The project T.S.C. Astrophys J. **517**, 565–578 (1999)

Rafelsky, J., Müller, B.: Die Struktur des Vakuums. Rowohlt Verlag, Hamburg (1985)

Springel, V. et al.: Simulations of the formation, evolution and clustering of galaxies and quasars. NATURE **435**, (7042), 629–636 (2005)

Steeruwitz, E.: Vacuum fluctuations of a quantized scalar field in a Robertson-Walker universe. Phys. Rev. **D11**, 3378–3383 (1975)

Weinberg, S.: The cosmological constant problem. Reviews of Modern Physics **61**/1, 1–20 (1989)

Wesson, P.S.: On the re-emergence of Eddington's philosophy of science. Observatory **120**, 59–62 (2000)

Zel'dovich, Y.B.: Vacuum theory: a possible solution to th singuraty problem of cosmology. Sov. Phys. Usp. **24**, 216 (1981)

9

Ist die kosmische Hintergrundstrahlung das Echo des heißen Urballes?

Ein früher oft verwendetes Sprichwort besagte: Wie man in den Wald hineinruft, so schallt es hinaus! Das will sagen, dass aus einer passiven Masse nur zurücktönen kann, was man von außen in sie hineingerufen hat. Ist nun der Kosmos mit seinen unzähligen Sternen und Sternsystemen im übertragenen Sinne auch nichts anderes als eine solche passive Masse, die an bestimmten Formen ihres Erscheinungsbildes auch eben nur das Echo des Urknalls widertönen lässt, sozusagen als das frühe Raunen der Evolution, durch das letztendlich alles im Kosmos Gestaltete vorangekündigt wurde? Oder ist dieser Kosmos vielmehr ein aktives, sich selbst organisierendes System, das in all seinen Emanationen nur für sich selbst und seinen aktuellen Status spricht? Alles Kommende entsteht stets aus dem Jetztzustand und ist auch nicht von den frühesten Anfängen her festgelegt. Hört man sozusagen einfach noch den Nachhall des Urknalls aus dem heutigen kosmischen Firmament hervortönen?

© Springer-Verlag Berlin Heidelberg 2016
H.J. Fahr, *Mit oder ohne Urknall*, DOI 10.1007/978-3-662-47712-0_9

Man kann bei dieser Frage auch von einem anderen bekannten Bon-mot ausgehen, das von jemandem besagt, der im Walde steht, er liefe Gefahr, vor lauter Bäumen den Wald nicht mehr erkennen zu können. Oder anders gesagt: Wenn man zu viel Einzelnes und nur dieses sieht, so verpasst man fatalerweise dabei, das Ganze zu erkennen, welches diese Einzelheiten alle zusammen eigentlich ausmachen. Wenn der Kosmos wirklich ein Ganzes darstellt, wie erkennen wir ihn dann aus der Ansicht der vielen seiner Einzelteile, wie den Sternen, Sternsystemen und Systemen von Sternsystemen, als solchen wieder? Es sei denn, die Teile sind alle gar nicht möglich ohne das Ganze, das heißt, sie verweisen je auf dieses Ganze. Beide Fragenaspekte sind verständlicherweise ungemein herausfordernd, denn sie hinterfragen in direkter Weise die Basis der Natur unseres Universums. Ist dieser Kosmos überhaupt eine in sich geschlossene Einheit, die von jedem seiner Teile auf sich zurückverweist? Oder ist er nur eine Stätte zufällig versammelten, inkohärenten Realitätsgutes? Ein Sammelsurium von unabhängig voneinander Erscheinendem und sich Profilierendem? Wenn die Teile nichts mit dem Ganzen zu tun haben, so gäbe es dieses Ganze dann wohl auch gar nicht! Hat die weithin leuchtende, glitzerlichterne Baumkrone dieses weiten Kosmos überhaupt jemals seine gemeinsame Wurzel in einem absolut initialen, primakausalen Entstehungsmoment gehabt, oder stellt dieser Kosmos vielmehr nur eine Vielfalt von unabhängig voneinander Geschehendem ohne einen absoluten Zeitstrang und ohne ein absolutes Alter dar?

Nehmen wir einmal an, dieses Weltall wäre alt genug, so dass wir in jeder Richtung beliebig weit schauen könnten, weil das Licht genügend Zeit hatte, uns auch von den fernsten Lichtquellen im Universum elektromagnetische Kunde zuzutragen. Was würden wir sehen, wenn wir an den Sternen und Sternsystemen vorbei in immer größere Tiefen des Universums schauten? Nun ganz einfach: Wir müssten den Anfang der Welt sehen, wenn es denn diesen jemals gegeben hat! Wenn nicht, so würden wir nur immer wieder Sterne und Sternsysteme sehen. Wie würde also gegebenenfalls dieser Weltanfang, wenn es ihn denn gab, dann voraussichtlich heute im Nachhall aussehen, und wie könnten wir diesen von seinen steckbrieflichen Eigenschaften her identifizieren? Hier beginnen nun die Astronomen eine gewagte Prophetie, indem sie den heutigen Geschehenszustand in unserem Universum in seine zurückliegenden Zustände in der kosmischen Weltzeitvergangenheit zurück zu extrapolieren versuchen.

Für diese Extrapolation dient die Hubble'sche Entdeckung als entscheidendes Deduktionsmittel, nämlich der aus Beobachtungen hergeleitete Befund, dass die Welt als Ganze homolog expandiert. Wenn sie solches denn derzeit wirklich tut, so müssen ihre früheren Zustände, in der Weltvergangenheit zurückliegend, im Prinzip ganz gleich nur eben räumlich kontrahierter ausgesehen haben, und zwar umso kontrahierter, in je frühere Epochen der Weltzeit wir zurückblicken. Mit räumlich kontrahierteren Erscheinungsformen der kosmischen Materieverteilung geht aber bei normalem Materieverhalten die Erhöhung der Materietemperaturen einher, was bedeuten muss, dass ein so extrapolierbarer Kosmos in seinen immer früheren Zeiten immer heißer werden sollte. Wenn er tatsächlich heißer gewesen wäre, wenn also die kosmische Materie in früheren Zeiten immer höhere Temperatur realisiert hätte, je weiter man in die Vergangenheit der kosmischen Evolution zurückschaut, so sollte man gerade eben diese heißen Materiephasen zu sehen bekommen, je weiter wir in die Tiefen des Kosmos und damit in die Frühzeiten der kosmischen Evolution zurückblicken.

Wenn die Materie in diesem Sinne gesehen heiß genug wird, dass Stöße unter den kosmischen Atomen unweigerlich dazu führen, dass sich Atomkerne und ihre Hüllenelektronen voneinander trennen, dann erfüllen sie als getrennt existierende, elektrisch gegensätzlich geladene Partikel den Raum. Freie elektrische Ladungen wechselwirken dann aber über Thomson'sche Streuprozesse sehr effizient mit jeder elektromagnetischen Strahlung. Das bedeutet nun aber, dass die im Kosmos vorhandenen Strahlungen sich in dieser Zeit nicht mehr frei durch den Weltraum ausbreiten können, dass sie vielmehr eng an die vorhandene, kosmische Materie angebunden sein werden und mit ihr ein gemeinsames Schicksal erfahren. Der Raum wird in dieser Phase also undurchsichtig für jede elektromagnetische Strahlung und wirkt für Licht wie ein dichter Nebel. Die Strahlung wird eng in ein intensives Wechselgeschehen mit der stoßbestimmten Materie eingebunden, und es sollte sich unter diesen Umständen dann ein thermodynamischer Gleichgewichtszustand zwischen Materie und Strahlung ergeben. Dieser Zustand impliziert, dass das existierende Strahlungsfeld den Charakter einer Schwarzkörperstrahlung annehmen sollte mit der für letztere typischen, durch die Planckkurve gegebenen, spektralen Charakteristik und Photonendichte, welche ausschließlich von der Temperatur dieser Weltphase bestimmt ist. Wenn wir also bis in diese Evolutionsphase zurückschauen könnten, so sollten wir in allen Richtungen auf die frühe undurchsichtige Nebelwand schauen und wir sollten in Form einer über alle Richtungen gleichmäßig verteilten Hintergrundstrahlung dieses typische Strahlungsfeld des frühen kosmischen Schwarzkörpers, sozusagen als optisches Echo des Urknalles, sehen können (siehe z. B. Fahr and Zoennchen 2009).

Seit der Entdeckung dieser „Echostrahlung" durch die beiden Radioastronomen Arno Penzias und Robert Wilson im Jahre 1965 hat sich nun die astronomische Welt daran gewöhnt, dieses Phänomen einer tatsächlich existierenden, kosmischen Hintergrundstrahlung (CMB) als eines der Basisfakten der heutigen Kosmologie anzunehmen, also mit dem Phänomen einer Strahlung zu leben, die von allen Seiten des Kosmos mit gleicher Stärke und gleichem Spektrum, zumindest wenn wir uns im CMB-Ruhesystem befinden, zu uns dringt. Nach allgemein verbreitetem Verständnis stellt diese Strahlung so etwas wie das noch heute vernehmbare optische Echo des Urknalls dar, jenes Initialereignisses, aus dem unser heutiger Kosmos samt all seinen materiellen Strukturen dereinst einmal hervorgegangen sein soll. Für viele Astrophysiker beschwor gerade aber die extreme Gleichförmigkeit dieser Urknallstrahlung, die in den Jahrzehnten nach ihrer Entdeckung immer augenfälliger durch Messungen belegt werden konnte (siehe Bennet et al. 2003), jedoch eine massive Glaubenskrise herauf.

Wenn kosmische Hintergrundstrahlung und materieller Kosmos auf ein gemeinsames Initialereignis zurückgehen sollen, so sollte man sich fragen, warum dann dieser Strahlungshintergrund so extrem gleichförmig erscheinen kann, wo aber doch andererseits der heutige Kosmos hoch hierarchisch strukturiert erscheint in Form von Sternen,

Sternsystemen und Systemen von Sternsystemen? Einige Fachtheoretiker kommen deshalb zu der Meinung, dass man der manifesten Realität des Universums zuliebe dringend von der traditionellen Linie homogener Kosmologien abkommen müsste und zu neuen Formen der Beschreibung inhomogener Universen übergehen sollte. Zwar können sie im Rahmen ihrer theoretischen Kalküle verfolgen, wie der Kosmos seine Strukturen, wenn sie erst einmal in Ansätzen, also in Form von kleinen Dichte- und Temperatur-Fluktuationen, ausgebildet sind, dann weiter intensiviert und evolviert. Doch dies Geschehen kann nur angestoßen werden, wenn eben schon sehr früh im Kosmos Inhomogenitäten in Ansätzen präsent waren, um Wege zu weisen, wo Strukturen wachsen sollen, und diese auch schnell genug wachsen können. Letztere Annahme schien sich bisher jedoch immer zu verbieten, weil die kosmische Hintergrundstrahlung als ein Abbild des frühen Kosmos, zumindest von der Erde aus beobachtet, praktisch keinerlei Unreinheiten oder Inhomogenitäten zu erkennen gab und weil die Wachstumsraten, ohne Hinzunahme von Ad-hoc-Lösungen wie „dunkler Materie" oder „stagnierenden" Expansionsphasen, sich als viel zu klein ergaben.

Besonders die CMB Messungen aus der jüngsten Zeit stehen einer Klärung dieser Sachlage eher im Wege. Schon die Messungen des seit Ende 1990 im Erdumlauf befindlichen NASA-Satelliten COBE (Cosmic Background Explorer) hatten in dieser Angelegenheit klare Vorzeichen gesetzt. COBE, der den kosmischen Hintergrund mit seinem hochtechnologischen Bordinstrumentarium besser als jemals zuvor vermessen hatte, fand endlich in der Tat Inhomogenitäten im CMB-Hintergrund, die bis dahin nicht entdeckt worden waren! Einer der Hauptverantwortlichen der Hintergrundmessungen mit dem DMR-Gerät (Differential Microwave Radiometer) auf COBE, der Astrophysiker G. Smoot aus Berkeley, berichtete vor einigen Jahren (Smoot 2000) einem internationalen Expertenkreis, dass nach über einjähriger Auswertung von mehr als 400 Millionen COBE-Daten für alle an den COBE-Messungen beteiligten Wissenschaftler nunmehr feststehe, dass die kosmische Hintergrundstrahlung nicht völlig gleichförmig ist, dass sie vielmehr über Winkelbereichen von etwa 7×7 Quadratwinkelgraden eine gemaserte Struktur am Horizont aufweist mit allerdings unscheinbar schwachen Abschattierungen zwischen schwächeren und intensiveren Strahlungsregionen, zwischen denen nur Temperaturunterschiede von etwa 30 Millionstel K (30 Mikrokelvin!) bestehen.

Um diesen Befund richtig würdigen zu können, muss man zunächst einmal wissen, dass sich weit stärkere Intensitätsschwankungen dem tatsächlich erscheinenden CMB-Himmelshorizont in Form von terrestrischen, interplanetaren und galaktischen Vordergrund-Störstrahlungen überlagern und dass sich zudem durch die Eigenbewegung der Erde gegen das kosmische Hintergrundstrahlungsfeld letzteres in einer hemisphärisch abgestuften, Doppler'schen Rot-Blau (d. h. hell-dunkel) Dipolstruktur darbietet (siehe auch Abb. 7.2a/b). Durch die Eigenbewegung nämlich tritt eine Doppler'sche Energieverstimmung der uns erreichenden Hintergrundphotonen je nach der Empfangsrichtung auf, die dafür sorgt, dass die aus der Bewegungsrichtung der Erde einkommende Hintergrundstrahlung um einige Tausendstel Grad Kelvin (10^{-3} Kelvin $= 1 \cdot$ Millikelvin) heißer erscheint als die aus der Gegenrichtung registrierte Strahlung. Das aber sind immerhin schon um den Faktor 100 größere Temperaturunterschiede, als sie von den COBE- und WMAP-Forschern den Inhomogenitäten der eigentlichen kosmischen Strahlung zugeschrieben werden.

Ebenfalls viel größer als die Letzteren sind Temperaturunterschiede, die durch den überlagerten Beitrag von diffusen Strahlungen heißer Elektronen im Magnetfeld unserer Heimatgalaxie (Synchrotronstrahlung) und von feinst verteiltem interstellarem Staub (Infrarotstrahlung) der Milchstraße verursacht werden (siehe Abb. 3.1a/b/c). Von diesen Kontaminationen durch ungewollte Vordergrundstrahlungen glauben die verantwortlichen Wissenschaftler jedoch die COBE-Daten bei entsprechenden Vorkehrungen in der Datenreduktion und bei einer professionell durchgeführten Extrapolation auf den Zustand bei nichtvorhandenen galaktischen Störstrahlern bereinigen zu können. Nur die danach dann noch verbleibenden, „echten", aber eher schäbigen CMB-Restfluktuationen in der Hintergrundintensität, die bereits im Rauschniveau der Detektoren liegen, deuten sie schließlich als ein Abbild der Strukturiertheit des frühen Kosmos zu einer Zeit, als die Hintergrundstrahlung sich gerade aus ihrer Materieankopplung befreite und der Kosmos noch eine Durchschnittstemperatur von größer als 3500 Kelvin besaß.

Inzwischen hat sich dieses Bild der Beschaffenheit der kosmischen Hintergrundstrahlung durch die derzeit noch laufenden, qualitativ alles vorherige übertreffenden CMB Messungen der Satelliten WMAP (Bennet et al. 2003) und PLANCK (Planck Collaboration et al. 2013) nur weiter erhärtet. Letztere Satelliten bieten gegenüber COBE eine weit höhere räumliche Auflösung und weit höhere spektrale Empfindlichkeiten. So lassen sich mit diesen Satelliten CMB Fluktuationen bis hinab zu einer räumlichen Auflösung von nur einem $(1° \times 1°)$-Quadratwinkelgrad messen, aber die Fluktuationsamplituden (Mikrorauhigkeiten) sind praktisch immer noch im gleichen Bereich, wie sie auch von COBE zuvor gemessen worden waren, nämlich einige Mikrokelvin $(10^{-6}$ Kelvin).

Inzwischen ist deshalb kritisch hinterfragt worden, ob es sich bei diesen Minifluktuationen im CMB-Himmel wirklich um ein kosmisches Menetekel handelt. Zweifel an der kosmischen Natur dieser Intensitätsfluktuationen hegt zum Beispiel der Astronom Craig Hogan vom Steward Observatorium in Tucson, USA. Seine Vermutung steht im Zusammenhang mit der von den beiden russischen Astrophysikern Synyaev und Zel'dovich gemachten theoretischen Vorhersage, dass die Photonen der kosmischen Hintergrundstrahlung beim Vorbeigang an Galaxien auf ihrem Wege zu uns eine Veränderung erfahren, durch die auch die spektrale Intensität der Hintergrundstrahlung aus dieser Richtung verändert werden sollte. Und zwar sollte die Veränderung der Photonenenergien durch die nichtelastische Stoßwechselwirkung mit den heißen Elektronen der galaktischen Halos über sogenannte inverse Comptonstreuung zustande kommen, wodurch es bei diesen Photonen je nach ihrer Frequenz bzw. Energie zu einer Energieverminderung oder Energieerhöhung kommen kann. Dass in der Tat sowohl einzelne Galaxien wie auch ganze Haufen von Galaxien von einem solchen heißen Elektronengas erfüllt und umgeben sind, wurde sehr eindrücklich durch die

Messungen des Röntgensatelliten ROSAT nachgewiesen. ROSAT zeichnete mit seinem abbildenden Röntgenteleskop die strahlenden Röntgenhalos dieser Objekte als Bild auf und bewies damit, dass sowohl einzelne Galaxien wie aber auch ganze Haufen von solchen Galaxien von weit ausgedehntem heißem Elektronengas umgeben sind. Dieses Elektronengas sendet bei Temperaturen von 10^6 Kelvin und intergalaktischen Magnetfeldern die aufgezeichnete Röntgenstrahlung aus. Hogan vermutet nun, dass die in den DMR-Messungen des COBE-Satelliten verbliebenen Fluktuationen unter Umständen gerade auf die Vordergrundeinflüsse solcher galaktischer und intergalaktischer Elektronenhalos über den Sunyaev-Zel'dovich-Effekt zurückzuführen sind, und eben nicht auf ursprüngliche, kosmologische Struktursignaturen im frühen Kosmos.

Die von dieser Vermutung betroffenen Wissenschaftler der COBE-, WMAP-, und PLANCK-Teams sind diesem Verdacht nachgegangen und haben versucht, die Korrelationen zwischen den von COBE entdeckten Intensitätsschwankungen in der Hintergrundstrahlung und den Positionen solcher Galaxienhaufen am Himmel genauer zu untersuchen. Dazu mussten sie zunächst einmal die entsprechende Himmelskarte der Galaxienhaufen, die mit Hilfe der astronomischen Kataloge über bekannte Quellpositionen leicht erstellt werden kann, in eine zum Beispiel mit den COBE-Messungen vergleichbare Auflösung bringen. Da die DMR-COBE Daten nur eine Winkelauflösung von 7×7 Quadratwinkelgraden haben, mussten sie also zunächst einmal den viel genaueren galaktischen Quellenhimmel auf die gleiche Winkelauflösung künstlich verschmieren und sodann eine Kreuzkorrelation zwischen den solchermaßen künstlich verrauschten Quellpositionen der Haufen und den Hintergrundstrahlungsfluktuationen durchführen. Es schien sich jedoch bei dieser Untersuchung keine signifikante Korrelation der Hintergrundfluktuationen mit den Positionen der Galaxienhaufen nachweisen zu lassen. Dennoch liefert der Sunyaev-Zel'dovich-Effekt nach ihren Untersuchungen zwar einen unkorrelierten Hintergrundbeitrag, jedoch von derselben Größe wie die gesehenen Fluktuationen, die man als die verbliebenen Signaturen der frühest sichtbaren Strukturen im Kosmos ansehen will.

Wenn also demnach die CMB-Fluktuationen offensichtlich nicht auf Vordergrundquellen geschoben werden können, so bliebe danach zu fragen, was solche extrem geringfügigen Fluktuationen über kleinen oder großen Winkelbereichen am Himmel dann besagen können. Wie soll ein Kosmos, der um die frühe Zeit der Befreiung der Hintergrundstrahlung von der kosmischen Materie, also etwa 300.000 Jahre nach dem Urknall, als die kosmischen Durchschnittstemperaturen bei etwa 3500 Kelvin gelegen haben müssen und nur minimalste Temperaturschwankungen von einigen Mikrokelvin vorlagen, sich dann zum heutigen entwickelt haben? Wie soll ein anfänglich so extrem homogener Kosmos hernach alle Strukturen herbeigeschaffen haben können, die wir heute im Weltall zu sehen bekommen. Und in der Tat erweist sich unser derzeitiger Kosmos ja von den kleinsten bis zu den größten Längenskalen als durchgängig hierarchisch und stark strukturiert mit Fluktuationen der Dichte im Bereich $\delta\rho/\langle\rho\rangle \geq 10^6$. Nicht einmal auf den größten Skalen scheint die Materieverteilung in unserem Kosmos einer Gleichverteilung zuzustreben.

Den erdrückendsten Beweis für diese überaus bedeutsame Tatsache lieferten die Astronomen Will Saunders und Mitarbeiter vom Astrophysik Department der Universität Oxford (England) in einer Veröffentlichung im Wissenschaftsjournal NATURE, worin sie ihr Beobachtungsmaterial aus einer Ganzhimmelsdurchmusterung der kosmischen Galaxienverteilung bis zu Entfernungen von 300 Megaparsec zeigten. Die zumeist aufgrund ihrer Infrarotleuchtkraft mit dem IRAS-Satelliten (Infrared Astronomical Satellite) identifizierten Objekte bringen die Autoren dieser Durchmusterung zu dem klaren Schluss, dass es in der Tat viel mehr materielle Strukturiertheit bei großen Raumskalen im Universum gibt, als alle derzeit diskutierten Standardmodelle zur kosmologischen Expansion und zur kosmischen Strukturbildung trotz Annahme von Dunkelmaterie oder nicht verschwindender Einstein-Konstante Lambda vorhersagen können.

In sogenannten Zwei-Punkt-Korrelationsuntersuchungen zwischen den Positionen leuchtender Objekte im Weltall tritt klar zum Vorschein, dass die kosmischen Objekte eben nicht zufällig im Raum verteilt sind. Bei solchen Punktkorrelationsanalysen, bei denen aus den vorliegenden galaktischen Positionsdaten die mittlere Wahrscheinlichkeit dafür ermittelt wird, dass zwei galaktische Objekte in gegebenem Abstand zufällig dort auftauchen, ergibt sich eindeutig, dass die leuchtende Materie in charakteristischen Strukturskalen auftritt. Mit solchen Techniken können Saunders und Kollegen dann auf allen Raumskalen die gegebenen Abweichungen der tatsächlichen Materieverteilung von einer rein zufälligen, Poisson-statistischen Verteilung feststellen. Während vielleicht der Strukturierungsgrad bei kleinen und mittleren Skalen heute schon durch gewisse Theorien der Strukturbildung unter geeigneter Zuhilfenahme von kalter, dunkler Materie im Kosmos einigermaßen zufriedenstellend erklärt werden kann, bleibt gerade der erstaunlich hohe Strukturierungsgrad bei Raumskalen größer als 20 Megaparsec ($\simeq$ 60 Millionen Lichtjahre) von diesen Theorien bisher unerklärt. Auch die Annahme einer positiven kosmologischen Konstanten, auf deren kosmologische Wirkung einige Forschergruppen in der Welt in dieser Hinsicht setzen wollen, bringt keine Lösung des Problems in Sicht. Durch sie wird nämlich eine gerade auf großen Skalen wirksame gravitative Abstoßung von Massen beschrieben, die der Strukturierungstendenz bei größten Skalen eher hinderlich ist, als sie zu befördern, selbst dann, wenn durch diese Abstoßung dem Weltall in gewissen Evolutionsphasen mehr Zeit bei der Ausdehnung auf den heutigen Weltdurchmesser zugebilligt werden könnte.

In der Phase der Entstehung der kosmischen Hintergrundstrahlung sollten relative Schwankungen in der Strahlungstemperatur dT/T linear korreliert sein mit relativen Dichteschwankungen $d\rho/\rho$. Damit aber sollten die DMR-COBE Messungen aussagen können, dass zur Zeit der Entstehung der Hintergrundstrahlung bei einer angedeuteten Temperaturschwankung von $dT/T \simeq 10^{-5}$ nur Materiedichteschwankungen von etwa gleicher Größenordnung vorgelegen haben können, zumindest wenn wir an Schwankungen in derjenigen, „normalen" Materie denken, die im üblichen Sinne über elektromagnetische Drucke mit den Photonen der Hintergrundstrahlung wechselwirkt und dies noch heute im CMB-Hintergrund erkennbar macht. Diese materiellen Dichteschwankungen müssen, eingebettet in die allgemeine homologe Expansion des kosmischen Raums, als eigentliche Saat für die heutigen Materiestrukturen gedient haben, die wir heute am Horizont durch ihr Leuchten wahrnehmen. Nach den allgemeinen Theorien der Evolution von Dichteschwankungen im expandierenden Universum ergibt sich nun, dass gegebene Dichtefluktuationen eingebettet in die kosmische Expansion als eine bestimmte Funktion des Weltdurchmessers $R = R(t)$ anwachsen sollten, wenn ihre lokale Kontraktion schneller voranschreitet als die globale Expansion. Da die Welt heute größer ist als damals, sollten diese damals eingesäten Fluktuationsamplituden $d\rho$ entsprechend angewachsen sein. Nun sind die tatsächlichen Dichtefluktuationen auf der Skala $L = 10$ Megaparsec heute bei einem Niveau von $[\Delta\rho/\langle\rho\rangle_L]_L \geq 1$ anzutreffen, und man kann sich folglich fragen, von welchem Fluktuationsniveau diese Entwicklung zur Zeit der Entstehung der Hintergrundstrahlung losgegangen sein muss, damit bis heute dieses ausgeprägte Fluktuationsniveau erreicht werden konnte. Bei dieser Fragestellung wird man dann zu der Antwort geführt, dass die Dichtefluktuationen zu dieser Zeit der Entkopplung von kosmischer Materie und Strahlung schon mindestens auf dem Niveau von $[\Delta\rho/\langle\rho\rangle_L]_L \geq 10^{-3}$ angelegt gewesen sein mussten, damit die heutige Welt wie in der Tat für uns erlebbar in Erscheinung treten konnte. Dieses Anfangsniveau der Fluktuationen läge also bereits um den Faktor 100 höher als jenes, das sich in den Schwankungen der Temperatur der Hintergrundstrahlung widerzuspiegeln scheint. Hieraus ergibt sich also ein großes Erklärungsproblem, um verständlich werden zu lassen, wie aus dem damaligen, fast homogenen Kosmos der heutige, völlig inhomogene Kosmos werden konnte. In der derzeitig verbreiteten Sicht der Entstehung des Universums stehen sich die Phänomene der extrem gleichmäßigen Beschaffenheit der kosmischen Hintergrundstrahlung und der extrem ungleichmäßigen Beschaffenheit des heute vor uns leuchtenden Universums aus Sternen und Sternsystemen also sehr unversöhnlich entgegen. Das erstere Phänomen soll nach der Theorie ein Bild des letzteren aus frühen Zeiten des Kosmos darstellen, aber es lässt dennoch so wenig Beziehungsnähe erkennen, dass man als Uneingeschworener an der Theorie der „Big-Bang"-Genesis des Kosmos zu zweifeln beginnen möchte. Tatsächlich ist aus diesem Grunde mancherorts auch gehöriger Zweifel aufgekommen, vielleicht ist es für einen endgültigen Zweifel aber noch zu früh, denn es gibt eventuell noch ein ganz neues Leitlicht für die Kosmologie in diesem Punkte!

Dieses Licht der Hoffnung verbindet sich mit dem Moment der Materieentstehung im Universum selbst und weist eventuell auch ganz neue Wege zum Verständnis der Strukturierung des Universums. Wenn die Welt aus einer Urexplosion hervorgehend durch immer weitergehende Expansion von Raum und darin eingebetteter Materie hervorgegangen ist, so war die Materie des Universums anfangs folglich sehr viel heißer als jemals danach, und insbesondere als heute. In den weit zurückliegenden kosmischen Zeiten haben die hohen Materietemperaturen die Neutralisierung der elektrisch geladenen Materiebestandteile, wie hauptsächlich der elektrisch negativen Elektronen und der elektrisch positiv geladenen Protonen, den Kernen der

Wasserstoffatome, wegen der im Stoß auftretenden hohen thermischen Energien immer verhindert. Es konnten sich keine neutralen Wasserstoffatome im Weltall bilden, weil sie immer wieder zerstört wurden durch ionisierende Stöße. Die separat bleibenden Ladungsträger jedoch unterhalten eine sehr intensive Wechselwirkung mit dem elektromagnetischen Strahlungsfeld im Kosmos und erlauben gerade in einer solchen Phase keine gravitativ getriebenen, materiellen Verdichtungen, weil das in ihnen gleichfalls verdichtete Strahlungsfeld durch den Aufbau eines entsprechenden Strahlungsüberdruckes solche Verdichtungen immer wieder auflösen würde.

Erst etwa 300.000 Jahre nach der Urexplosion werden im Kosmos die Temperaturen endlich klein genug, so dass sich Elektronen und Protonen dann zu neutralen Wasserstoffatomen durch Rekombination vereinigen können. Diese Neutralgebilde aber wechselwirken nur ganz ineffizient mit den kosmischen Photonen, und zwar nur mit denjenigen kosmischen Strahlungsfeldes, die den Wasserstoff resonant anregen können, also im Wesentlichen den H-Lyman-Photonen. Unter diesen Umständen können sich die materieinternen Gravitationsfelder die vorhandenen Wasserstoffmassen im Universum zu Strukturen verdichten, die dann schließlich bei fortschreitender lokaler Verdichtung und Aufheizung ein eigenes Leuchten nach der Art der heutigen Sterne und Sternsysteme beginnen. Zu diesem evolutionär gesehen „späten" Weltzeitpunkt bleibt jedoch dann nach der Aussage der meisten Theorien nicht mehr genügend viel Zeit, um durch Verdichtung zum heutigen Strukturkosmos zu gelangen. Kurz gesagt, die in der Minimalrauigkeit der kosmischen Hintergrundstrahlung wiedergespiegelten Inhomogenitäten könnten ein so extrem gleichmäßiges Weltstratum durch gravitative Verdichtungen nicht zu seinem heutigen Strukturierungsgrad hinführen. Was mag hier also im geeigneten Maße diese starke Strukturierung im Kosmos betreiben und beschleunigen?

Hier lautete die Antwort bisher: Dies macht die „dunkle massive Materie", die nur der sogenannten „schwachen" Gravitationswechselwirkung, nicht jedoch der elektromagnetischen Wechselwirkung unterliegt und die damit sich schon sehr früh von dem restlichen Expansionsgeschehen des Universums wegen nicht existierenden Strahlungsdrucks abkoppeln kann: Materie nämlich, deren Existenz man jedoch bisher niemals nachweisen konnte. In der fanatischen Suche nach bereits sehr früh in der kosmischen Evolution entstehenden und dann trotz der kosmischen Expansion auch weiterwachsenden, sich intensivierenden Verdichtungen muss man sich offensichtlich auf die Zeiten deutlich vor der Rekombination von Elektronen und Protonen zu Atomen bei Welttemperaturen von weit über 6000 Kelvin konzentrieren. Der Rekombinationszeitpunkt mag nach der Weltzeituhr im Rahmen konventioneller Urknallmodelle etwa hunderttausend Jahre nach dem Weltbeginn liegen. Vor diesem Zeitpunkt war folglich das elektromagnetische Strahlungsfeld fest an die Materie über dynamische Wechselwirkungsprozesse gekoppelt. Das aber impliziert, dass in dieser Zeit nicht die Schallgeschwindigkeit, sondern die Lichtgeschwindigkeit das Geschehen bei Dichtestörungen kontrolliert und somit gerade diese Geschwindigkeit entscheidend ist für die Festlegung kritischer Fluktuationslängen in der kosmischen Materieverteilung;

kritisch nämlich im Sinne von wachsenden oder zumindest wuchsfähigen Dichtestrukturen unter dem Diktat der Lichtgeschwindigkeit; erst sehr, sehr große Raumbereiche können dann nämlich eine Verdichtung durchführen, während Dichtestörungen auf kleineren Längenskalen stets durch die Konterreaktion des elektromagnetischen Strahlungsdruckes rückgängig gemacht und aufgelöst werden können.

Zur Zeit der Rekombination bei Dichten von 10^{-20} g/cm^3 und Temperaturen von etwa 5000 Kelvin bedeutet dieser Wechsel von Lichtgeschwindigkeit auf Schallgeschwindigkeit bei der Rekombination in der Tat einen Faktor $(c/c_s) = (300.000/10) = 30.000$! Der kritische Skalenwert (Jeans Länge!) $L_c \approx c_s/\sqrt{\rho}$ für gravitativ wuchsfähige Dichtefluktuationen war, wenn alles auf der Basis konservativer, physikalischer Prozesse abläuft, vor dem Zeitpunkt der Rekombination folglich mit $c_s = c$ um den Faktor 30.000 größer als nachher (siehe Fahr und Willerding 1998). Statistische Fluktuationen über derart großen Raumbereichen haben sehr kleine Amplituden und sind viel unwahrscheinlicher als über sehr viel kleineren Bereichen für schallbestimmte Fluktuationen. Solche großen Raumbereiche könnten bei Gegebenheit von entsprechenden Dichteschwankungen wohl zwar instabil reagieren und die in ihnen vorliegenden Dichteschwankungen könnten anwachsen, es bleibt jedoch gänzlich unerfindlich, wie in derart großen Raumbereichen im Rahmen eines anfangs homogenen Universums überhaupt Dichteschwankungen auch nur minimalsten Ausmaßes zustande gekommen sein sollten.

Eine gewisse Rolle für die frühe Aussaat kosmischer Inhomogenitäten könnten hierbei vielleicht massive Neutrinos übernommen haben, insbesondere wenn sie massiv sind ($m_v c^2 \geq 5\,\text{eV}$), wie heute unter Physikern tatsächlich vermutet wird. Neutrinos unterliegen bekanntlich nur einer sehr schwach ausgeprägten Wechselwirkung mit andersgearteter Materie vermittelt über die Prozesse der sogenannten „schwachen Wechselwirkung". Solche Neutrinos müssen in einem Urknallkosmos schon sehr viel früher als die elektromagnetisch mit der Materie wechselwirkenden Photonen von der restlichen kosmischen Materie freiwerden, oder wie man sagt: abkoppeln. Spätestens dann, wenn sich Neutronen und Protonen nicht mehr frei ineinander umwandeln können, treten freie Neutrinos im Weltall auf und verbleiben dem späteren Kosmos, ab jetzt nicht involviert in irgendwelche anderen Prozesse, praktisch unverändert. Sie führen danach ihr eigenes, isoliertes Schicksal in der Expansion des Kosmos. Dieses Ereignis lässt sich im Urknallkosmos auf die Zeit von etwa 1 Sekunde nach Weltbeginn festlegen, wenn sich die Materietemperaturen bei etwa 10 Gigakelvin und die Dichten bei etwa 1 Tonne/m^3 $=$ 1 g/cm^3 bewegen. Zu dieser Zeit errechnet sich eine kritische Verdichtungsskala L_c von rund 300 Millionen Kilometer. Diese Skala ist jedoch um den Faktor „10 Millionen" größer als der aktuelle Durchmesser R des gesamten Weltalls zu dieser Zeit und auch viel größer als der momentane, kausale Reaktionshorizont der kosmischen Materie. Man sieht daran, dass in diesen entrückten Zeiten nichts aus der Schatzkammer der klassischen Astrophysik von heute mehr Gültigkeit hatte.

Inhomogenitäten, die in der kosmischen Expansion wuchsfähig sind, könnten sich somit also nur auf Skalen größer als das damalige Universum selbst ausbilden. Wenn also der Urknall in sich ein homogenes Weltall gestiftet hat, so sollte man schließen dürfen, dass sich zumindest zu dieser Zeit noch keine zufälligen Fluktuationen entwickeln konnten. Dies konnte allenfalls zu späterer Weltzeit geschehen, wenn die kritische Fluktuationsskala L_c kleiner als der Weltalldurchmesser R geworden ist, so dass die kritische Inhomogenitätsskala sozusagen in den Welthorizont hineinpasste. Ob dies jedoch überhaupt jemals geschehen konnte, bleibt noch sehr die Frage. Ein jedes der heute konkurrierenden Weltmodelle würde diese Frage jeweils für sich selbst zu entscheiden haben. Wenn nämlich sowohl der Weltdurchmesser wie auch der Reaktionshorizont beide in der Anfangsphase ungefähr lichtschnell wachsen, so ergibt sich erst gar keine Chance für Fluktuationswachstum, weil die kritische Fluktuationslänge unter solchen Umständen schneller als der Weltdurchmesser mit der Weltzeit anwachsen würde. Ein solches Weltall könnte demnach überhaupt keine Strukturen entwickeln. Es steht somit schlecht mit dem Verständnis von Strukturbildung in einem anfangs homogenen Kosmos. Es gibt eigentlich heute nur noch eine einzige Hoffnung, wie man sich Strukturen aus einem homogenen Urknallkosmos hervorkommend vorstellen könnte, nämlich aus „quanten-chromodynamischen" Mammutkondensationen in den frühesten Materiephasen im Universum.

Diese neue Vision ergibt sich als Idee aus der modernsten Elementarteilchentheorie und hat mit der modernsten Vorstellung des Aufbaues der Atomkernmaterie aus Quarks und Gluonen im Rahmen der hier gültigen Feldtheorie, der Quantenchromodynamik, zu tun. Hiernach sind die Bestandteile der Atomkerne, nämlich die Neutronen und die Protonen, selbst noch einmal wieder als Verbände von Subteilchen, den sogenannten Quarks aufzufassen. Von diesen Quarks gibt es nach gruppentheoretischen Vorstellungen sechs verschiedene Arten, die jeweils in drei „Farben" (Wertigkeiten) auftreten können. Unter diesen Quarks sind die „Up"-Quarks, die „Down"-Quarks und die „strange"-Quarks die drei leichtesten. Aus ihnen besteht der wesentlichste Teil der in Erscheinung tretenden Materie. Und zwar glaubt man heute hinter den normalen Atomkernbestandteilen, wie den Protonen und Neutronen, farbneutrale Dreierverbände von solchen „Farbkraft-tragenden" Quarks sehen zu müssen. Die drei Bestandteile in einem solchen Dreierverband tragen als Eigenschaft so etwas wie die symbolischen „Farben": rot, grün, und blau an sich und kompensieren sich farbmäßig zu einem farbneutralen Verbund, also als ein im Zusammenspiel nach außen hin gerade farblich „weißes", kraftneutrales Gebilde. Sie sind nach außen also farbneutral und wirken über ihre Farbkraft nicht weiter in ihre Außenwelt hinaus. Sie schließen sich also farbkraftmäßig gegen ihre Umwelt völlig ab.

Ein solcher Verband wirkt demnach zwar auf seine internen Mitglieder, nicht aber auf seine Umwelt über seine Farbkräfte ein. Zu einer farbneutralen Konfiguration kommt es zum Beispiel standardmäßig durch einen geeigneten Dreierverbund im Rahmen von Quark-Terzetten. Das Proton baut sich so aus drei geeignet farbigen Quarks bestimmter Eigenschaften auf. In seinem Fall sind es zwei

„up"-Quarks und ein „down"-Quark. Das Neutron dagegen stellt einen farbneutralen Verband aus zwei „down"-Quarks und einem „up"-Quark dar, jeweils jedoch so, dass deren Farben sich zu „weiß" kompensieren. Die Farbkraft zwischen den Bestandteilen dieser Dreierverbände wird über die Quanten dieses Farbkraftfeldes, die Gluonen, vermittelt und sorgt für die praktisch unauflösbar feste Verbindung dieser drei Partnerteilchen, die wie von einem gemeinsamen Kokon entweder zu einem Proton oder zu einem Neutron fest verpackt sind.

Eine der erstaunlichsten Eigenschaften dieser baryon-internen Farbkraft besteht dabei darin, dass ihre Stärke mit dem Abstand zwischen den Farbkraftzentren, den Quarks, nicht wie sonst üblich abnimmt, sondern ganz im Gegenteil zunimmt. Die Anziehungskraft wird also stärker mit dem Quark-Abstand. Es besteht daher auch überhaupt keine Chance, jemals eines der Quarks aus einem solchen Dreierverband herauszulösen, wenn sie darin erst einmal eingeschweißt sind, weil man dazu unendlich viel Energie aufwenden müsste, denn gegen eine permanent mit dem Abstand anwachsende Kraft lässt sich niemals bis ins Unendliche ankämpfen. Auf der anderen Seite ergibt sich das interessante, gegenteilige Phänomen, dass Quarks sich umso weniger über ihre Farbkraftfelder anziehen, je näher sie zusammenkommen. In unmittelbarer Nähe zueinander leben Quarks geradezu in vollkommener, wie man sagt: „asymptotischer" Freiheit voneinander, denn in unmittelbarer Nähe zueinander beeinflussen diese sich farbmäßig überhaupt nicht. Dies macht sich allerdings erst bemerkbar, wenn man zum Beispiel aufgrund immenser Schwerewirkung viele solcher Dreierverbände, wie eben Protonen und

Neutronen, auf extrem engen Raum zusammendrückt, wie etwa in Neutronensternen oder Schwarzen Löchern.

Dabei können die Quarkmitglieder dieser Verbände so nahe zusammengedrängt werden, dass sie aufgrund der kleinen Entfernungen und der schwindenden Farbkopplung die Bindung an ihre ursprünglichen Verbundpartner nicht mehr spüren. Sie erkennen in einer solchen Phase ihren eigenen Verbund nicht mehr und unterhalten keine geregelte Zuordnung zu einem einzigen Proton oder Neutron mehr, sondern verhalten sich mehr oder weniger wie freie Elemente im Milieu eines großen Quark-Gluonen-Sees. Als ein solches, freies Quark-Gluonen-Plasma sollte aber nun die kosmische Materie auch in der frühesten Evolutionsphase vorliegen, so die Welt denn aus einem heißen, überdichten Urknall herkommt. Dieses kosmische Quark-Gluonen-Plasma sollte sich dann bei der weitergehenden Expansion des Universums so verhalten wie etwa die Wasserdampfmoleküle in einer erkaltenden Wasserdampfwolke. Nur findet hier eben die Tropfenbildung nicht unter Einbezug von immer größer werdenden Wassermolekülverbänden statt, sondern in Verbindung mit Quarks der unterschiedlichsten Sorten, die sich in einer solchen Phase zu immer größeren Quarkverbänden agglomerieren. Während man jedoch bisher glaubte, dass praktisch alle anderen außer den leichtesten Quarks, den „Up"-Quarks und den „Down"-Quarks, schon zerfallen sein würden, bevor diese Quarkkondensation im Weltall beginnt, so wird neuerdings spekuliert, dass es sehr exotische Phasenzustände in dieser chromothermischen Materiephase des frühen Kosmos gegeben haben könnte.

Wenn es bei der kosmischen Kondensation nur die trivialen „Up"-Quarks und „Down"-Quarks geben würde, so könnten als Quarktröpfchen aus einer solchen Quark-Gluonen-Wolke lediglich Protonen und Neutronen als die einzig bekannten stabilen Quarkverbände hervortreten. Diese müssten dann alleine unsere normale Weltmaterie bilden, weil ja nichts anderes in der Welt hinterblieben wäre. Inzwischen wird jedoch von einigen Elementarteilchenphysikern, angestoßen durch Vermutungen von R. Bodmer von der Universität Illinois, überlegt, ob es im Prinzip noch andere stabile Mehrkomponentenverbände aus Quarkteilchen geben könnte, die ihre Entstehung dem Prozess der Quark-Gluonen-Kondensation in der Frühphase des abkühlenden Universums verdanken könnten. Nach allgemeinem Konsens unter Elementarteilchenphysikern kann dies jedoch nur in Verbindung mit dem Einbau anderer Quarktypen, neben den „Up"s und „Down"s, in den farbneutralen Quarkkokon geschehen, wie vor allem mit dem nächst leichtesten der Quarks, dem „strange"-Quark. Alle schwereren Quarktypen sollten bei entsprechend hohen Temperaturen im kosmischen Quark-Gluon Plasma auch mit den ihnen zukommenden Boltz-mann'schen Häufigkeiten $\alpha_i \approx \exp[-m_i c^2 / KT]$ vorkommen, wenn nur die thermischen Energien zu ihrer Paarerzeugung ausreichend hoch sind. Aber es ist dennoch fraglich, ob sie alle für die Kondensationen eine Rolle gespielt haben könnten. Denn wenn ja bei expandierendem Weltstratum die mittleren Abstände zwischen den Quarks dieses Universums systematisch größer werden, so beginnen plötzlich die Farbkräfte zwischen den Quarks so stark zu werden, dass die thermischen Energien der Teilchen damit nicht mehr konkurrieren können. In dieser Situation muss das Quark-Gluon-Plasma sich zur Kondensation entschließen. Es muss seine Homogenität aufgeben und muss in Farbkraft-neutrale Multiquarkverbände wie Wasserdampf in Schnee auskristallisieren.

Am wahrscheinlichsten sind bei diesem Zerfall farbneutrale Multiteilchenverbände aus etwa gleichen Anteilen von „Up"-Quarks, „Down"-Quarks, und „strange"-Quarks (siehe Crawford und Greiner 1994), die sich nach einem inneren Schalenmodell unter Wahrung des Pauli'schen Ausschließungsprinzips aufbauen lassen. Etwa ein Millionstel einer Sekunde (Mikrosekunde!) nach der Urexplosion muss im Urknallkosmos diese Art der Multiquarkkondensation bereits stattgefunden haben, denn bereits zu dieser Zeit müssen die kosmischen Quarks ihre asymptotische Freiheit gegen die inneren Farbkräfte eingebüßt haben. Man schätzt, dass in dieser Phase sich Multi-Quark-Kokons mit Durchmessern von 10^{-7} bis 10 Zentimeter gebildet haben könnten. In ihnen sollen dann etwa 10^{33} bis 10^{42} Quarks in Form eines farbneutralen Verbandes vereinigt erscheinen, wie E. Witten von der Princeton Universität vorhergesagt hat. Solche Verbände hätten wahrscheinlich Massen von 10^{9} bis 10^{18} Gramm und sollten Quarkkokons von der Größe einer Billardkugel darstellen. Die ganz normale, uns heute vertraute Materie aus Protonen und Neutronen würde sich sozusagen erst aus dem noch nicht kondensierten Rest der Quarks bilden, wenn die „strange"-Quarks bereits in leichtere Ups und Downs zerfallen sind, und sich danach dann nur noch die üblichen farbneutralen Dreierverbände bilden können.

Solche Mammutobjekte aus Quarks aus der frühesten Zeit nach dem Urknall müssten sich heute als sehr exotische Gebilde auffinden lassen. Wegen der in ihnen auf engstem Raum konzentrierten Masse würden sie im Falle einer zufälligen Kollision mit der Erde diese einfach fast ungebremst durchschlagen und dabei lediglich eine Schockwelle im Erdkörper auslösen, mit der eventuell fürchterliche Verheerungen und Erdbeben einhergingen. Da solche Objekte zum anderen höchst wahrscheinlich auch elektrisch neutral aufgebaut wären, so könnten sie zum einen keine Mammutatome nach dem Vorbild normaler Atome bilden, zum anderen aber könnten sie auch kaum mit elektromagnetischer Strahlung wechselwirken. Man könnte demnach Unmengen von ihnen gravitativ verklumpen, ohne dass dabei elektromagnetische Strahlung entstünde, die sich als Gegendruck manifestieren würde oder sich optisch erkennen ließe. Deshalb würde es sich bei diesen Objekten also um „dunkle" Materie handeln, also um Materie, die zwar Quelle von Gravitationsfeldern, jedoch nicht von elektromagnetischer Strahlung ist.

Genau diese Form oder eine andere Form von dunkler Materie scheint der Kosmos aber, wie vorher bereits erwähnt wurde, in großem Maße zu benötigen. Auf allen Raumskalen im Kosmos fällt ja immer wieder auf, dass hier viel mehr Masse Schwerkraft ausübt, als durch ihr Leuchten nachweisbar zu sein scheint. In Scheibengalaxien und elliptischen Galaxien wirkt gravitativ etwa zehnmal mehr an Materie, als man leuchten sieht, wenn solche Sternsysteme gravitativ gebunden erscheinen sollen. In Systemen von Galaxien, wenn diese stabil sein sollen, scheint das Massendefizit sogar noch größer zu sein. Und erst recht im gesamten Kosmos; wenn hier ein harmonisch ausgewogenes Verhältnis von kinetischer und potenzieller Energie vorherrschen soll, so muss man fordern, dass praktisch 99 Prozent der Massen im Kosmos dunkel sind, also deswegen eben vielleicht gerade von der Art solcher Mammutkokons aus Quarks bestehen könnten.

Diese elektromagnetisch dunklen Frühkondensate des Urknallkosmos könnten dann vielleicht aber auch mit jenen sehnlichst gesuchten kosmischen Strukturbildnern identifiziert werden, über deren früh einsetzende gravitative Verklumpung die Bildung der späteren Strukturen des Universums aus einer homogenen Ursuppe vielleicht hervorgebracht werden könnte. Solche Frühkondensate würden ja eben schon sehr früh geeignete Masseninhomogenitäten im Universum durch gravitative Verklumpung herbeiführen können, denen außerdem erlaubt wäre, sich gravitativ ungestört zusammenzulagern zu wachsenden Riesenmassenzentren aus Quarkkokons, wie etwa dem Zentrum des Hydra-Zentaurus Haufens mit seinen vermuteten, aber nie gesehenen 10^{15} Sonnenmassen, die man alle nicht leuchten sieht.

Wie auch immer aber nun in der Zukunft unserer Naturwissenschaften die reale Möglichkeit solcher Quarkkondensate eingeschätzt werden wird, so müssen wir dennoch immer von der Strukturiertheit der Welt als einer Tatsache ausgehen. Nach den jetzigen Messungen des COBE- und des WMAP-Satelliten kann man nun ja wenigstens hoffen, einen Beginn der Strukturbildung im Kosmos zu Gesicht bekommen zu haben, denn der materielle Hintergrund, aus dem unsere Welt sich entwickelt haben soll, erweist sich eben doch nicht mehr, wie in den drei Jahrzehnten seit Penzias und Wilsons Entdeckungen im Jahre 1965, in ganz so erschreckendem Maße als perfekt homogen und ideal isotherm. Für diejenigen, die die Welt aber vom Anfang her verstehen wollen, bleibt dennoch immer die ungute Frage, ob es nun mehr zu wünschen ist, dass die gesichteten Minimalschattierungen am CMB-Horizont der kosmischen Hintergrundstrahlung sich bald nur noch als kosmologisch irrelevantes Rauschen in den CMB-Daten darstellen werden, oder dass sich eher in Kürze ein ganz anderes Weltentstehungsszenario als Paradigma der Evolution anbieten wird, im Rahmen dessen solche Minimalschattierungen des Hintergrundes gar kein Verständnisproblem mit sich bringen werden.

Aber schauen wir zunächst noch einmal ein wenig zurück in die Vorgeschichte der Entdeckung der CMB-Hintergrundstrahlung, bevor wir nach alternativen Erklärungsszenarien Ausschau halten. Robert Dicke von der Princeton Universität hatte in den USA schon 1960 gemäß einer Theorie des „oszillierenden" oder „pulsierenden" Universums vermutet, dass eine thermische, hochentropische Strahlung aus den immer wiederkehrenden, heißen und dichten Kollapsphasen des Universums bis heute nachweisbar sich akkumuliert haben könnte. Diejenigen Photonen, die in einem alternden Kosmos schon allein aus Gründen der Entropievermehrung gemäß dem zweiten Hauptsatz der Thermodynamik zu finden sein sollten, müssten sich geradezu als ein idealer, absoluter Altersspiegel des Universums verwenden lassen, den ihr zahlenmäßiger Proporz zu den Protonen des Universums wegen ständig steigender Entropie des Weltalls bei steigender Weltzeit unmissverständlich anzeigt. Nach einer bestimmten kosmologischen

Theorie lässt sich ein oszillierendes Universum denken, das fortwährend periodisch von einer Expansionsphase in eine Kontraktionsphase hin- und herwechselt. Wenn nämlich die in der derzeitigen Expansion steckende kinetische Energie nicht ausreicht, die gravitative Bindung zwischen der expandierenden Weltmaterie mindestens zu kompensieren, so wird ein Umschlag dieser Expansion in eine spätere Kontraktion unausbleiblich. Wenn jedoch aus einem eventuell heraufziehenden Kollaps des Universums danach jemals wieder eine weitere kosmische Expansion hervorgehen soll, so kann dies nicht mit Einsteins Mitteln der Allgemeinen Relativitätstheorie geschehen. Diese müssten ja die Unaufhaltsamkeit des Kollapses erwarten lassen, weil im Rahmen dieser Theorie in der Endphase des Kollapses selbst der aufkommende Druck im Weltall mehr und mehr Schwere auszuüben beginnt. Diese letztendlich attraktive Druckschwere überwiegt dabei die repulsive Druckwirkung immer.

Der allgemeinen Relativitätsformulierung völlig zuwiderlaufend müssten vielmehr die sich ergebenden, sehr dichten Materiephasen beim Weltkollaps unerwartet sozusagen ein Antigravitationsfeld erzeugen, das einen Katapulteffekt und damit einen Neubeginn der Expansion auslösen könnte. Als Basis für etwas Derartiges können sich die Physiker heute Phasenübergänge des sogenannten Higgsbosonenfeldes (siehe voriges Kapitel) vorstellen, bei denen die Higgsbosonenkopplung an fermionische Elementarteilchen (Teilchen mit halbzahligem Spindrehimpuls) verloren geht, womit Letztere ihre Ruhemasse und damit auch ihre schwere Masse verlieren. Damit verbunden gewinnt das kosmische Vakuum eine positive Vakuumenergie, gleichrangig mit einer positiven kosmologischen Konstanten „Lambda" und einem negativen Vakuumdruck, der für die erneute Expansion sorgt.

Details hierzu kann man zum Beispiel in Artikeln und Büchern von A. Guth (1999), H. J. Fahr (1989, 1992) und H. Genz (1991, 1994) nachlesen. Nach diesem Szenario muss bei kleinsten kosmischen Raumskalen und extrem großen, kosmischen Materiedichten plötzlich eine mit der Ruhemasse aller Teilchen verbundene Abstoßungskraft, anstelle der üblichen gravitativen Anziehungskraft, auftreten, die unter den extremen Verhältnissen des kollabierenden Universums über die normalen, gravitativen Anziehungskräfte völlig dominiert. Der Kollapskosmos würde demzufolge in der allerletzten Kollapsphase auf einen unerwarteten „Federmechanismus" auflaufen, der den Kollaps in eine erneute Expansion zurückverwandeln könnte. Für den Physiker scheint jedoch festzustehen, dass es jedesmal, wenn es nach Vollendung eines Oszillationszyklus des Universums zu einer erneuten Expansion kommt, ganz gleich wie diese auch immer zustande gebracht wird, mit Sicherheit einen Entropiezuwachs im Zustand des Universums bedeuten muss. Der Grad der kosmischen Unordnung oder Entropie sollte bei einem solchen Katapultereignis um ein bestimmtes Maß erhöht werden. Dieser so angelegte, kosmische Entropiespiegel sollte nun höchstwahrscheinlich mit dem Zahlenverhältnis von Photonen zu massebehafteten Teilchen, also insbesondere zu Baryonen, zusammenhängen.

Danach lässt sich schon vorhersagen, dass dieses Zahlenverhältnis umso größer sein wird, je größer die Entropie des Universums inzwischen geworden ist und je öfter so ein Katapult induzierter Entropiesprung bereits stattgefunden hat. Während jedes erneuten Kollapsumschlages würde wegen der damit zwangsläufig verbundenen Entropieerhöhung eine Vergrößerung des Zahlenverhältnisses von Photonen-zu-Baryonen erfolgen. Wenn ein solches oszillierendes Universum jedoch schon seit ewigen Zeiten bestehen und immer wieder neue Katapultereignisse produzieren würde, so müsste sich das entropiespiegelnde Zahlenverhältnis folglich längst auf die Zahl „unendlich" hochentwickelt haben und müsste uns an lauter Entropiephotonen geradezu ersticken lassen. Zwar ist das tatsächlich beobachtete Zahlenverhältnis von Photonen-zu-Baryonen von beachtlicher Größe, – es beträgt nämlich 10^9, rund eine Milliarde, aber es ist eben damit doch von endlicher Größe. Es zeigt damit an, dass unser gegebenes Universum, wenn es denn überhaupt ein zyklisch oszillierendes Universum wäre, zumindest nicht schon seit ewigen Zeiten oszillieren kann.

In den letzten fünf Jahrzehnten seit der Entdeckung der Hintergrundstrahlung im Jahre 1965 ist diese Strahlung im Wellenlängenbereich von 0,04 bis 70 Zentimeter vermessen worden, und es hat sich dabei herausgestellt, dass diese Strahlung, zumindest in diesem Bereich, einem perfekten Planckstrahler entspricht, also einer Strahlung mit einer spektralen Intensitätsverteilung gemäß dem Planck'schen Strahlungsgesetz (siehe Abb. 7.1). Die exakteste Absolutbestimmung der Temperatur dieses Planckstrahlers stammt von dem FIRAS Instrument auf dem COBE-Satelliten (Far Infra Red Absolute Spectrophotometer). Im Wellenlängenbereich von 0,05 bis 0,5 Zentimeter zeigen sich nach Aussage von FIRAS lediglich Intensitätsabweichungen von weniger als 0,03 Prozent von der Intensität eines exakten

Planckstrahlers der Temperatur von $T = 2{,}726$ Kelvin.
Aus dieser Tatsache will man gerne schließen, dass die gesamte Hintergrundstrahlung, selbst die den noch nicht
vermessenen Wellenlängenbereichen (Wien'scher Spektralast; siehe Fahr and Zoennchen 2009), gemäß einer
solchen Planckkurve verläuft. Dann lässt sich aber die
genaue Photonendichte in der derzeitigen Hintergrundstrahlung des Kosmos aus dem Planck'schen Gesetz genau
berechnen und ergibt sich zu: $n_v = 411$ Photonen/cm^3.
Dieser Photonendichte steht, wie wir zuvor schon erwähnt
haben, eine mittlere kosmische Protonendichte von nur
$n_p = 2 \; 10^{-7}$ Protonen/cm^3 gegenüber, woraus sich für
den derzeitigen Kosmos ein Verhältnis von $n_v/n_p = 2 \; 10^9$
ergibt! Die Entropie pro Nukleon $S_{vp} \simeq k \ln[n_v/n_p]$ ist
danach zwar riesig groß, aber doch immerhin endlich.

Auf das weiter oben Gesagte zurückkommend, sollten
wir demnach in Form der etablierten Hintergrundstrahlung
heute ein die Materie des Weltalls aus Entropiegründen begleitendes Photonenfeld finden können, das sich in seiner
heutigen Beschaffenheit aus einer oder mehreren zurückliegenden Kollaps-Katapult-Phasen entwickelt hat. Mit der
derzeitig angezeigten Expansion des Materiefeldes im Universum expandiert ja auch das begleitende Photonenfeld
und kühlt sich dabei ab, das heißt, seine Schwarzkörpertemperatur nimmt immer weiter ab, solange diese Expansion
anhält. Wenn das Weltall demnächst einmal doppelt so groß
wie heute geworden sein wird, so wird die Hintergrundstrahlung, weil ihre Temperatur umgekehrt proportional
zum Weltradius abfällt, dann auch auf die Hälfte ihres
heutigen Wertes abgefallen sein, sie wird anstatt der heute
gemessenen 2,726 Kelvin nur noch eine Temperatur von

1,363 Kelvin aufweisen! Wenn sich jedoch noch später dann die Kollapsphase des Universums eingeleitet haben sollte, und schließlich das Weltall einmal nur noch ein Tausendstel des heutigen Durchmessers misst, dann würde die Hintergrundstrahlung des Kosmos wieder eine Temperatur von etwa 3000 Kelvin angenommen haben, ähnlich wie schon zur Zeit ihrer Entstehung. Bei einer solchen Temperatur würde sie dann jedoch mit den stellaren Strahlungen konkurrieren können. Dann würde der Nachthimmel also für uns tatsächlich sternenhell zu leuchten beginnen, wie Wilhelm Olbers 1826 sich dies schon als unvermeidliches Himmelsphänomen hatte vorschweben lassen.

Literatur

Bennet, C.L., Hill, R.S., Hinshaw, G. Nolta, M.L., et al.: Results from the COBE mission. Astrophys. J. Supplem. **148**, 97–111 (2003)

Crawford, H.J., Greiner, C.H., The search for strange matter. Scientific American, Jan. 1994, 58–63 (1994)

Fahr, H.J.: The modern concept of „vacuum" and its relevance for the cosmological models of the universe. In: Weingartner, P., Schurz G. (Hrsg.) Philosophy of Natural Sciences, Bd. 17, Proceedings of the Wittgenstein Symposium, S. 48–60. Kirchberg/Wechsel, Hölder-Pichler-Tempsky, Wien (1989)

Fahr, H.J.: Der Urknall kommt zu Fall. Franckh-Kosmos Verlag, Stuttgart (1992)

Fahr, H.J, Willerding, E.A.: „Die Entstehung von Sonnensystemen: Eine Einführung in das Problem der Planetenentstehung". Spektrum Akademischer Verlag, Heidelberg, Berlin (1998)

Fahr, H.J., Zoennchen, J.: The "writing on the cosmic wall": Is there a straightforward explanation of the cosmic microwave background? Annalen d. Physik **18**, (10–11), 699–721 (2009)

Genz, H.: Zur Theorie des Vakuums. Fischer, E.P. (Hrsg.) Mannheimer Forum 1990/1991, Boehringer Mannheim (1991)

Genz, H.: Die Entdeckung des Nichts. Hanser Verlag, München (1994)

Guth, A.: Die Geburt des Kosmos aus dem Nichts. Droemersche Verlagsanstalt, München (1999)

Planck Collaboration: Ade, P.A.R., Aghanin, N., Armitage-Caplan, C., Arnaud, M., Ashdown, M., Atrio-Barandela, F., Aumont, J., Baccigallupi, C., Banday, A.J. et al.: 2013, ArXiv e-prints

Smoot, G. et al.: In Cosmology – 2000: Theoretical and Observational Aspects of the CMB (2000)

10

Auf der Suche nach dem kosmischen Ruhesystem

Über allen Gipfeln ist Ruh', beginnt ein Gedicht von Johann Wolfgang von Goethe und es stützt die menschliche Zuversicht, dass über den Wipfeln des Irdischen die Welt der Ewigkeit und der Zeitlosigkeit beginnt. Alles dort oben ist in Ruhe gebettet, wie die Menschheit glauben will. Aber wo beginnt dieses System der Ruhe? Schon jenseits des Mondes? Jenseits des Sonnensystems? Oder erst jenseits der Milchstraße? Was ist überhaupt physikalisch gedacht das „System der Ruhe" im Kosmos?

Wenn die Hintergrundstrahlung keinen Punkt im Universum auszeichnet, sondern für alle kosmologisch mitbewegten Weltpunkte zur gleichen Zeit gleich aussieht, dann gibt es also automatisch ein ausgezeichnetes Ruhesystem für diese Strahlung, und nur in diesem erscheint diese Strahlung als eine isotrope, ideale Planckstrahlung. Dieses ausgezeichnete Ruhesystem zeichnet keinen Punkt im Weltall aus, sondern nur den Bewegungszustand der Ruhe in jedem Punkt. Bevor wir aber die Konsequenzen dieses Umstandes beleuchten, wollen wir uns überlegen, was in früheren Zeiten des Universums mit dieser kosmischen Hintergrund-

© Springer-Verlag Berlin Heidelberg 2016
H.J. Fahr, *Mit oder ohne Urknall*, DOI 10.1007/978-3-662-47712-0_10

strahlung vor sich gegangen ist. Welche Veränderung macht diese Strahlung in den zurückliegenden Äonen der kosmischen Evolution durch? Und lassen sich die daran geknüpften Erwartungen auch bestätigen?

Wie schon zuvor in diesem Buch hervorgehoben, ist der heutige Mikrowellenhorizont mit einer Plancktemperatur von nur $T_{CMB}^0 = 2{,}76$ Kelvin durch Strahlungsabkaltung im expandierenden Universum entstanden. Das heißt dann aber, dass die Temperatur dieses Strahlungshintergrundes in früheren kosmischen Zeiten höher gewesen sein muss. Wenn man die kosmologische Rotverschiebung aller Photonen im Weltall zugrunde legt, so lässt sich eine Beziehung der kosmischen Rotverschiebung z und der Temperatur $T_{CMB}(z)$ der kosmischen Hintergrundstrahlung an dieser Stelle der Rotverschiebung z in folgender Form ableiten

$$T_{CMB}(z) = T_{CMB}(z = 0) \cdot \frac{\lambda_{max}(z = 0)}{\lambda_{max}(z)}$$
$$= T_{CMB}^0 \cdot (z + 1) \,,$$

wobei $T_{CMB}^0 = T_{CMB}(z = 0)$ die heutige Temperatur der Hintergrundstrahlung bezeichnet, die von uns heute hier am Ort der Erde bei einer Rotverschiebung von $z = 0$ gesehen wird. $\lambda_{max}(z)$ ist die Photonenwellenlänge im Maximum der Planckstrahlung im Bereich des Kosmos, in dem uns Galaxien mit der Rotverschiebung z erscheinen. Nun kann man sich aber fragen, ob diese erwartete, heißere Hintergrundstrahlung tatsächlich in den früheren Phasen des Weltalls vorherrschte und ob sie sich, wenn denn schon, dabei wirklich auch gemäß obiger Formel verhielt.

Wenn die Welt früher tatsächlich von heißerer Strahlung erfüllt war, so muss dies ja auch erheblichen Einfluss auf das gesamte physikalische Milieu des damaligen Kosmos gehabt haben, unter dem in früheren Zeiten sich Sterne und Sternsysteme bilden mussten. Können wir überhaupt etwas von früheren Hintergrundstrahlungen erfahren oder zumindest ein klares Indiz dafür auffinden, wie groß die Temperatur der früheren Hintergrundstrahlung wohl gewesen sein mag? Die entscheidende Frage lautet demnach, ob bestätigt werden kann, dass Galaxien bei größeren Rotverschiebungen z, also in zurückliegenden Zeiten des Kosmos, wirklich Zeichen dafür geben, dass sie von einer heißeren Hintergrundstrahlung umbettet waren, als wir es heute mit unserer Milchstraße und unserer Umgebung sind. Zur Beantwortung dieser Frage kann man schönerweise auf bewährte sogenannte CMB-Thermometer wie interstellare CN-, CH- oder CO-Moleküle zurückgreifen (siehe Bahcall and Wolf 1968; Meyer and Jura 1985; Srianand et al. 2008; Noterdaeme 2011).

Wenn man nämlich annimmt, dass molekulare interstellare Gasmoleküle in fernen Galaxien in direktem, optisch dünnem Kontakt mit der damaligen Hintergrundstrahlung standen, welche die Gesamtgalaxie umgeben hat bzw. sie durchleuchtet hat, so lässt sich annehmen, dass diese Moleküle in ihren elektronischen Anregungsniveaus gerade so populiert waren, wie es einer dazugehörigen Gleichgewichtspopulation entsprechen würde. Das heißt, die Besetzungszahlen der elektronischen Molekül-Anregungszustände hängen dann unmittelbar mit der Temperatur $T_{CMB}(z)$ des umgebenden CMB-

Strahlungsfeldes zusammen; sind folglich also ein Indiz für dessen Temperatur. Als kosmische Thermometer sind Molekülspezies mit gerade solchen Energiedifferenzen $(E_i - E_j)$ zwischen den Vibrations- oder Rotationsniveaus i, j günstig, die vergleichbar mit der mittleren Energie der umgebenden CMB-Photonen sind. Das wäre also gegeben wenn: $E_i - E_j = h\nu_{CMB}$ gilt. Unter solchen Bedingungen können die Besetzungszahlen der Niveaus n_i, n_j als Thermometer dienen, weil sie im Wesentlichen durch den hierbei maßgebenden Boltzmann-Faktor beschrieben werden:

$$\frac{n_i}{n_j} \sim \frac{g_i}{g_j} \exp\left[-\frac{(E_i - E_j)}{k T_{CMB}} \right] \, ,$$

wobei die Faktoren $g_{i,j}$ die Multiplizitäten (statistischen Gewichte) der Niveaus i, j erfassen. In den zurückliegenden Jahren haben sich speziell CO-Moleküle (Kohlenmonoxyd) aus diesem Grunde als CMB-Thermometer geeignet erwiesen. Dies ist insbesondere demonstriert worden von Srianand et al. (2008) und Noterdaeme (2011).

Das Kohlenmonoxydmolekül CO spaltet in verschiedene Anregungszustände seiner Rotationsniveaus entsprechend der Rotationsquantenzahl J auf, die sich aus quantenmechanischen Gründen nur um ganze Vielfache ändern dürfen, weil der quantenmechanische Rotationsdrehimpuls sich nur um Einheiten von $(h/2\pi)$ ändern darf. Entsprechend dieser Quantenzahlen ergibt sich eine Aufspaltung der CO-Linien charakterisiert durch die Eigenschaft $\Delta J = 1$. In dieser Hinsicht führt der Übergang $J = 1 \rightarrow J = 0$ zur Grundemission mit der Wellenlänge $\lambda_{1,0} = 2,6\,\text{mm}$ (d. h. der Frequenz $\nu_0 = 115{,}6\,\text{GHz}$). Das CO-Molekül ist zwei-atomig mit einer Rotation um die Achse senkrecht zur Verbindungslinie der beiden Atome. Die Quantenenergie $E_{rot}(J)$ der Rotationszustände J ergibt sich zu

$$E_{rot}(J) = \frac{h^2}{8\pi^2 I} J(J+1) = \frac{S^2(J)}{2I} = I \frac{\omega^2(J)}{2} .$$

Hier bezeichnet I das Trägheitsmoment des CO-Rotators and errechnet sich zu:

$$I(CO) = a^2 \frac{m_c m_O}{m_c + m_O} ,$$

wobei a die interatomare Distanz zwischen den beiden Atomen C und O bezeichnet, m_c, m_O sind die Massen des C- und des O-Atoms, und $S(J)$ ist der Drehimpuls des Zustandes mit der Quantenzahl J. $\omega(J)$ bezeichnet die quantisierte Rotationsfrequenz in diesem Zustand. Die Wellenlängen der möglichen Emissionen lassen sich dann errechnen aus der Formel:

$$\lambda_{j \geq 2} = \lambda_0 \left[\frac{1}{2} - \frac{1}{J(J+1)} \right]$$

Gewöhnlich ist es kaum möglich, die Feinstrukturemissionen des CO-Moleküls wegen ihrer zu geringen Intensität in fernen Galaxien direkt zu messen. Anstatt dessen lässt sich aber die relative Population der CO-Feinstrukturniveaus viel besser als Absorption eines Hintergrundstrahlers im optischen Bereich messen. Man benötigt dazu im Grunde eine breitbandige Strahlungsquelle im Hintergrund der Galaxie. Im Falle des von Sriannand untersuchten Objektes

(Srianand et al. 2008) handelt es sich um eine Vordergrundgalaxie mit einer Rotverschiebung $z_{abs} = 2{,}41837$, die von einem im Hintergrund stehenden Quasar SDSS J143912.04+111740.5 beleuchtet wird. Dann erscheinen die CO-Feinstrukturlinien in Absorption bei Wellenlängen 4900 Å and 5200 Å. Aus den Profiltiefen dieser Absorptionslinien kann man dann die relative Besetzungszahl $(n(J_i)/n(J_j))$ der absorbierenden CO-Moleküle ermitteln.

Wenn man nun optisch dünne Bedingungen im CO-Gas der Galaxie für CMB-Photonen annimmt, dann lässt sich im Falle eines photostationären Gleichgewichtszustandes aus diesen Besetzungszahlen ein Wert für die Temperatur der diese Galaxie umgebenden Hintergrundstrahlung über die invertierte Boltzmann-Beziehung in der Form gewinnen

$$kT^*_{CMB} \sim \left[\frac{(E_i - E_j)}{\ln\left(\frac{g_i}{g_j}\right) - \ln(n(J_i)/n(J_j))} \right]$$

Hierbei bedeutet jetzt T^*_{CMB} die CMB-Plancktemperatur an einer Stelle des Kosmos, an der stellare Objekte mit der Rotverschiebung $z_{abs} = 2{,}41837$ stehen. Auf dieser Grundlage finden (Srianand et al. 2008) für verschiedene Übergänge des CO-Moleküls CMB-Temperaturwerte von $T^*_{CMB}(0{,}1) = 9{,}11 \pm 1{,}23$ K; $T^*_{CMB}(1{,}2) = 9{,}19 \pm 1{,}21$ Kelvin, und $T^*_{CMB}(0{,}2) = 9{,}16 \pm 0{,}77$ Kelvin. Im Vergleich dazu sollte man nach der Aussage der Standardkosmologie bei einer Rotverschiebung von $z_{abs} = 2{,}41837$ eine CMB-Temperatur von $T^*_{CMB} = (1 + z_{abs})T^0_{CMB} = 9{,}315$ K finden, wenn $T^0_{CMB} = 2{,}725$ Kelvin als der gegenwärtige

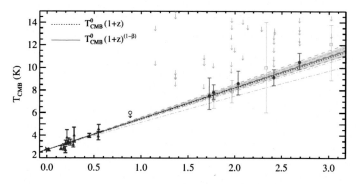

Abb. 10.1 Erwartete und gemessene CMB-Temperaturen bei wachsenden Rotverschiebungen z der ihr ausgesetzten Galaxien, bzw. zu entsprechend früheren kosmischen Zeiten (aus P. Noterdaeme, P. Petitjean, R. Sriannand, C. Ledoux and S. Lopez, A & A , 526, L7, 2011, Figure 4)

Wert der CMB Temperatur (Mather 1999) zugrundegelegt wird. Wenn somit auch der kosmologisch erwartete Wert höher liegt, so zeigt sich aber immerhin, dass bei größeren Rotverschiebungen höhere Hintergrundtemperaturwerte angezeigt sind (siehe Fahr and Sokaliwska 2015, und auch die folgende Abb. 10.1).

Wie aber merkt nun ein jeder Beobachter im Weltall, zu welcher kosmischen Zeit auch immer, ob er dem lokalen Ruhesystem angehört oder ob er sich gegen dieses in Bewegung befindet? Die kosmische Hintergrundstrahlung ist ein kosmisches Phänomen und sie zeigt demnach ihre wahren Charakteristika nur im Ruhesystem des Kosmos, also einem System, das den Kosmos als ganzen auszeichnet. Bei jeder Bewegung des Beobachters relativ zu diesem ausgezeichneten System resultiert eine Veränderung der spektralen Eigenschaften dieser Strahlung. Nun liegt auf der Hand, dass dieses kosmische Hintergrundstrahlungsfeld sicherlich wohl nicht den Standort der Erde als ihr Ruhesystem ausgezeichnet haben wird. Das Ruhesystem dieser Strahlung wird vielmehr mit irgendeiner, großräumig definierten Raumreferenz als kosmisches Schwerpunktsystem verbunden sein. Dieses System wird aber gewiss die jahresperiodisch wechselnde Bewegung der Erde auf ihrer Bahn um die Sonne nicht mitmachen. Die Erde bewegt sich also demzufolge zu jedem Zeitpunkt mit einer ganz speziellen Eigengeschwindigkeit gegenüber diesem Ruhesystem der Hintergrundstrahlung. Bewegt man sich aber samt des Strahlungsdetektors der Strahlungsquelle entgegen, so kommt es zu einer Doppler'schen Blauverschiebung der Photonen, während eine Bewegung von der Strahlungsquelle weg beim Detektor eine Doppler'sche Rotverschiebung der eintreffenden Photonen veranlasst. Bewegt sich also die Erde samt COBE- oder WMAP-Detektor in bestimmter Richtung gegen die kosmische Hintergrundstrahlung, so werden also alle Hintergrundphotonen, die aus dieser Richtung einfallen, entsprechend blauverschoben registriert, während diejenigen, die aus der diametral entgegengesetzten Richtung kommen, als rotverschobene Photonen registriert werden.

Wie aber verändert sich dann das Gesamtspektrum der Hintergrundstrahlung aus einer solchen Richtung, aus der alle Hintergrundphotonen entweder rotverschoben oder blauverschoben werden? Es ist klar, dass man diese richtungsbedingte Blau- oder Rotverschiebung der Hintergrundphotonen bei einer bestimmten Frequenz dann einfach als Änderung einer effektiven Strahlungstemperatur des verantwortlichen Schwarzstrahlers interpretieren kann. Danach würde man für eine bestimmte Frequenz die größte effektive Strahlungstemperatur der Hintergrundphotonen aus genau der Richtung des Himmels erwarten, in die die Relativbewegung des Detektors (Beobachters) gegen das Ruhesystem der Hintergrundstrahlung erfolgt, dagegen die niedrigste Effektivtemperatur genau in der Gegenrichtung. Sieht man sich die beobachteten Temperaturkartierungen der Hintergrundstrahlung bei bestimmter Wellenlänge einmal an, so zeigen diese in der Tat eben diesen Befund auf. Die Temperaturmaxima treten in einer bestimmten Himmelsrichtung auf, und die Temperaturminima immer genau in der Gegenrichtung. Eine dieses Phänomen erklärende Relativbewegung scheint demnach also gegeben zu sein!

Aber welche Bewegung könnte denn hier nun die entscheidende Rolle spielen? Ist der Detektor mit der Erde fest verbunden, so ist ersichtlich die Bewegung der Erde bzw. ihrer Oberfläche von Bedeutung. Sitzt der Detektor auf einem Satelliten wie dem COBE, so zählt dann die Satellitenbewegung im Raum. Aufgrund der Erdrehung kommt es an der Erdoberfläche zu äquatorialen Rotationsgeschwindigkeiten mit einem Betrag von $0,46\,\mathrm{km/s}$ verbunden mit einem periodischen, 12-stündlichen Richtungsschwenk des Maximums. Zusätzlich bewegt sich die Erde um die Sonne mit einer Umlaufgeschwindigkeit von $30\,\mathrm{km/s}$ verbunden mit einem halbjährlichen Richtungsschwenk. Das lässt erwarten, dass der Detektor praktisch dauernd eine andere Relativbewegung gegenüber dem kosmischen Hintergrundstrahlungsfeld realisiert. Folglich sollte auch das Temperaturmaximum der Hintergrundstrahlung für den Detektor ständig an einer anderen Stelle des Himmels auftauchen, und man sollte folglich alles andere als eine streng stabile Himmelsstrahlungskarte zu sehen bekommen.

Das trifft zwar im Prinzip auch zu, wirkt sich aber in der Tat nur in sehr untergeordneter Weise auf die registrierten Strahlungsfelder aus. Seit Beginn der COBE-Beobachtungen erscheint das Strahlungsmaximum, einmal abgesehen von Schwankungen im Bereich von zehntel Millikelvin, immer in der gleichen Richtung, und zwar in der Richtung auf den Schwerpunkt des Galaxiensuperhaufens im Sternbild Hydra-Centaurus hin. Aus dieser Richtung erscheint der Hintergrund um 3,4 Millikelvin heißer als im Durchschnitt, aus der Gegenrichtung um 3,4 Millikelvin kühler (siehe Turner 1993). Wie ist diese Stabilität der Erscheinung nun aber mit der Tatsache vereinbar, dass der satelliten-getragene COBE-Detektor, zumindest bezüglich der Erde, alle 45 Minuten seine Flugrichtung umkehrt?

Diese Frage beantwortet sich, wenn man einmal die Größe der gegen den Strahlungshintergrund benötigten Relativgeschwindigkeit ansieht, welche eine solche Temperaturveränderung von 3,4 Millikelvin überhaupt verursachen könnte. Zur Erklärung durch den linearisierten, optischen Dopplereffekt, nach dem die Photonenrotverschiebung $\Delta z = \Delta\lambda/\lambda = v/c$ mit der Geschwindigkeit v linear zusammenhängt, wird für eine Temperaturerhöhung des Planckspektrums um einen Wert von 3,4 Millikelvin eine Geschwindigkeit von immerhin 620 km/s benötigt. COBE konnte zusätzlich inzwischen auch eine jährliche Temperaturschwankung im Bereich von 0,1 Millikelvin registrieren, die mit der Erdbewegung auf ihrer Bahn (30 km/s!) um die Sonne zusammenhängt. Angesichts aber

der für 3,4 Millikelvin Temperaturerhöhung erforderlichen
Geschwindigkeit kann dabei aber leicht verständlich werden, warum die den 620 km/s überlagerten, wenn auch
zeitlich variablen Erdumlaufsgeschwindigkeiten praktisch
ohne Auswirkung bleiben. Es macht jedoch auch klar, dass
das Ruhesystem der kosmischen Hintergrundstrahlung weder mit dem System unserer Erde, noch mit dem unserer
Sonne, noch mit dem unserer Galaxis oder dem unserer
lokalen Galaxiengruppe identisch ist. Dieses mit der Hintergrundstrahlung verbundene System hat nach heutigen
Kenntnissen überhaupt nichts mit irgendeinem, materiell
identifizierbaren System im Kosmos zu tun. Es manifestiert
die Erscheinung eines unabhängigen elektromagnetischen
„Geistsystems" in unserem Universum. Ob allerdings die
Interpretation der dipolaren Millikelvin-Variation wirklich
durch die Annahme einer riesigen Relativgeschwindigkeit
gegenüber der kosmischen Hintergrundstrahlung in den
kommenden Jahren aufrechterhalten werden kann, ist von
Fahr und Zoennchen (2009) ausführlich diskutiert worden
und hängt unter anderem auch wesentlich davon ab, ob diese Interpretation auch in den kurzwelligen Bereichen des
CMB-Spektrums (Wienscher Spektralast) unter 0,05 cm
Wellenlänge, wo die Planckkurve von ihrem Rayleigh-Jeans
Ast in den Wienschen Ast umschwenkt, noch tragfähig ist.
Dort müsste sich, wie Fahr und Zoennchen (2009) zeigen,
nach konventioneller Erklärung nämlich der bewegungsbe-
dingte CMB-Dipol umkehren.

In der Zeit um 1975, als man gerade damit begann,
die ersten für diesen Spektralbereich empfindlichen Mikro-
wellenempfänger an Bord von erdgebundenen Satelliten
oberhalb des absorbierenden Teiles der Erdatmosphäre

einzusetzen, waren Informationen über die kosmische Hintergrundstrahlung in diesem Spektralbereich nur indirekt zu gewinnen. Im Bereich um und unter 0,6 Zentimeter Wellenlänge konnte man die hier gegebene Intensität der Hintergrundstrahlung nur aus der Radioabsorptionswirkung von interstellaren Cyanmolekülen im langwelligen Radiobereich indirekt zu erschließen versuchen, weil man davon ausgehen konnte, dass die für Radiowellenabsorption erforderliche Besetzung von Rotationsniveaus in der Elektronenhülle der Cyanmoleküle durch die entsprechenden Photonen der Hintergrundstrahlung bestimmt werden. Neuerdings hat sich die experimentelle Situation in diesem Spektralbereich deutlich verbessert, weil sowohl auf russischer wie auf amerikanischer und japanischer Seite mikrowellenempfindliche Detektoren auf Raketen und Satelliten zum Einsatz gebracht worden sind. Sowohl von den japanischen Raketenmessungen als auch von den russischen Messungen mit dem Satelliten PROGNOZ-9 im Bereich um 1 Millimeter Wellenlänge herum verlauteten jedoch noch im Jahre 1991 gemessene, starke Effektivtemperaturabweichungen vom ansonsten für den kosmischen Hintergrund bestätigten Plancktemperaturwert von $T = 2,7$ Kelvin.

Nun hat aber inzwischen die COBE-Mission hier ein neues Zeitalter anbrechen lassen, was die Absolutintensitätsbestimmung im Bereich bis 0,05 cm Wellenlänge anbelangt. Im Bereich kurzwellig von 0,05 cm konnte jedoch bis heute weder der Planck'sche Spektralcharakter der kosmischen Hintergrundstrahlung noch die dort zu erwartende Frequenzabhängigkeit des Anisotropiegrades auf der Grundlage der Hypothese einer Relativbewegung von

620 km/s gegenüber dem kosmischen CMB-Ruhesystem erwiesen werden. Aufgrund dieser Bewegung müssten sich Intensitätsunterschiede in der Strahlung als Funktion der Himmelsrichtung ergeben, die im Wien'schen Spektralbereich der Planckkurve mit einer bei steigender Frequenz drastisch abfallenden Anisotropie der Äquivalenztemperatur einhergehen müssten. Die derzeitig vorliegenden Messbefunde über die Temperaturanisotropie bis 0,05 cm Wellenlänge weisen hier jedoch ganz im Gegenteil eine Zunahme der Temperaturanisotropie mit der Frequenz nach.

Mit dem FIRAS/COBE Instrument glaubt man inzwischen den Schwarzkörpercharakter der Hintergrundstrahlung bis in den Bereich des Intensitätsmaximums der Planckkurve bestätigt zu haben. Das würde bedeuten, dass man in Form der Hintergrundstrahlung nicht einfach nur ein Spektrum detektiert hat, dessen Intensität nichts anderes tut, als mit dem Quadrat der Frequenz ν anzusteigen, sondern eben dazuhin eines, das zumindest in ein Maximum hineinläuft. Es handelt sich also nicht einfach nur um „irgendein" ν^2-Spektrum, für dessen physikalische Entstehung man sich vielerlei verschiedene Gründe vorstellen könnte. Man findet vielmehr in dem bis heute höchsten, detektierten Frequenzbereich der Hintergrundstrahlung keinen Fortgang eines Intensitätsanstieges mit dem Quadrat der Frequenz, sondern ein Einschwenken in ein Intensitätsmaximum, wie dies zum Beispiel bei einem Planck'schen Strahler der Temperatur von 2,726 Grad Kelvin beim Übergang vom Rayleigh-Jeans-Ast in den Wienschen Ast zu erwarten ist.

Vielleicht liefert uns die CMB-Strahlung ja einfach nichts anderes als einen kosmischen Entropiespiegel; sie zeigt einfach aktuell den inzwischen entstandenen thermodynamischen Unordnungsgrad im Kosmos in Form der Verteilung der kosmischen Gesamtenergie auf immer mehr Freiheitsgrade an. Eine solche Strahlung, wie die von COBE oder WMAP beobachtete, kosmische Hintergrundstrahlung, lässt zumindest mehrere Erklärungen zu, von denen die übliche „kosmologische" Erklärung zunächst einmal nur eine unter vielen ist. Hier soll jedoch noch einmal hervorgehoben werden, dass diese Hintergrundstrahlung sich wahrscheinlich problemlos als das Entropiebild des kosmischen Strukturierungsgrades der Materie in einem quasistatischen, aber auf allen Skalen turbulent dynamisch agierenden, sich aber in allen Hierarchiestufen stets rekonstituierenden Universums verstehen lässt. Wäre ein solcher Kosmos völlig gleichförmig mit Materie erfüllt, wäre also die Materie über das gesamte Volumen des Universums gleichmäßig verteilt, wie dies die kosmologischen Theorien in Form einer ortsunabhängigen Materiedichte immer annehmen, so gäbe es die Hintergrundstrahlung womöglich überhaupt nicht. Die tatsächlich in unserem heutigen Universum auftretende CMB-Strahlung könnte eventuell nur eine physikalisch konsequente Widerspiegelung der Tatsache sein, dass die Materie im weiten Weltall nicht gleichförmig verteilt, sondern in ganz bestimmten Hierarchieformen strukturiert auftritt. Genealogisch kann man sich den Unterschied zwischen einem Universum mit gleichverteilter Materie und einem Universum wie dem unsrigen folgendermaßen vorstellen:

Ein quasistatisches Universum mit einer anfänglichen Gleichverteilung der Materie und ohne ein Hintergrundstrahlungsfeld wird unter der Wirkung der intermateriellen

Gravitationskräfte der Tendenz zur Strukturbildung unterliegen. Wenn sich im Weltall aus einem Areal gleichverteilter Materie hierarchisch verdichtete Massengebilde wie Sterne, Galaxien und Systeme von Galaxien herausbilden, so sind solche Verdichtungsprozesse immer verbunden mit dem Übergang der kosmischen Materie in einen höheren gravitativen Bindungszustand. Das Komplement dieser negativ zu wertenden Bindungsenergie tritt aus den sich verdichtenden kosmischen Gebilden in Form von positiver, freier Energie als elektromagnetische Strahlung, als Neutrinos und als Sternwinde wieder in den freien Weltraum aus. Die elektromagnetische Strahlung, die von der heißen (nicht „dunklen") Materie in den verdichteten Gebilden über deren Oberfläche in den Weltraum abgestrahlt wird, trägt dabei den entscheidenden Anteil der entstehenden kosmischen Bindungsenergie in Form freier Photonenenergie ins Weltall.

Schon wenn sich aus der diffus verteilten interstellaren Materie nur ein einziger Stern von der Größe unserer Sonne bildet, so wird dabei während der „hydrostatischen" Kollapsphase über die Oberfläche des stellaren Kollapsgebildes ungefähr das Energieäquivalent von einem Millionstel einer Sonnenmasse in Form von elektromagnetischer Strahlung emittiert. Im Laufe seines weiteren Sternlebens, während der Stern in seinem Inneren über nukleare Fusion von Wasserstoff zu Helium Energie erzeugt, die wiederum über seine Oberfläche in den Weltraum abgestrahlt wird, wird noch einmal ein Energieäquivalent von etwa einem Tausendstel einer Sonnenmasse in die Form elektromagnetischer Energie überführt. Insgesamt ergibt sich hierbei (siehe z. B.

P.C.W. Davies 1977), dass für jedes Proton, das in einen stellaren Materieverband integriert wird, rund 10 Millionen Photonen in Form von Sternlicht mit einem angenähert Planck'schen Spektrum mit einer mittleren Temperatur von 4000 Kelvin in den Weltraum zurückgeliefert werden. Das stellt einen enormen Anstieg der Entropie (ausgedrückt als Vielfaches der Boltzmann-Konstante „k") von $\Delta S \simeq k \ln(10^{10}) \simeq 23k$ pro Nukleon im Weltall dar und besagt, dass man allein aufgrund solch konservativer Strukturierungsprozesse in der im wesentlichen aus Protonen, also den leichtesten der Baryonen, bestehenden, kosmischen Normalmaterie schon ein kosmisches Verhältnis von freien Photonen zu Baryonen von $n_v/n_B = 10^{10}$ herleiten kann. In massereichen Sternen wird die baryonische Materieenergie sogar noch effektiver in Photonen umgesetzt, wenn in den Endphasen der Sternentwicklung ein weitergehender Kollaps der ohnehin schon gravitativ fest gebundenen Materie bis hin zur Form von Neutronensternen und Schwarzen Löchern sich vollzieht. Hierbei werden noch wesentlich größere Bruchteile der ursprünglich vorhandenen freien Baryonenmassen, als bei der üblichen nuklearen Fusion derjenigen Sterne auf der Hauptreihe des Hertzsprung-Russel-Diagramms realisiert, in Strahlungsäquivalente umgesetzt. Wenn demnach im Falle des uns vorliegenden Universums ein nicht zu kleiner Teil der baryonischen Materie im Weltall bereits in eine solch gravitativ hochkondensierte Kontraktionsphase eingegangen ist, so könnte sich dadurch das Photonen-zu-Baryonen-Verhältnis dann leicht noch einmal um den Faktor 10 auf einen Wert von $n_v/n_B = 10^{11}$ erhöhen. Ein solcher Wert kommt dann aber demjenigen nahe, den man tatsächlich heute im Weltall für gegeben hält.

Der Englische Astrophysiker Martin Rees (1993) beginnt nun daran anschließend noch zu überlegen, wie wohl diese so überaus zahlreichen, entropietragenden Strukturierungsphotonen, die ja im Mittel vielleicht als Photonen eines Planck'schen Strahlers mit einer mittleren Temperatur von 4000 Kelvin ins freie Weltall emittiert werden, der wirklich beobachteten kosmischen Hintergrundstrahlung mit ihrer effektiven Temperatur von nur 2,726 Grad Kelvin ähnlich gemacht werden könnten. Dabei schwebt ihm eine zu einem Strahlungsgleichgewicht führende Annäherung an die höchstentropische Verteilung vor, die aus dieser Zahl der Photonen im gesamten Weltall hervorgehen könnte. Wenn man hierbei einmal davon ausgeht, dass die zu betrachtenden Entropiephotonen alle von gravitativ kontrahierten Objekten ausgehen und sich dann auf den gesamten zur Verfügung stehenden Weltraum verteilen, so ist klar, dass ihre Dichte dabei erheblich unter diejenige sinken muss, die zu einem Planckstrahler der stellaren Temperatur von 4000 Kelvin gehört.

Versuchen wir uns hier einmal diesen Verdünnungseffekt von stellaren auf kosmische Raumdimensionen auf einfache Weise klar zu machen: Nehmen wir zur Abschätzung dieses, zu berücksichtigenden Effektes einmal an, die Photonendichte n_0 eines Schwarzstrahlers mit der Temperatur $T_0 = 4000$ Kelvin entspräche der mittleren Photonendichte innerhalb des von der Sternoberfläche begrenzten stellaren Hohlraumes, also des Sternvolumens dV_0. Dann müssen wir also diese Zahl von Photonen $dn_0 = n_0 dV_0$ nunmehr bei Erhaltung der Photonenanzahl auf ein ihm massenmäßig äquivalentes Volumen V_0 des Universums verteilen, also auf dasjenige Volumen, das bei der gegebenen mittleren Materiedichte im ganzen Kosmos gerade ein Materieäquivalent zu der Sternmasse darstellt, also zu etwa einer Sonnenmasse $M_\odot = 2 \cdot 10^{33}$ g. Wenn im Sternvolumen eine mittlere Materiedichte von ρ_0 vorherrscht, und im gesamten Weltall eine mittlere Materiedichte von $\bar{\rho}$, dann errechnet sich dieses Äquivalentvolumen einfach zu $V_0 = dV_0(\rho_0/\bar{\rho})$. Bei dieser Verdünnungsaktion verringert sich nun die ursprüngliche Photonendichte n_0 auf eine Dichte von $\bar{n} = n_0(dV_0/V_0)$ und entspricht nunmehr natürlich nicht mehr der geforderten Photonendichte eines Planckstrahlers der Temperatur von $T_0 = 4000 \cdot Kelvin$, denn die Photonendichte hängt in einem Planckstrahlungsfeld gesetzmäßig mit der Temperatur zusammen über das Stephan-Boltzmann-Gesetz nach der Beziehung $n(T) \sim \alpha_{SB} \cdot T^4$, wobei α_{SB} die berühmte Stephan-Boltzmann Konstante ist. Wenn wir also die Gleichverteilung der Entropiephotonen auf den gesamten Weltraum im Interesse der Einrichtung einer höchstentropischen Photonenverteilung im Universum so vornehmen, dass dabei die ursprüngliche Zahl der erzeugten stellaren Photonen gleichbleibt, so müssen wir zu einer effektiven Plancktemperatur $\bar{T}$ der Photonen von: $\bar{T} = T_0 \cdot (dV_0/V_0)^{1/4}$ kommen. Wenn nun die sich dann ergebende effektive Temperatur $\bar{T}$ derjenigen der beobachteten Hintergrundstrahlung von $T_{CMB} = 2{,}726$ Kelvin gleich sein soll, so errechnet sich daraus der benötigte Wert für die mittlere Verdichtung derjenigen Materie, die das Gros der Entropiephotonen im Weltall erzeugt haben müsste. Hieraus ermittelt sich leicht der Wert

$dV_0/V_0 = (2{,}726/4000)^4 \simeq 2{,}153 \cdot 10^{-13}$. Das heißt, es müsste schon eine mittlere Volumenverdichtung der stellaren, baryonischen Materie im Weltall von mindestens 10^{13} in unserem heutigen Weltall vorliegen, damit wir aus der Entropiestrahlung dieser so stark verdichteten Materie im Weltall die beobachtete, kosmische Hintergrundstrahlung hervorgehen lassen könnten.

Das aber scheint auf der anderen Seite wiederum absolut möglich. Wenn man nämlich einmal davon ausgeht, dass die mittlere Materiedichte im gesamten heutigen Weltall bei einem Wert von vielleicht $\bar{\rho} = 10^{-30}\,\mathrm{g/cm^3}$ angenommen wird, und dass die mittlere Materiedichte in einem Stern vom Typ unserer Sonne $\rho_0 \simeq 1\,\mathrm{g/cm^3}$ beträgt, so erkennt man leicht, dass hier Volumenverdichtungsfaktoren von $dV_0/V_0 \simeq \bar{\rho}/\rho_0 \simeq 10^{-30}$ vorliegen. Man braucht also zur Erklärung der Hintergrundstrahlung von diesem Aspekt her eigentlich nur eine Form von viel weniger komprimierter Materie im Weltall, als sie uns in den normalen Sternen vorliegt.

Auf der anderen Seite aber muss man auch erkennen, dass die Überführung der primären stellaren Entropiestrahlung in eine höchstentropische Gleichgewichtsstrahlung des gesamten Weltraumes hier von uns nur unter der Prämisse der Photonenzahlerhaltung diskutiert worden ist. Wenn wir auf die Energie sehen, die in den primär stellaren Entropiephotonen steckt, und sie vergleichen mit der, die in dem zahläquivalenten Hintergrundstrahlungsfeld der Temperatur von 2,726 Kelvin steckt, so zeigt sich, dass die primäre Energie größer ist, und dass wir schon einen Energieverlustprozess bei der Verteilung der stellaren Photonen auf den gesamten Weltraum vorsehen müssen, wenn alles als CMB-Erklärung hinhauen soll. Solche Umverteilungsprozesse von Photonen, bei denen die Photonen Energie einbüßen, sind im Prinzip durchaus in Form von inversen Comptonstößen mit Elektronen gut bekannt. Eine relevante Energieabgabe erfolgt bei solchen Stößen aber erst, wenn das Photon eine dem Elektron ungefähr äquivalente Masse $m_\nu = h\nu/c^2 = m_e \simeq 0,5\,\mathrm{MeV}/c^2$ repräsentiert. Das ist aber erst der Fall, wenn das Photon eine Energie von etwa 500.000 Elektronenvolt besitzt. Die Entropiephotonen, von denen wir bisher geredet haben, repräsentieren aber Energien von nur etwa 1 Elektronenvolt. Sie verlieren demnach bei den folglich fast elastischen Comptonstößen mit kosmischen Elektronen nur sehr ineffektiv Bruchteile ihrer Energie, wenn sie mehrfach an energiearmen Elektronen gestreut worden sind. Entweder also dauert die Angleichung an die höchstentropische Hintergrundstrahlung sehr lange oder sie läuft im Wesentlichen nicht über derartige Comptonstöße ab.

Martin Rees diskutiert deshalb andere Prozesse, bei denen, anders als bei uns zuvor angenommen, die Teilchenzahl der Photonen nicht erhalten bleibt. Das sind zum Beispiel echte Absorptionsprozesse aller Art. Wenn die stellar erzeugten Entropiephotonen bei ihrem Weg in das weite Weltall zum Beispiel auf feste Materie wie etwa Staubkörner treffen, so werden sie dort zunächst einmal absorbiert. An Staubkornoberflächen spielt ein solcher Absorptionsprozess tatsächlich eine entscheidende Rolle, was die zahlenmäßige und energetische Bilanz der Photonen anbetrifft. Hier werden nämlich die zahlenmäßig geringen Photonen des primären Planckstrahlers von 4000 Kelvin zunächst absorbiert und in viel zahlreichere, reemittierte Photonen einer Äquivalenttemperatur des Staubkorns $T_S \ll T_0$ verwandelt. Sie werden also schließlich im Gleichgewicht mit der Energiezustrahlung wieder in Form einer zahlenmäßig weit größeren Zahl von Photonen mit einer sehr viel kleineren Schwarzstrahlungstemperatur T_S des Staubkornes wieder ins Weltall reemittiert. Die Energiebilanz bleibt bei einem solchen Wechsel von Absorption und Reemission gewahrt, nicht aber die Photonenzahlbilanz. Es werden im Gleichgewicht weit weniger Photonen absorbiert als reemittiert. Das Staubkorn im Weltall dient also noch einmal zusätzlich als Dekonzentrator der Photonenenergie, also der Verteilung auf viel mehr Freiheitsgrade. Es dient so, neben den gravitativ verdichteten Objekten im Weltraum, als Entropiegenerator des Kosmos, indem es ständig die Photonenzahl erhöht, also Energie des Weltalls auf mehr und mehr Freiheitsgrade verteilt.

Eine ähnliche Idee, primäre Photonen aus den leuchtenden Sternatmosphären in Hintergrundphotonen zu verwandeln, geht auf den Astrophysiker Fred Hoyle und seinen Kollegen Chandra Wickramasinghe zurück, die beide der Meinung sind, das stellare Photonenfeld stelle das primäre und das CMB-Hintergrundstrahlungsfeld das sekundäre Phänomen im Kosmos dar, während ja im Rahmen der üblichen Urknallkosmogenese die Entstehung der Hintergrundstrahlung auf einen kosmologisch sehr viel früheren Zeitpunkt zurückverlegt wird als den, der mit der Entstehung von Sternen und Sternsystemen im Universum verbunden ist. Hoyle stellt sich bei seiner Idee von der sekundären Natur der Hintergrundstrahlung ein Phänomen ähnlich demjenigen eines Scheinwerfers im Nebel vor. Die Scheinwerfer im Fall unseres Universums sind die vielen leuchtenden Sterne und Sternsysteme, der Nebel dagegen sollte nach Hoyles Vorstellung etwas sein, dass alle strahlenden, kosmischen Lichtquellen als ein diffuses, weit verbreitetes, extragalaktisches Medium umgibt und an dem die Wellenlängen, die in der Hintergrundstrahlung präsent sind, wie Radiowellen und Mikrowellen, effizient gestreut werden.

Da jedoch außer im Bereich dieser Wellen der Kosmos durchsichtig ist für alle anderen Arten von elektromagnetischen Strahlungen, schließlich sehen wir ja weit entfernte Sterne, so muss man nach einer kosmischen Substanz Ausschau halten, die gerade die elektromagnetischen Strahlungen im Bereich einiger Millimeter bis Zentimeter sehr effektiv streut. Eine solche Substanz lässt sich tatsächlich von der Theorie her und von Labormessungen her aufzeigen, und zwar in Form von sehr spitzen, mikrometerdicken und millimeterlangen Eisennadeln. Nach Labormessungen agieren solche Nadeln als sehr effektive Mie-Streuer von elektromagnetischen Wellen ganz bestimmter Wellenlängen, das heißt, sie agieren wie dielektrische Sendeantennen für einen bestimmten Wellenlängenbereich, der mit den Eigendimensionen der Antenne eng verbunden ist. So lässt sich zum Beispiel im Labor zeigen, dass die Streuwirkung solcher Nadeln im Bereich der Mikrowellen und Millimeterwellen, wo das Intensitätsmaximum der Hintergrundstrahlung liegt, also gerade bei Wellenlängen von der Länge oder der Dicke solcher Nadeln, um einen Faktor 1000 größer ist als zum Beispiel bei optischen Wellenlängen um 5000 Å. Wenn unsere Milchstraßengalaxie, und vielleicht alle anderen Galaxien auch, also von

einem solchen Halo aus millimeterlangen Eisennadeln umgeben wären, so könnte sich das von uns wahrgenommene
Phänomen der Hintergrundstrahlung eventuell einfach als
das Phänomen einer Vordergrundstrahlung herausstellen,
also als das Leuchten eines unsere Galaxie umgebenden
Eisennadelnebels, das durch die Streuung aller stellaren
Strahlungen im Zentimeter- bis Mikrometer-Bereich zustande kommt. Bei diesen Wellenlängen befinden wir uns
mit unseren stellaren, galaktischen Scheinwerfern also wie
von einem dichten Tyndal'schen Nebel umgeben, von dem
alle Strahlungen diffus zurückgestreut werden. Im optischen
Wellenlängenbereich ist dieser galaktische Nebelhalo völlig durchlässig, ein ähnliches Phänomen wie bei irdischen
Nebeln aus kleinsten Wassertröpfchen, die im optischen
Bereich undurchsichtig, dagegen im Infrarotwellenbereich
jedoch durchsichtig sind.

Nun kann man sich allerdings fragen, wo denn diese für den obigen Erklärungsversuch benötigte Flut von
kosmischen Eisennädelchen herkommen soll. Aber auch
dazu gibt es einige interessante Ideen: In Laborversuchen
lässt sich tatsächlich zeigen, dass langsam abkühlende Me-
talldämpfe in metallische Mikronadeln auskondensieren,
bei denen gehäuft Radien von 1 Mikrometer und Län-
gen von 1 Millimeter anzutreffen sind. Nach der Theorie
kondensiert hierbei der Eisendampf zunächst in flüssige
Eisentröpfchen von etwa einigen tausend Eisenatomen aus.
Wenn dann schließlich bei Abkühlung das Flüssiggebilde in
einen metallischen Festkörper auskristallisiert, so zeigt sich,
dass das nachfolgende Kristallwachstum aus elektrischen
Gründen in der Längsrichtung des Protogebildes viel rapider als in der Querrichtung vor sich geht. Es bildet sich also

grundsätzlich ein längliches, nadelförmiges Gebilde bei der Kristallisation aus der Dampfphase aus. Ein solches Entstehungsszenario spielt sich mit großer Wahrscheinlichkeit auch in unserem Kosmos ab. Der Moment der effektivsten Metallerzeugung ist bekanntlich der Kollaps massereicher Sterne am Ende ihres Sternlebens, der gefolgt ist von einer Supernovaexplosion, bei der der kollabierende Zentralstern einen erheblichen Teil seiner Materie in Form einer gigantischen Schockwelle in den umliegenden Weltraum hinauskatapultiert. Diese Schockwelle enthält nun hohe Metalldampfanteile, welche bei Ausdehnung der Schockwelle aufgrund der damit einhergehenden Abkühlung des geschockten Gases und Dampfes zur Tröpfchenbildung und Festkörperbildung in Form von Metallnadeln führen. Diese Metallnadeln werden also auf diese Weise in den Raum hinausgeschleudert und sollten im Zuge fortdauernder Supernovaexplosionen in unserer Galaxie unsere galaktische Umwelt systematisch stärker diffus mit solchen Eisennadeln anfüllen.

Eine ganz junge Galaxie sollte demnach noch keinen Eisennadelhalo besitzen können. Je älter die Galaxie aber wird, umso dichter und ausgedehnter wird ihr Eisennadelhalo. Dass selbst der Raum zwischen den Sternen in unserer Milchstraße von solchen Eisennadeln erfüllt ist, glauben englische Radioastronomen durch die Tatsache nachgewiesen zu sehen, dass die pulsierende Strahlung des Krebsnebelpulsars drastisch geschwächt erscheint bei Wellenlängen zwischen 10 Zentimeter bis 30 Mikrometer, also gerade in dem Bereich, in dem die Streueffizienz solcher kosmischer Eisennädelchen am größten sein sollte. Wenn wir also nach all diesen Stützen der Hoyleschen Nadeltheorie die kosmische Hintergrundstrahlung als Echo der galaktischen Sternstrahlung an einem zirkumgalaktischen Eisennadelhalo verstehen wollten, so müssten wir natürlich auch nach einer Erklärung für die in der Hintergrundstrahlung gesehene, wenn auch extrem geringfügige, dipolare Richtungsanisotropie suchen. Diese Tatsache nun aber, dass die kosmische Hintergrundstrahlung eine gelinde, dipolare Intensitätsasymmetrie vom Betrage einiger Millikelvin aufweist, könnte man auf der Basis der Hypothese des Eisennadelhalos auf einfache Weise, anders als sonst im Rahmen der Urknalltheorie des Hintergrundes üblich, ohne die Zuhilfenahme einer zu postulierenden Eigenbewegung von 620 km/s gegen das Strahlungsfeld erklären. Da wir samt unserem Sonnensystem nicht im Zentrum unserer Milchstraße, sondern eher am Scheibenrande unserer Galaxie lokalisiert sind, kann die optische Dichte dieses uns umgebenden Eisennadelhalos nicht in allen Richtungen als gleich groß erwartet werden, sie mag vielmehr in der einen Richtung größer, in der entgegengesetzten Richtung etwas kleiner als im Durchschnitt sein. Solches würde aber dann leicht zu Asymmetrien der Strahlungsintensität im Bereich von wenigen Millikelvin führen können.

Eine ganz andere Vorstellung zur Natur der Hintergrundstrahlung geht davon aus, dass letztere eine Erscheinungsform des Vakuums in unserem Kosmos ist. Die grundlegenden Gedanken hierzu sind sehr kompliziert, denn sie hängen mit dem quantenfeldtheoretischen Verständnis des Grundzustandes aller Teilchenfelder zusammen und sollen deswegen hier nicht im Einzelnen angesprochen und vertieft werden (siehe hierzu aber J. Rafelsky und G. Müller 1985; H.J. Fahr 1989, 1991; H. Genz 1994).

Auf eine verkürzte Weise lässt sich der Zusammenhang jedoch wie folgt skizzieren: Als kosmischen Vakuumzustand muss man den Grundzustand aller Kraft- und Teilchenfelder im Universum ansehen, also das Energieminimum aller kosmischen Felder. Nach der Heisenberg'schen Theorie zur Unschärfe in den Quantenfeldern kann aber jede Eigenmode eines Feldes, vergleichbar einer Schwingungsmode einer Geigensaite, nicht vollkommen energielos gemacht werden, sondern es muss ihr aus quantenmechanischen Unschärfegründen mindestens die Grundzustandsenergie ε_0 erhalten bleiben. Damit repräsentiert das Vakuum als Versammlung solcher Feldeigenmoden, selbst im Grundzustand aller Felder, aber bereits eine Form von räumlicher Energiedichte. Für das elektromagnetische Feld stellt der Weltraum nun nichts anderes als ein System von Eigenoszillatoren für die einzelnen, im Kosmos möglichen elektromagnetischen Schwingungen dar. Im Grundzustand muss jeder dieser Oszillatoren mit der Eigenfrequenz ν die Energie $\varepsilon_0 = h \cdot \omega / 2\pi = h \cdot \nu$ repräsentieren. Für ein Inertialsystem lässt sich dann herleiten, dass die Zahl der pro Frequenzintervall $d\nu$ möglichen Oszillatoren mit der dritten Potenz der Frequenz ansteigt, im Prinzip ohne klare Obergrenze in der Frequenz. Das zeigt schon sogleich eine problematische Situation auf, denn wenn man daran denkt, dass jeder dieser Eigenoszillatoren bereits im Vakuum mit der Grundenergie $\varepsilon_0 = h \cdot \nu$ ausgestattet sein muss, so lässt sich absehen, dass die elektromagnetische Vakuumstrahlung mit steigender Frequenz immer höhere Energiedichten pro Frequenzintervall darstellen sollte. Nun gibt es sicher eine natürliche Obergrenze wie etwa $\nu = \nu_{max} \simeq c/r_e$ für physikalisch sinnvolle Frequenzen, wo r_e der Elektronenradius ist, denn für die Frequenz einer elektromagnetischen Welle, die aus der Paketierung der elektrischen Ladung in der Form von Elektronen herzuleiten ist, lässt sich einfach kein kürzeres Zeitintervall als $\tau_{min} = 1/\nu_{max}$ realisieren. Dennoch aber verbleibt, das aufregende Phänomen, dass die elektromagnetische Vakuumstrahlung eine erhebliche Menge an Vakuumenergiedichte darstellen sollte.

Nun befinden wir uns kosmisch gesehen leider nicht in einem Inertialsystem mit euklidischer Geometrie, sondern in einem komplizierten, von allgemeiner Gravitation geprägten Raumzeitsystem mit nichteuklidischer Geometrie, und zwar in einem kosmischen Raumzeitsystem, welches vielleicht am besten mit einer weltzeitabhängigen Robertson-Walker-Metrik mit zeitveränderlichem Weltradius $R = R(t)$ beschrieben wird. Wenn wir die oben erwähnte, elektromagnetische Vakuumstrahlung nun einem so beschriebenen expandierenden Kosmos mit gekrümmter Raumgeometrie aussetzen, so verändert sich dieses Vakuumspektrum im Laufe der Weltzeit. Hier nun führen gewisse theoretische Rechnungen zu der Vermutung, dass ein solches Vakuumspektrum, welches in einem Inertialsystem als Intensitätsanstieg mit der dritten Potenz der Frequenz gemäß $I(\nu) = I_0(\nu_0)(\nu/\nu_0)^3$ angelegt ist, in einem expandierenden Robertson-Walker Kosmos sich in ein Planck'sches Spektrum einer bestimmten Temperatur verwandeln sollte, also in ein Spektrum ähnlich wie das der kosmischen Hintergrundstrahlung. Allerdings müsste wohl noch gezeigt werden, dass die Temperatur T_{vac} dieses Planckspektrums der Vakuumstrahlung mit derjenigen T_{CMB} der kosmischen Hintergrundstrahlung als identisch erwartet werden kann.

Wenn auch hier in der genauen Theorie der Vakuumstrahlung in expandierenden Universen vielleicht noch einige Problemlücken zu schließen sind, bevor hierzu eine endgültige Beurteilung abgegeben werden kann, lohnt es sich aber heute schon, diesen alternativen Erklärungsansatz für die kosmische Hintergrundstrahlung im Bewusstsein zu halten, zumal dieser Ansatz inzwischen noch einen zusätzlichen, interessanten Aspekt hinzugewonnen hat durch Arbeiten von drei Astrophysikern Overduin, Wesson und Bowyer (1993) aus Berkeley, Kalifornien. Hierin erarbeiten diese Autoren eine Theorie über das Verhalten der Vakuumenergiedichte bei der Expansion des Kosmos. Sie kommen zu der Vorstellung, dass das Vakuum bei der Expansion des Kosmos einen Zerfall erleidet, so dass sich die Vakuumenergiedichte im expandierenden Kosmos deswegen systematisch mit der Weltzeit verkleinert. Der Zerfall des Vakuums vollzieht sich in der Vorstellung der Autoren dabei ausschließlich in reelle Photonen, die einem Planck'schen Spektrum eingebaut werden können. Unter Zugrundelegung einer geeigneten Vakuumzerfallsrate in Verbindung mit der Expansionsrate des Kosmos können die Autoren dann zeigen, dass das daraus resultierende Spektrum der tatsächlich beobachteten CMB-Hintergrundstrahlung nahezu identisch werden sollte.

Sollte die gefundene Hintergrundstrahlung nun aber dennoch Urknallnatur besitzen, so muss man sich dann immerhin bemühen, die unter solchen Vorgaben zu erwartenden kosmischen Signaturen im Zusammenhang mit dieser Strahlung zu identifizieren. In dieser Hinsicht bleibt aber dann noch ein gehöriges Paket an Arbeit zu tun. Spezielle Signaturen, die die Urknallnatur der Hintergrundstrahlung zu beweisen helfen, könnten sich aus folgenden Begleitumständen ergeben: Jede Dichtefluktuation in der Zeit der Entstehung der kosmischen Hintergrundstrahlung müsste so zum Beispiel zu einer unterschiedlichen Beschaffenheit der Materie innerhalb und außerhalb dieses Verdichtungsbereiches geführt haben. Wären solche Verdichtungen an den 10 Mikrokelvin helleren Flecken im Hintergrundstrahlungsfeld tatsächlich zu erkennen, so müsste sich in diesen Bereichen wegen der lokal unterschiedlichen Expansionshistorie auch eine vom Rest des Kosmos verschiedene kosmische Elementenhäufigkeit antreffen lassen, denn was die relative Häufigkeit von Helium zu Wasserstoff im Kosmos anbelangt, so hängt diese mit der jeweiligen, lokalen Expansionshistorie während der Elementenbildungsphase im Kosmos zusammen. Je langsamer lokal die Temperaturen von 10 Milliarden auf eine Milliarde Kelvin abfallen, umso mehr Helium wird aus den frühen kosmischen Urstoffen, nämlich den Protonen und den Neutronen, erbrütet. In den lokalen Dichteerhöhungen sollte aber, wegen der stärkeren gravitativen Eigenbindung dieser Bereiche, die lokale, kosmische Expansion ein wenig verlangsamt ablaufen, und es sollte folglich mehr Zeit für die frühe Elementenbildung zur Verfügung stehen, also speziell für die kosmische Heliumfusion. In diesen Bereichen sollte demnach die Heliumhäufigkeit größer sein. Gewöhnlich hält man eine relative Häufigkeit von 10 Prozent Helium gegenüber Wasserstoff aus kosmologischer Frühzeit im Universum für gegeben. Dieser Häufigkeitswert sollte jedoch durch das besondere Expansionsschicksal in den Dichtefluktuationen abgewandelt worden sein und in etwa mit den heutigen kosmischen Materiestrukturen in den einzelnen Hierarchien, die ja aus solchen Verdichtungen hervorgegangen sein sollen, korreliert sein? Das heißt, man sollte vielleicht schließen dürfen, dass in den materiell dichter gedrängten Bereichen im Kosmos die Heliumhäufigkeit höher ist als in den materiell verarmten Bereichen. Wie soll man diese Erwartung aber der Konturierung auf dem Horizont der Hintergrundstrahlung zuordnen?

Bleiben wir hier bei der Annahme, die Hintergrundstrahlung sei kosmologischen Ursprungs und sie sei von universeller, thermischer Natur. Die Erklärung dafür lautet dann, dass bei der Expansion der heißen Urknallmaterie und der darin eingebetteten, heißen Urknallstrahlung eine generelle Abkühlung durch kosmologische Rotverschiebung und eine räumliche Verdünnung gleichzeitig stattfinden. Die elektromagnetische Strahlung ist zunächst über intensive Wechselwirkung mit den materiellen Teilchen im Kosmos verbunden, solange diese Teilchen als freie, elektrische Punktladungen auftreten und die Photonen der elektromagnetischen Strahlung wirkungsvoll über Comptonstreuprozesse beeinflussen können. Bei solchen Prozessen können Bewegungsrichtung und Energie beider Stoßpartner, also der Teilchen und der Photonen ständig verändert werden. Als Folge dieses effizienten Impuls- und Energieaustausches zwischen Strahlung und Materie ergibt sich ein der Expansionsphase des Universums angepasster Gleichgewichtszustand, mit einer bei fortschreitender Zeit abfallenden Gleichgewichtstemperatur. Dieses thermodynamische Gleichgewicht zwischen Materie und Strahlung kann jedoch nur solange unterhalten werden, wie ausreichend viele, freie Ladungsträger im Kosmos vorhanden sind. Wenn die Gleichgewichtstemperatur immer weiter abfällt, so ergibt sich ein Temperaturpunkt, unterhalb dessen es möglich ist, dass elektrisch unterschiedlich geladene Teilchenpartner sich zu einem ladungsneutralen Verband verbinden.

Letzteres passiert, wenn die Temperaturen unter 4000 Kelvin abfallen. Dann rekombinieren Elektronen und Protonen zu elektrisch neutralen Wasserstoffatomen. Binnen einer kurzen, kosmischen Zwischenepoche verschwinden also alle geladenen Elektronen und Protonen und werden zu ungeladenen Wasserstoffatomen (siehe Fahr und Loch 1991). Soweit noch andere Atomkerne wie Helium, Lithium oder Beryllium vorliegen, so rekombinieren auch diese zu neutralen Atomen. Wenn dann aber die Neutralisierung der Materie im Kosmos zum Abschluss gekommen ist, dann finden die vorhandenen elektromagnetischen Photonen im Universum praktisch keine Wechselwirkungspartner mehr. Die kosmischen Photonen aus dieser Epoche bewegen sich dann folglich frei durch das Universum, als gäbe es überhaupt keine Materie. Ab jetzt würde die Temperatur des freien Photonengases, das ja ein Planckspektrum besitzt, weil es aus einem Gleichgewichtszustand hervorgegangen ist, in einem homogenen und isotrop expandierenden Kosmos proportional zum Reziproken des Weltdurchmessers dieses Kosmos absinken. Nicht so allerdings in einem inhomogenen, nicht isotropen Kosmos, der von lokalen Verdichtungen geprägt ist, in denen eine verlangsamte Expansion stattfindet (siehe Fahr und Zoennchen 2009). Hier fällt nämlich auch die Strahlungstemperatur im Vergleich zum Umgebungsbereich langsamer ab.

Eine Dichtestrukturiertheit in Form ungleichförmiger Verteilung der gravitierenden, also Schwerkraft erzeugenden Substanzen im Universum, wie Strahlung und Materie eben, führt zu ungleicher Expansion des Kosmos, denn diese überträgt sich nach den Gesetzen der Allgemeinen Relativitätstheorie auf eine ortsabhängige Metrik und auf eine lokal anisotrope Expansion der kosmischen Raumzeit (siehe z. B. Wiltshire 2007). In einer Analogie zwischen Weltexpansion und dem Aufblasen einer Ballonhaut würden lokale Verdichtungen dem Umstand entsprechen, der beim Aufblasen eines Ballons einträte, dessen Außenhaut durch Verdickungen stellenweise verstärkt ist. Hier nämlich ergäben sich dann beim Aufblasen lokal größere Kohäsionskräfte als in der Nachbarschaft, wo die Haut dünner ist. Hätte man nun zur Ortsorientierung diese Haut mit gleichmäßig verteilten Farbpunkten markiert, und bliese sodann den Ballon auf, so stellte sich dabei heraus, dass die in ihrer Ballonhaut verstärkten Flächenteile im Vergleich zu den Nachbarregionen wegen größeren Spannkräfte sich weniger stark aufweiten. Die dort markierten Punkte blieben also im Vergleich zu denen in der Nachbarschaft dichter beieinander. Wie sollte man demzufolge der heutigen Hintergrundstrahlung dann ansehen können, ob vor der Rekombination eine solch strukturierte Situation vorgelegen hat?

Es müsste dann also im Universum Bereiche geben, die im Verlauf der Zeit stärker expandieren als gewisse, diese umgebenden Nachbarbereiche. In den stärker expandierenden Bereichen verdünnt sich das Materie- und Strahlungsfeld schneller und kühlt sich demnach auch schneller ab. Der sogenannte Rekombinationspunkt, also der Moment, wenn die elektrisch geladenen Teilchen sich zu neutralen Atomen vereinigen, tritt in den stärker expandierenden Bereichen früher ein. Hier wird die Hintergrundstrahlung schon von der Materie zu einer Zeit frei, während erstere in den noch heißen Nachbarregionen noch weiterhin an die Materie gekoppelt ist. Nur langsam kann das Strahlungsfeld von hier in die ladungsträgerfreie Umgebung hinaus diffundieren. Andererseits würden Hintergrundphotonen der damaligen Zeit, wenn sie sich aus der „schon kalten" Umgebung kommend in die „noch heiße" Region hineinbewegen, dort absorbiert und dem lokalen thermodynamischen Milieu inkorporiert werden. Diese Regionen sind demnach zu dieser Zeit noch undurchsichtig, das heißt undurchlässig für Hintergrundphotonen. Hier kann man also, in kosmischer Zeit gesprochen, – noch nicht durch den kosmischen Nebel hindurchsehen, aber es kommen einem aus dem Nebel heißere Photonen als aus der Umgebung entgegen. An solchen Stellen des Himmels sollten wir eine Hintergrundstrahlung mit höherer Temperatur zu sehen bekommen, weil ein solch verdichteter Bereich im Universum der damaligen Zeit heißere Strahlung in die Umgebung emittiert, als er aus seiner Umgebung aufnimmt. Vor dem restlichen, universellen Hintergrundstrahlungsfeld sehen wir diesen Bereich folglich als eine hellere Fläche abgezeichnet. Diese markiert sozusagen einen der ersten aus der bisherigen, kosmischen Strahlungsuniformität heraustretenden Lichtflecken neben den Schattenhalos darum herum.

Hierbei muss allerdings vorausgesetzt werden, dass unser Sichthorizont seit der Entstehung der Hintergrundstrahlung aus der Größe eines solchen Verdichtungsobjektes schon herausgewachsen ist. Wenn dagegen die Größe eines solchen Verdichtungsobjektes, in dessen Mitte wir uns irgendwo platziert zu denken haben, noch nicht von einem Hintergrundphoton seit seiner Freisetzung von der Materie durchlaufen werden konnte, so säßen wir demnach immer noch in demjenigen Hintergrundstrahlungsmilieu, welches ursprünglich zu unserer Verdichtungsregion gehörte. Erst sehr viel später könnte dann der nicht zu dieser Verdichtung gehörige Hintergrund für uns sichtbar werden. Wir könnten dann also erwarten, dass der Horizont der kosmischen Hintergrundstrahlung folglich erst in Zukunft sich zunehmend strukturierter zeigen werde.

Die allermeisten Photonen, die wir in der heutigen Hintergrundstrahlung vorfinden, sollten bereits vorgelegen haben, bevor die Materie rekombinierte. Sie stellen von ihrer Zahl her ja eines der großen Rätsel des Urknallparadigmas dar, denn niemand weiß heute überzeugend zu sagen, warum sie in der den Messungen entsprechend hohen Zahl präsent sein sollten. Nur wenige unter diesen Photonen müssen dagegen eindeutig auf den Akt der Rekombination selbst zurückgehen. Sie hängen damit zusammen, dass nach quantentheoretischen Gesetzen solche Photonen entstehen müssen, wenn ein freies Elektron sich in die Elektronenhülle eines Atomkerns einbindet. Im Falle der Wasserstoffrekombination entstehen dabei die typischen Photonen der berühmten Lyman- und Balmer-Serien, im Falle der Rekombination zu Helium entsteht insbesondere das Helium-Lyman-Alpha-Photon mit einer Wellenlänge von 304 Å im Moment der Entstehung. Diese Rekombinationsphotonen können von ihrer Zahl her keine große Rolle spielen gegenüber den Planck'schen „Urknallphotonen". Aber es könnte sich ergeben, dass diese Unterzahlphotonen ihrer Frequenz nach an einer Stelle im CMB-Spektrum

anzutreffen sind, an der Urknallphotonen praktisch nicht
vorkommen. Sollte man dann diese Photonen nicht heute
noch klar identifizieren können?

In der Tat haben wir dies überprüft (Fahr and Loch 1991)
und haben nachweisen können, dass diesen Rekombinationsphotonen in der heutigen Hintergrundstrahlung eine
eminent wichtige urknall-diagnostische Rolle zukommt. So
zeigt sich, dass sich die Wasserstoff-Lyman-Photonen heute
im Frequenzbereich von 1,5 bis 2,5 Gigahertz wieder-
finden lassen sollten, während die Helium-Lyman-Alpha-
Photonen sogar bei 4,2 Gigahertz auftreten müssten. Als
Konsequenz daraus sollte die Intensitätskurve der Hintergrundstrahlung in diesem hohen Frequenzbereich deutlich
von der Planckschen Spektralverteilung einer Temperatur
von 2,726 Kelvin abweichen. Trotz ihrer zahlenmäßigen
Unterlegenheit sollten diese Rekombinationsphotonen
in diesem Frequenzbereich klar dominieren. Im Bereich
um 2 Gigahertz sollten die Wasserstoff Lyman-Gamma
Photonen um mehr als den Faktor 10 über dem Planckschen Hintergrund dominieren, bei 4 Gigahertz sollten die
Helium Lyman-Alpha Photonen sogar um mehr als den
Faktor 100 darüber dominieren. Leider kennt man das
wirkliche Hintergrundspektrum im Frequenzbereich oberhalb von 1 Gigahertz noch überhaupt nicht (Wienscher
Bereich). Wenn es jedoch in Zukunft vermessen werden
könnte und es erwiese sich auch hier als rein Planck'sches
Spektrum, so wäre dies kein Grund zur Freude für Urknall-
anhänger, sondern eher zur großen Bestürzung.

Damit wäre nämlich erwiesen, dass das Urknallszenario mit der diesem inhärenten Rekombinationsphase nicht
als Erklärung zur Hintergrundstrahlung in Frage kommt.

Wenn jedoch die erwarteten Intensitätsspitzen, verursacht durch die eigentlichen Rekombinationsphotonen in diesem Bereich, nachgewiesen werden können, so spräche dies entschieden für die Herkunft der Hintergrundstrahlung aus der Rekombinationsära der kosmischen Materie. Dann aber lohnte es sich, eine Untersuchung der Richtungsanisotropie dieser Intensitätsspitzen durchzuführen, denn die hierin aufscheinenden Fluktuationen könnten ja dann gerade auf die schönste Weise zeigen, ob der Kosmos zur Zeit der Rekombination der Materie bereits strukturiert war oder eben nicht.

Die Frage, ob die Hintergrundstrahlung überhaupt ein kosmisches Universalphänomen oder eher ein lokales Strahlungsphänomen unserer Erdumgebung darstellt, kann man vielleicht mit dem Sunyaev-Zel'dovich-Effekt zu beantworten hoffen. Hierbei handelt es sich, wie schon vorher erwähnt, darum, dass man in den intergalaktischen Räumen zwischen den vielen Galaxienmitgliedern eines Galaxienhaufens heißes, hoch verdünntes Elektronengas vermutet. Diese Vermutung bestätigt sich heute immer stärker und hängt zusammen mit der Feststellung, dass der intergalaktische Raum solcher Galaxienhaufen auf den Bildern des Röntgen-Satelliten ROSAT als Quelle diffuser Röntgenstrahlung erkannt werden kann. Diese Röntgenstrahlung schreibt man vornehmlich der Bremsstrahlung hochenergetischer Elektronen bei gegenseitiger Ablenkung durch die abstoßenden Coulombfelder und der Synchrotronstrahlung in den umgebenden Magnetfeldern zu. Aus der diffusen Röntgenstrahlung aus der Gegend optisch identifizierter Galaxienhaufen lässt sich schließen, dass das in diesen intergalaktischen Bereichen befindliche Elektronengas Temperaturen von einigen zehn Millionen Kelvin besitzen muss. Auch die Dichten dieses Elektronengases lassen sich abschätzen, so dass man über den Zustand dieses intergalaktischen Elektronengases gut Bescheid zu wissen glaubt. Die beiden russischen Astrophysiker Sunyaev und Zel'dovich sagen nun vorher, dass die kosmische Hintergrundstrahlung von einem derartigen, lokalen Elektronenhalo über Photon-Elektron-Wechselwirkungen beeinflusst wird.

Hochenergetische, elektrisch geladene Teilchen solcher Halos sollten nämlich mit Hintergrundphotonen wie stoßende Teilchen wechselwirken können. Wenn ein Elektron mit hoher Energie mit einem Photon von vergleichsweise niedriger Energie, wie man sagt, einen inversen Comptonstoß erleidet, so überträgt ersteres dabei einen Teil seiner Energie auf das Photon. Während das Elektron im Stoß Energie verliert, gewinnt das Photon also Energie, das heißt es wird bei einem solchen Stoß hochfrequenter. Jene Hintergrundphotonen, die aus der Richtung eines Galaxienhaufens zu uns kommen, müssen also das intergalaktische Elektronengas dieses Haufens auf ihrem Wege zu uns durchdrungen haben. Dabei muss ein Teil der Hintergrundphotonen einen inversen Comptonstoß mit einem der dortigen, hochenergetischen Elektronen erlitten haben. Hierbei sollte sich also die Frequenz des Photons erhöht haben. Für die Hintergrundstrahlung, die durch einen Galaxienhaufen hindurchtreten muss, um uns zu erreichen, wird das nach genaueren quantitativen Überlegungen bedeuten, dass die Intensität niederenergetischer Photonen im Spektrum reduziert wird, während diejenige höherenergetischer gesteigert wird. Ein solcher Effekt müsste sich demnach in einer frequenzspezifischen Temperaturabänderung der aus der Richtung des Galaxienhaufens aufgenommenen Hintergrundstrahlung niederschlagen. Bei Frequenzen um 20 Gigahertz sagen Sunyaev und Zel'dovich aufgrund dieses Umstandes effektive Temperaturerniedrigungen im Bereich von einigen Millikelvin voraus, die jedoch bisher nicht sicher bestätigt werden konnten.

Ein solcher Einfluss kann sich natürlich auch nur dann ergeben, wenn die Hintergrundstrahlung tatsächlich kosmologischen Ursprungs ist, wenn sie also aus einer Zeit stammt, die lange vor der Bildung des heißen Elektronenhalos der Galaxienhaufen liegt. Nur wenn diese Strahlung aus größten kosmischen Fernen kommt und wirklich, um zu uns zu gelangen, durch solche Materiebereiche von Galaxienhaufen hindurchdringen musste, kann eine korellierte Abänderung erwartet werden. Die unter anderem durch die COBE-Instrumente, registrierte „Hintergrundstrahlung" würde sich dagegen eindeutig als ein ortstypischer Strahlungsvordergrund erweisen, wenn jegliche Korrelation ihrer Spektraleigenschaften mit der Position von Galaxienhaufen am Himmelshorizont ausbleiben würde. *Was* aber dann? So kann man im Vorhinein und voller intelektueller Anspannung hier schon einmal fragen. – Dann bleibt uns wohl nur die Antwort, die wir im nachfolgenden, letzten Kapitel dieses Buches geben werden.

Literatur

Bahcall, J.N., Wolf, R.A.: Finestructure transitions. Astrophys.J. **152**, 701–712 (1968)

Davies, P.C.M.: The asymmetry of time. Berkeley Univ. Press, Berkeley/California (1977)

Fahr, H.J.: The modern concept of „vacuum" and its relevance for the cosmological models of the universe. In: Weingartner, P., Schurz G. (Hrsg.) Philosophy of Natural Sciences, Bd. 17, Proceedings of the Wittgenstein Symposium, S. 48–60. Kirchberg/Wechsel, Hölder-Pichler-Tempsky, Wien (1989)

Fahr, H.J., Loch, R. Astronomy and Astrophysics **246**, 1–9 (1991)

Fahr, H.J., Sokaliwska, M.: Growing quality of CMB data, but still a lack of understanding. Intern. Space Research (2015, in press)

Fahr, H.J., Zoennchen, J.: The "writing on the cosmic wall": Is there a straightforward explanation of the cosmic microwave background? Annalen d. Physik **18**(10–11), 699–721 (2009)

Genz, H.: Die Entdeckung des Nichts. Hanser Verlag, München (1994)

Mather, J.C., Fixsen, D.J., Shafer, R.A., Mosier, C., Wilkinson, D.T.: Ten years of COBE results on the microwave background. Astrophys. J. **512** 511–518 (1999)

Meyer, D.M., Jura, M.: A precise measurement of the cosmic microwave background temperature from optical observations of interstellar CN. Astrophys.J. **297**, 119–132 (1985)

Noterdaeme, P., Petitjean, P., Sriannand, R., Ledoux, C., Lopez, S.: The evolution of Cosmic microwave background temperature. Astron. & Astrophys. **526**, L7 (2011)

Overduin, J.M., Wesson, P.S., Bowyer, S.: Constraints on vacuum decay from the microwave background. Astrophys. Journal **404**, 1–7 (1993)

Rafelsky, J., Müller, B.: Die Struktur des Vakuums. Rowohlt Verlag, Hamburg (1985)

Srianand, R., Gupta, N., Petitjean, R., Noterdaeme, P., Saikia, D.J.: Detection of the 2175 Å extinction feature and 21-cm absorption in two MgII systems at z~1.3. MNRAS **391** L69–L73 (2008)

Turner, M.S.: Why is the temperature of the universe 2.726 Kelvin? SCIENCE **262**, 861–866 (1993)

Wiltshire, D.L.: Cosmic clocks, cosmic variance and cosmic averages. New Journal of Physics **9**, 377–390 (2007)

11

Lässt sich das Ganze überhaupt denken?

Am Ende dieses Buches sollten wir uns nun abschließend einmal fragen, ob wir den Kosmos als Ganzen nach allen zuvor angestellten Überlegungen nun eigentlich besser verstanden haben. Kommen wir deswegen noch einmal auf die Ausgangsfrage des Buches zurück: Können wir nach allen Rätseln, die das Universum in Form seiner von uns beobachteten Eigenschaften aufgibt, dennoch hoffen, das Weltganze, das sich hinter diesen Eigenschaften verbirgt, zu verstehen? Besinnen wir uns zu diesem Zwecke noch einmal auf die Denkvorgaben der altgriechischen Naturphilosophen, die wir zu Anfang dieses Buches angesprochen hatten. Sie allesamt schienen so etwas wie einen apriorischen Denkrahmen für ein erstrebtes Weltverständnis und ein angemessenes Verhältnis unseres Verstandes zum Realitätsganzen dieser Welt und dem in ihm ablaufenden Weltgeschehen sein zu können – und zwar noch vor Abwägung der Bedeutung aller Beobachtungen kosmischer Fakten.

Scheint unser naturwissenschaftlich-kosmologisches Weltverständnis heute denn, nach Jahrhunderten der Sammlung naturwissenschaftlich-technisch gewonnener, kosmischer Einzelfakten, den äußeren Formen nach gemäß

© Springer-Verlag Berlin Heidelberg 2016
H.J. Fahr, *Mit oder ohne Urknall*, DOI 10.1007/978-3-662-47712-0_11

solcher naturphilosophischer Vorgaben beschaffen? Eine kurze Erinnerung an die kosmologischen Perspektivierungen aus der Zeit der griechischen Vorsokratiker um und seit 500 v. Chr. kann dazu als Prüfstein dienen. So sagte der wohl berühmteste Naturphilosoph dieser Zeit, Heraklit von Ephesos (500 v. Chr.), über die Welt, dass sie weder von Göttern, noch von Menschen jemals gemacht wurde. Sie sei vielmehr immer schon gewesen und werde auch immerdar sein, – und das Geschehen in ihr sei ein ewig lebendes Feuer, sich in Stufen entzündend, und in Stufen wieder verlöschend. Auch Empedokles (435 v. Chr.) nannte diese Welt einen in Ewigkeit fortdauernden Prozess bestehend aus einer ewigen Umwandlung von Vorhandenem in Zukünftiges, eine Seinsewigkeit, jedoch getragen von dauerndem Wechsel zwischen Entstehen und Vergehen verbunden mit der beständigen Gestaltenumwandlung unter den Urteilchen der Materie. Auch um diese Zeit äußert Anaxagoras (462 v. Chr.) zu dieser Frage die Meinung, dass Entstehen und Vergehen im Kosmos nur stattfindet durch ewig andauernde Umwandlung des einen, nie entstandenen und nie ins Nichts vergehenden Materievorrats des Universums in immer neue Formen.

Die Gesamtheit dieser Urteilchen der Materie werde dabei jedoch niemals mehr oder weniger, sie erhalte sich vielmehr trotz ewigen Wandels, denn, – so begründet er seine These – aus dem Nichts könne niemals etwas entstehen, ebenso wenig wie etwas ins Nichts vergehen könne, was zuvor ist. Das scheinen klare Vorgaben aus dem voraussetzungslosen, unverzichtbaren Denken der Menschheit für die grundsätzlichsten Züge dessen zu sein, was eine vernunftangemessene Form des Verständnisses des Weltganzen sein muss. Wir haben hiervon ausgehend verfolgt, inwieweit die heutige Kosmologie diesen apriorischen Vorgaben zu entsprechen vermocht hat, und wollen nunmehr auf die Frage nach der Vernunftgemäßheit der heutigen Kosmologie am Ende dieses Buches noch einmal zurückkommen.

Wenn wir ernst nehmen müssten, dass nichts Seiendes im Kosmos aus Nichtseiendem hervorkommt, sondern alles neu Erscheinende nur aus Umwandlung des Vorhandenen im Weltall hervorgeht, so muss die logische Schlussfolgerung sein, dass alles Seiende potenziell schon immer da ist im Kosmos und nur jeweils als konkret Geformtes zu bestimmten Ereigniszeiten und Ereignisorten durch Umwandlung in seiner jeweiligen Form aktuell hervorgebracht wird. Angesichts der Big-Bang-Kosmologie muss dies bedeuten, dass der Urknall nicht mehr und auch nicht weniger reell seiendes Weltall darstellt als jede spätere Phase des Universums im Weiterlauf der kosmischen Evolution, die so gesehen gar keine „Evolution" im eigentlichsten Sinne darstellen kann, indem sie niemals etwas qualitativ wirklich Neues, noch nicht Dagewesenes hervorbrächte, sondern lediglich eine Konvolution, also eine fortwährende Umwandlung von Vergehendem in Werdendes wie etwa die Erscheinungswandlung eines Objektes, das bei Drehung vor dem Blick aus unserer Zeit und unserem Standort uns eine immer wieder andere Seite seiner dennoch immer gleichzeitig allvorhandenen Seiten aufzeigt. So gesehen, kann überhaupt nur das Werden aus dem Vergehen hervorkommen – es hat gar keine andere Seinschance an sich, und beide müssen quasi zwei Seiten des Gleichen sein. Wenn aber Urknall und heutiges Weltall vom Seinsgehalt her nicht unterscheidbar sind, so muss der Urknall sich im Grunde auch aus jeder aus ihm später hervorgegangenen Form des Universums stets wieder neu ergeben können.

Denkt man aber daran, dass sich ständig im Zuge der kosmischen Evolution, zumindest nach allgemein physikalischer Ansicht, weitere Entropie entwickelt, so scheint dies von vornherein ausgeschlossen, denn auf dem Weg zurück zum Urknall müsste ja entweder negative Entropie erzeugt werden können oder vorhandene, positive Entropie beseitigt werden können. Es bedürfte einer Natur, die Ordnung schafft. Der Urknall kann in diesem Sinne also schwerlich ein Äquivalentbild unseres heutigen Kosmos darstellen, es sei denn, man dächte sich ganz neue massen- und schwerkraft-auflösende Prozesse in einem sich verdichtenden Weltall aus, die solche Folgen der Ordnungsbildung nach sich ziehen würden. Dann aber fällt es schon einfacher anzunehmen, der Urknall sei überhaupt kein möglicher Zustand, in dem unser heutiges Weltall sich repräsentieren kann. Er kommuniziere seinsmäßig überhaupt nicht mit dem heutigen Weltall. Schaut man vielmehr konsequent darauf, dass alles in der Welt aus der Wandlung von bereits vorhandenem hervorkommt, and dass somit alles Werden aus Vergehen von Andersartigem möglich wird, so muss man zwangsläufig das gesamte Geschehen im Weltall sich in Kreisläufen ausdenken.

Nietzsche hat schon 1872 in seinem Buch: „Die neue Weltkonzeption" dazu die angemessenen, gedanklichen Richtlinien entwickelt, die sich bei ihm aus einem Weiterdenken der Heraklit'schen Philosophie ergaben. Sein Ansatz ist eine volle Bejahung des Werdens als der einzigen Form des Seins überhaupt. Das Werden rechtfertigt sich einfach als Dynamik der Wandlung in jedem Augenblick. Es hat keinen Zielzustand, sondern nur das Ziel der Zustandsauflösung. Dadurch hat alles hervorkommende Sein bereits das Entgegengesetzte seiner selbst in sich. Das ganze Wesen der Wirklichkeit ist nur einfach ein Wirken auf das Andere hin. Die Welt als ganze besteht aus solchem Wirken auf Veränderung hin, sie entfaltet somit nicht ihr Neues aus sich heraus unter Erreichung eines Qualitätenwandels. Die Welt, indem sie ist, bewirkt immer nur ihre Veränderung. Sie wird immer und vergeht auch zugleich dabei, aber sie hat nie angefangen, zu werden, und wird nie aufhören, zu vergehen. Sie lebt von sich selber und erhält sich in beidem. Ihre Exkremente sind ihre Nahrung. Ihr Werden kennt kein Sattwerden, keinen Überdruss, und keine Müdigkeit. Also auch keine Entropievergiftung der Welt bei ihrer Evolution – , wie der Naturwissenschaftler ja argwöhnen müsste! Die Schöpfung also als eine Unerschöpflichkeit im Werden und Vergehen!

Wie aber soll sich eine derartig visionäre, seinsphilosophisch motivierte Grundsatzperspektive auf das kosmische Sein in ein physikalisch kosmologisches Konzept übertragen lassen? Lässt sich hoffen, dass etwas derartiges überhaupt durchführbar ist? Hier wäre zuerst zu fragen, mit welchem Recht wir in der Kosmologie Aussagen über den Kosmos mit einer gewissen Absolutgeltung machen. Wir sollten uns rückblickend also fragen, ob es intellektuell überhaupt verantwortbar ist, über das Ganze des Universums denken, sprechen und verfügen zu wollen. Selbst wenn man dabei, wie ja aus dem Vorangegangenen hervorscheint, zu vielen bemerkenswerten Aussagen kommt, so muss doch gefragt werden, von welcher absoluten Gültigkeit solche Aussagen wohl sein können. Von welcher außermenschlichen Instanz her könnten solche allumfassenden, kosmologischen Aussagen wohl abgesegnet und akzeptiert werden?

Es erscheinen täglich Unmengen neuer Bücher und Texte in den Verlagen dieser Welt. Und in vielen dieser Bücher und Texte wird ja auch immer wieder die Frage gestellt, was eigentlich Gott ist. Die in solchen Texten gegebenen Antworten sind durchaus vielfältig und ganz unterschiedlich motiviert; sie sind teils theoretisch ontischer Natur und beziehen sich auf das Sein Gottes, teils sind sie auf Offenbarungswahrnehmung aufgebaut und beziehen sich auf die seelische Erfahrbarkeit Gottes, teils aber auch sind sie moralischer Natur und beziehen sich auf das Wollen und Sollen Gottes. Und das, obwohl wir weder vom Sein, noch vom Wollen, noch von der Offenbarkeit Gottes wirklich viel wissen. Interessanterweise ganz ähnlich vielfältig und disjunkt sind aber auch unsere Antworten auf die naturwissenschaftliche Grundfrage: Was ist eigentlich der Kosmos? Gibt es ihn überhaupt als ein abgeschlossenes Sein, oder stellt dieser Kosmos eher einen chimärenhaften Unbegriff dar? Vielleicht kommt ihm überhaupt kein genuines Sein zu? Eventuell bleibt dieser sogenannte Kosmos ja nur eine Phantasiekonzeption unseres Verstandes ohne jede ontische Basis? Wir fragen aber: Was soll dieser Kosmos, wenn es ihn denn schon gäbe, dann leisten? Wie muss er beschaffen sein? Muss er so beschaffen sein, dass in ihm menschliches Leben entstehen muss, gleichsam als eine evidente Manifestation des kosmischen Seins? Sozusagen menschliches Sein und kosmisches Sein als ein notwendig Gemeinsames? Dieses, unser jeweiliges Nachsinnen über Gott zum einen und über den Kosmos zum anderen zeigt aber dann gerade, was eigentlich überraschen muss, dass selbst in den Wurzeln unseres Denkens über das große Ganze, das Allumfassende und Ewige, sowohl in dem Begriff „Gott" als auch in dem des „Kosmos", zum einen sehr interessante Gemeinsamkeiten und zum anderen aber auch gemeinsame Fragwürdigkeiten stecken.

Im Folgenden wollen wir deshalb einige Gedanken anstellen über die Legitimation, die wir in unserem Denken über Gott und die Welt für uns bei solchem Tun jeweils einfordern können. Lastet auf solchem Denken nicht doch sehr ein Ruch von Anthropomorphismus, weil wir in unseren kühnen Ganzheitskonzepten uns alles eben zu „menschengerecht" machen wollen? Es ist uns doch zu Anbeginn jeder solchen Weltsynopsis schon ganz klar: Wir sind nun einmal nicht Gott! Und wir sind auch nicht die Welt! Dennoch aber erkühnen wir uns zu denken, was Gott sein soll und muss, und wie die Welt sein soll und muss. Heißt das eventuell ganz klar: Wir machen uns Gott; wir machen uns die Welt, – wir machen sie uns so, wie beide unserem Denken am besten zu genügen scheinen? Welche Legitimation könnte es sonst für uns als Menschen, ausgestattet mit menschlichem Geist und menschlichem Bewusstsein, – welche Rechtfertigung könnte es dafür geben, über das uns absolut Nicht-Immanente, nicht unserem Geiste Innewohnende, wie eben Gott oder die Welt, Aussagen in thetischer Form mit ontischem Anspruch, mit apodiktischem Wahrheitscharakter und zugleich aber mit einer auffälligen Forderungsdiktion zu machen? In der Form etwa: Gott muss „so" und „so" sein, die Welt muss „so" und „so" sein!

Hier sollen ein paar diesbezügliche Untersuchungen mehr Klarheit schaffen. Wir wollen an Themen ansetzen, in denen unsere Aussagen über Gott und die Welt besonders nahe aufeinandertreffen. So wollen wir im Folgenden zunächst einmal fragen, ob der Urknall als alternativloses Paradigma sowohl der göttlichen Schöpfung als auch der physikalischen Entstehung der Welt gelten muss. Verbirgt sich hinter dieser paradigmatischen Fixation nur unsere Unfähigkeit, perspektivenreicher und in einer Vielheit von Alternativen zu denken, oder zwingt sich uns das Urknallparadigma aus unentlarvten, ontischen Gründen tatsächlich auf? Fragen wir, ob die denkende Menschheit eine expandierende und somit zerplatzende Welt als Schöpfung Gottes oder als Werk der Natur überhaupt akzeptieren kann. Damit hängt vor allem auch die Frage zusammen, ob wir diese Weltevolution überhaupt auf ihren Anfang, den sogenannten Zeitpunkt „null", zurückextrapolieren können. Zeichnet sich dieser Anfang als klares Stigma im Jetztbild des Kosmos tatsächlich ab und wie könnte dieser extrapolierte Anfang der Welt gegebenenfalls ausgesehen haben? Gibt es für das, was da geworden ist, wie auch immer es jetzt beschaffen ist, dann überhaupt eine Seinsrechtfertigung? Und so kommen wir dann auf die Fragen der Theodizee, aber auch der Kosmodizee, vielleicht sogar der Ontodizee, als der Rechtfertigung dafür, dass etwas ist und nicht vielmehr nicht ist. Ist es überhaupt denn besser, dass etwas ist, als vielmehr nichts? Die alte Leibnizsche Frage (Pourquoi il y a quelque chose, que rien?)!, – jetzt aber als Frage der Ontodizee gestellt!

Heutzutage redet Jeder, der auf die Welt im Großen angesprochen wird, so gleich vom Urknall. Es ist geradezu, als gäbe es einfach keine Alternative zu diesem überaus suggestiven Weltparadigma. Doch weder in unserem Denken über Gott, noch in dem über die Welt, können wir mit diesem Gleichnis eigentlich glücklich werden. Denn es ist, wie in diesem Buch schon mehrfach hervorgehoben, ein Paradigma mit Pferdefüßen und Fallgruben. Der so stigmatisierende Begriff „Urknall" stammt von seinem Ursprung her, wie früher schon betont, vom englischen Astrophysiker Fred Hoyle. Dieser hatte den Begriff jedoch nur ironisch verwendet, um verschiedene seiner Astronomiekollegen wie insbesondere G. Lemaître und A. Friedmann, die von explodierenden Welten redeten, lächerlich zu machen. Er wollte die dort vertretene Forderung nach einer Anfangssingularität des Kosmos einfach ad absurdum führen, sie sozusagen dem allgemeinen Spott jedes vernunft-begabten Menschen preisgeben. Trotz Hoyle's beißender Ironie, die eigentlich ein kosmologisches Umdenken nahelegen wollte, hat sich jedoch dieser Begriff vom „Big-Bang"-Universum bis heute in allen Köpfen festgesetzt, eher ist er heute noch aktueller denn je. Ohne Urknall versteht man heute gar nichts mehr! Sogar die katholische Theologie kann sich heute eine Welt ohne Urknall nicht vorstellen. Denn physikalisch gesprochen muß Gott den Urknall auslösen, um die Welt zu erschaffen.

Wie lässt sich das eigentlich verstehen? Gibt es denn wirklich gar keine Alternativen für unser weltbezügliches Denken? Schließlich kommen wir doch aus den vielen Jahrhunderten menschheitsgeschichlichen Denkens, in denen nicht einmal im weitesten Sinne vom Urknall die Rede war, sondern von einem festgefügten statischen Weltsystem bestehend aus Erde und dem Himmelsgewölbe darüber. Diesem Weltbild hat selbst Einstein 1917 noch in seiner damaligen Theorie entsprechen wollen. Doch seit Hubble, Lemaître und Friedmann für die Weltexpansion die entsprechenden

Legitimationen geschaffen hatten, tut man sich seitdem mit Alternativen zum Urknall furchtbar schwer. Allerdings ist ein allgemeines Unbehagen in der breiten Bevölkerung einer Welt gegenüber, die aus einer schieren Explosion hervorgeht, letztendlich auch nicht einfach als unbedeutendes NaJa-Phänomen abzuschmettern, sondern eher doch wohl Ernst zu nehmen.

Warum drängt sich das Bild des Urknalls dem menschlichen Verstand wohl immer wieder aufs Neue mit solcher Suggestivkraft auf? Natürlich haben Bilder einer Atombombenexplosion in diesem Punkte eine ungeheuerliche Suggestivkraft. Man muß sich dann aber doch angesichts solcher Bilder fragen: Entsteht hier eine Welt? Oder vergeht hier doch vielmehr eine? Auch bei Ansicht von Bildern einer Supernova-Explosion geht es einem kaum anders. Auch hier glaubt man so etwas wie einen lokalen Weltbeginn wahrzunehmen, obwohl es doch in Wahrheit ein Sternentod und keine Weltgeburt ist. Vielleicht fragt man sich hierbei aber, ob die Welt als Ganze nicht vielleicht auch in Form einer universalen Meganowa-Explosion, sozusagen wie aus einer gigantischen Wasserstoffbombe hervorgegangen sein kann. Eine Idee, die übrigens schon bei George Lemaître auftauchte und die natürlich insbesondere nach dem Jahre 1948, seit das Schreckensbild der ersten Atombombenexplosionen der Menschheit noch vor Augen stand, ihre Suggestivkraft entfalten konnte. Tatsächlich haben Gamow, Alpher und Herman (1950) diese Idee einer Weltentstehung aus einer „Weltwasserstoffbombe" ernsthaft in der Literatur vorgestellt. Wenn aber ein solches Bild bis in die Tiefe der Physik stimmen würde, so müßte die Welt auch vor jeder Expansion bereits in „nucleo" ganz und gar vorhanden sein und nichts anderes darstellen als das Verbrennen energietragender Materie in ihre höchstentropische Endform. Auch kann man sich vielleicht aus den hoch interessanten, physikalischen Ereignissen in einer Wilsonschen Nebelkammer, die die Elementarteilchenphysik als einen ihrer wichtigsten Detektoren einsetzt, ein gutes Gleichnis für die Weltentstehung durch Raumexpansion herholen. Durch plötzliche Expansion eines Wassersdampfenthaltenden Zylindervolumens wird hier der Dampf in einen unterkühlten Zustand versetzt und kann dann beim Durchtritt von elektrisch geladenen Teilchen an den längs der Teilchenspur entstehenden Nukleationskeimen Wassertröpfchen bilden, die dann aus der uniformen Leere des Raumes eine plötzlich strukturierte Materiewelt entstehen lassen. Also wiederum ein Gleichnis für Strukturentstehung aus der Expansion des uniformen Raumes. Bei letzterem Geschehen muß man sich allerdings immer klar machen, dass es bei diesen Ereignissen in der Nebelkammer lediglich um die Sichtbarmachung von Ereignissen geht, die auch ohne Expansion des Raumes bereits da sind, die Expansion ist also nicht ursächlich für die Weltentstehung, während ja die Urknallwelt etwas aus der Raumexpansion hervorbringen soll, was noch nicht vorhanden war.

Man führe sich hier nur einmal vor Augen, einen wie fundamentalen Paradigmenwechsel diese aufkommende Urknallideologie in den Jahren 1927 (Lemaître) bis 1929 (Hubble) für die Menschheit bedeutet haben muss. Bis zu dieser Zeit galt die Welt als stabiles, in sich ruhendes, fest gefügtes Gebilde – eine bestehende Letztwirklichkeit also. Gottes Schöpfung als ein in sich ruhendes Dasein! Seit der Zeit der Babylonier und der Griechen galt die Welt den

Menschen immerfort als statisches Gebilde bestehend aus einer festen Erde und einem ewigen Himmelsgewölbe darüber. Auch Einstein war in seinem Denken von der Idee der Stabilität der Welt noch tief innerlich bestimmt. Deswegen wollte er eigentlich auch mit seinen Feldgleichungen die nach seiner Sicht geforderte Erklärung für ein statisches Universum beibringen, was ihm zunächst mit der 1915 gefundenen Form der Feldgleichungen jedoch noch nicht direkt gelang. Seine damaligen Welten konnten, wie es schien, auf der Basis seiner Theorie von 1915 nur expandieren oder kollabieren. Angetrieben durch sein vehementes Unbehagen gegenüber dieser ungeliebten theoretischen Konsequenz, führte er 1917, um ein statisches Weltall erreichen zu können, zwei Jahre nach Erst-Formulierung seiner allgemein-relativistischen Feldgleichungen, seine berühmte kosmologische Konstante Λ in seine Gleichungen ein (Einstein 1917). Damit ließ sich dann tatsächlich eine Lösung für ein statisches Universum erreichen. Allerdings eine Lösung, die, wie sich später durch Überlegungen von Eddington (1930) und Bonnor (1957) herausstellte, als störungsinstabil erwies und damit also dennoch kein Garant für eine stabile kosmische Welt sein konnte.

In diesen Jahren mehrten sich andererseits astronomische Beobachtungsbefunde – gegeben durch Rotverschiebungen an fernen Galaxien –, die einen Hinweis auf Fluchtbewegungen dieser Galaxien zu geben schienen. Das musste dann zwangsläufig den Auftakt zu einem Paradigmenwechsel erzwingen; nach Aussage dieser galaktischen Rotverschiebungen von Vesto Slipher (1917) und Edwin Hubble (1929) schien die Welt tatsächlich in einer einsinnigen Expansionsbewegung zu sein! Sie schien förmlich auseinanderzufallen oder wenigstens haltlos auseinanderzudriften. Eine Welt im Zerfall also? Warum sollte so etwas denn sein dürfen? Durfte die Welt instabil und dem Zerfall preisgegeben sein? Was sollte Gott mit einer solchen, sich selbst wieder auflösenden Schöpfung gewollt haben? Wollte er sich etwa nur wie zum Spaß einmal an einer Testwelt, einem Impromptu der Realität, delektieren, wie unsereiner vielleicht an einem Sylvesterfeuerwerk – nur um einmal selbst zu sehen, was überhaupt sein kann? Oder zeigen sich hier die Grenzen der göttlichen Allmacht: Alles Geschaffene hat eben keinen Bestand, sondern muss wieder vergehen; die Vergänglichkeit des geschaffenen Seins also! Hierin meldet sich wieder das Naturell unserer Gedanken über Gott und das Ganze, in der Form nämlich: Was sollte Gott wohl mit einer solchen Schöpfung gewollt haben? Kann er so etwas gewollt haben? Doch inwieweit können uns diese, unsere anthropomorphen Gedanken bei einem solchen Problem helfen?

Erstmals tritt George Lemaître 1927 mit der Idee vor die Öffentlichkeit, dass das Universum als räumliches Gesamtgebilde, das heißt, als gesamter „kosmischer Raum", expandiert. Nicht die Galaxien wandern durch den Raum von uns weg zu anderen Plätzen, so als fliehten sie förmlich vor uns! Sie vielmehr stehen still an ihrer Stelle des Raumes, Letzterer allerdings expandiert in seinen metrischen Ausmaßen und trägt dabei alle Galaxien voneinander weg – wie die Eckpunkte eines sich aufblähenden Koordinatennetzes oder die Rosinen eines aufgehenden Hefeteiges. Der Raum vergrößert sich, fachlich besser ausgedrückt, die kosmische 4D-Raum-Zeit ist dynamisch! Es gibt also keinen feststehenden, zeitunabhängigen metrischen, sondern nur einen dynamischen Bezug der kosmischen Dinge zueinander. Und dennoch gibt es so etwas wie die Erde, auf der zwar auch vieles in Bewegung ist, jedoch ändern sich die wichtigen Referenzpunkte für unsere Orientierung nur so langsam, dass man im allgemeinen das Gefühl haben darf, es mit einem statischen Erdkörper zu tun zu haben. Bei großen kosmischen Entfernungen scheint jedoch alles zu expandieren, bei kleinen und mittleren Entfernungen, also auf der Skala der Galaxien und Galaxienhaufen, scheint dagegen alles morphologisch stabil zu sein. Wie soll sich das reimen? Wo denn also in unserer kosmischen Nachbarschaft beginnt der Kosmos nun das Expandieren, wenn er doch auf kleineren Skalen stabil zu sein scheint? Ist die Schöpfung nur auf kleinen Skalen persistent, während sie auf großen Skalen sich auflöst ins Nichts?

Lemaîtres Idee war eine Vision – zwar hoch kontrovers, paradigmenbrechend, gewagt und faszinierend – aber auch wiederum ganz anders geartet als die Idee der Astronomen Vesto Slipher und Edwin Hubble in diesen Jahren um 1930, die die Rotverschiebung in den Galaxienspektren als Anzeichen einer allgemeinen Weltenflucht, also einer echten Wegbewegung der uns umgebenden Galaxien von unserem kosmischen Standpunkt, also als eine echte kosmische Fluchtbewegung, verstehen wollten. Warum aber sollten andere Galaxien uns wie ein Zentrifugalzentrum meiden? Wem sollte man verständlich machen können, dass die ganze Welt uns meidet? Der Mensch als der allgemeine Fluchtpunkt der Welt!: Ist das nun eine Auszeichnung oder im Gegenteil eine Abwertung des Menschen? Gilt dies vielleicht sogar für jeden Menschen, wo immer im Universum man ihn aussetzt? Haben wir also ein durchweg „anthropophobes" Universum?

So unfassbar diese Weltenflucht auch für unsere Vorstellungen sein mag, dennoch hat sie, also die Expansion des weiten Kosmos, wie hier nebenbei bemerkt werden soll, auch ganz wesentliche, sogar thermodynamische Vorteile. Denn kleine, sich kompaktierende Welten können sich dabei zu immer höherer Komplexität entwickeln, weil sie in ein expandierendes anonymes Universum eingebettet sind, das dafür die thermodynamischen Voraussetzungen schafft. Im Großen löst sich alles im Universum in Nichts auf und wird immer gleichförmiger, immer öder und toter. Im Kleinen dagegen bilden sich dafür immer höhere Ordnungen heraus bis hin zu den komplexesten Strukturen sogar mit bewusstem und geistbehaftetem Leben, etwa dem des Menschen. Im Kleinen also wächst die Komplexität, nur im Großen entsteht die Unordnung! Der thermodynamische Hauptsatz gilt demnach nur für die großen, anonymen Weiten des Kosmos, in die hinein die Subsysteme ihre Entropie dauerhaft entsorgen können, während sie ganz im Gegenteil ihren eigenen Zustand zu immer höherer Ordnung entwickeln (siehe Fahr 2004)!

Man spricht immer so leichtfertig von der Rückextrapolierbarkeit des kosmischen Expansionsgeschehens, so als handele es sich dabei um eine ganz triviale Prozedur. Dem ist aber aus vielen Gründen ganz und gar nicht so! Nur rein deterministische, „exokausale" Bewegungen, also solche, deren Verursachung nichts mit den Bewegungen selbst zu tun haben, lassen es zu, von einem jetzt gegebenen Zustand auf Zustände in der Vergangenheit zurückzurechnen; also immer nur im Falle der sogenannten Testteilchennäherung, also einer Bewegung ohne Rückwirkung auf das vorgegebene System. Wenn ein Stein vom Himmel fällt, kann man vielleicht zurückrechnen, von wo er hergekommen ist. Wenn Bewegungen jedoch auf die Beweggründe selbst nichtlinear zurückwirken, wie etwa im Falle der Bewegung eines Schmetterlings im Bermudadreieck, der später einen Hurrikan auslöst, oder der Bewegung von Sternen in einem Sternhaufen (globular cluster), dann ist eine solche Rückextrapolation nicht möglich.

Solange man nur die deterministischen Bewegungen, z. B. der heutigen Planeten des Sonnensystems im zentralen Einkörpergravitationsfeld der Sonne, zurückverfolgt, erhält man nur immer wieder Zustände des heutigen Sonnensystems, niemals aber kommt man dabei zurück in die Zeit der Entstehung des Sonnensystems aus einer kollabierenden primordialen Gaswolke mit der Ausbildung einer planetaren Akkretionsscheibe, in der sich die Planeten gebildet haben. Langfristig sind aber nichtlineare Ursachen, also chaotische Störeinflüsse, bedingt zum Beispiel durch die Gravitation der anderen Planeten als ortsveränderlich wirkende Verursacher für die Entwicklung der Bahnen der Planeten verantwortlich. Die resultierende Bewegung ist unter solchen Umständen aber nicht mehr „geschlossen integrabel", wie man sagt, sie kann nur schrittweise im Computer nach- oder rück-vollzogen werden. Die Vergangenheit verschließt sich uns unter solchen Umständen bereits in der unmittelbaren „Jetztnähe"!

Wenn man nun aber schon einmal die kosmische Expansionsbewegung als exokausal und deterministisch verursacht ansehen will, so rechnet man dann ja auch die Hubble-Expansion in der Zeit zurück – und kommt dabei in der größten Jetztferne auf einen Punkt, von dem durch geeignete Bewegung durch Umkehr der Rückextrapolation alles hergekommen sein soll. Das setzt die exokausale Deterministik voraus und vernachlässigt die Chaotik der nichtintegrablen Wechselwirkung. Es fliegt eben nicht alles einfach homolog und Hubble'sch auseinander, wie etwa in einem so gedachten, zwangshomogenisierten, homolog expandierenden, expansionskonzertierten Universum. Die stellaren Objekte bewegen sich auch nicht wie eine Salve nicht wechselwirkender Gewehrkugeln, die aus einer gemeinsamen Gewehrmündung herstammen, sondern es bilden sich trotz Expansion galaktische und supergalaktische Strukturen aus, die ja gerade die nichtlinearen, chaotischen Störeinflüsse der gravitativ interagierenden kosmischen Massen aufzeigen. Das macht die Rückextrapolation in der Zeit höchst problematisch, praktisch sogar unmöglich.

Dazu kommt, dass das Hubble-Bild eine sehr starke Vergewaltigung der Beobachtungsfakten bedeutet. Die Rotverschiebungen, als Geschwindigkeiten gedeutet, liegen nämlich nicht streng auf einer Trendgeraden, sondern sie streuen erheblich um die Hubble-Gerade herum. De facto nur die wenigsten Galaxien schwimmen genau mit dem Hubble-Fluß des Universums mit, sie treiben vielmehr kreuz und quer dazu, gerieren sich wie vom Hubble-Strom entkoppelte, in Wirbeln bewegte, lebendige Objekte.

Das heißt aber doch, dass es hier gar keinen eindeutig „zentrifugalen" Bewegungsbefund gibt, den man trivial einfach zeitlich invertieren könnte; wenn man in der Tat Galaxien gleicher Entfernung bzw. gleicher Helligkeit studiert, findet man, dass die Rotverschiebungen dieser Objekte durchaus verschieden sind. Trotz gleicher Entfernung bewegen sich diese Objekte also verschieden schnell. – Hubble'sch verstanden mit verschiedener zentrifugaler Fluchtgeschwindigkeit. Auf den vermuteten, gemeinsamen Fluchtpunkt, oder den Blickpunkt, bezogen, würden also die Objekte mit invertierten Geschwindigkeiten, also zeitinvertiert gedacht, alle zu unterschiedlich zurückliegenden Zeiten diesen Fluchtpunkt erreichen. – Invertieren sie doch einfach einmal das globale Wettergeschehen in der Zeit! Dann erhalten sie das gleiche Wetter ohne irgendeine Qualitätsänderung! Mit anderen Worten: Der rückwärtslaufende Wetterfilm stellt auch wieder „physikalisches Wetter" dar; ihm ist kein Verstoß gegen physikalische Prinzipien anzusehen! Oder invertieren sie die Bewegung der Mücken in einem Mückenschwarm z. B. um eine Laterne herum; dann kommen sie auch zu keinem Anfang oder Urknall! Das invertierte Bild entspricht praktisch dem nicht-invertierten: Vergangenheit ist zugleich Zukunft. Wenn man diese Situation einer kosmischen Punkteverteilung um die Hubble-Gerade herum zeitlich umkehrt, so findet man, dass alle diese Galaxien sich nicht etwa in der vermuteten Singularität des Urknalls wiedertreffen würden, vielmehr durchliefen die schnelleren eher, die langsameren später diese „vermeintliche" Singularitätsstelle. Also: Der Urknall würde glatt verfehlt! Er bildet sich nicht etwa zurück, rekonstruiert sich nicht; kurz er hat nie stattgefunden!

Dieser Schluss scheint sich auch von neuesten Beobachtungen an extrem rotverschobenen Galaxien her nahezulegen, die nach klassischer Urknallvorstellung in der unmittelbarsten zeitlichen Nähe zum Big-Bang existieren sollten. Bei Rotverschiebungen um $z = 7$ sollten solche Galaxien nach herkömmlicher Kosmologie dort in der Tiefe des Weltraumes ihre Existenz zu einer Zeit von nur 700 Millionen Jahren nach dem Urknall fristen. Wie können sie so kurz nach dem Urknall überhaupt schon bestehen? Normalerweise haben Galaxien ein Evolutionsalter von etlichen Milliarden Jahren, bis sie sich samt Gas und Sternen um ihr Zentrum herum strukturmäßig organisiert haben. Das Erstaunlichste an diesen Beobachtungen ist sogar noch obendrein, dass sie als so junge Gebilde unseres noch jungen Urknalluniversums schon „so alt" aussehen. Alt sehen Galaxien nämlich dann aus, wenn sie hohe Staubanteile in ihrer galaktischen Materie aufzeigen, und Letztere zeigen sich am Rotindex ihrer Emissionen, den man durch Farbfilterspektroskopie ermitteln kann; junge Galaxien, wie diese hier ja eigentlich darstellen sollten, pflegen wegen der zu ihnen gehörenden vielen O- und B-Sterne blaugewichtige Emissionen zu zeigen, während diese Galaxien hier jedoch eindeutig rotgewichtige Emissionen zeigen, die für staubreiche galaktische Materie sprechen, wie sie eigentlich erst nach Milliarden von Jahren in einer Galaxie entstanden sein könnten (siehe Bradley et al. 2015). Inzwischen, aber schon vor fast zehn Jahren, sind sogar Quasare und Galaxien bei Rotverschiebungen über $z = 10$ entdeckt worden (Barkana 2006), das hieße also – nur wenige 100 Millionen Jahre nach dem klassischen Urknall. Und die Forschung geht ja immer weiter; neue Instrumente erlauben den Astronomen immer tiefer in den Raum und in die Zeit zu schauen. Wer will da ausschließen, dass in naher Zukunft Galaxien mit Rotverschiebungen von 20 und mehr zu sehen bekommen? Hier scheint förmlich eine Lawine von Gegenwind gegen die Urknallkosmologie aufzukommen. Wem da keine Zweifel an einer solchen Urknallkosmologie kommen, der muß schon ein begnadeter Glaubender sein.

Wenn aber doch Urknall, wie könnte der extrapolierte Urknall dann wohl ausgesehen haben? Lässt man die „Hubble-Streuung" der galaktischen Objekte und die verborgenen transversalen Bewegungen derselben (d. h. Bewegungen der Sterne senkrecht zur Sichtlinie; siehe Diskussion in Kap. 5) trotzdem einmal außer Acht, dann kann ja eine Rückextrapolation des so vereinfachten Himmelsgeschehens trotzdem einmal, sozusagen mutwillig, versucht werden. Dann aber ergibt sich ein ganz anderes Problem; nämlich die Frage, wie die allgemein-relativistischen Feldgleichungen für die dann auftretenden, urknallnahen physikalischen Weltbedingungen überhaupt aussehen. Der allgemeinrelativistische Umgang mit in Urknallnähe entarteten Zuständen der Materiedichte und der Energiedichte war schon Einstein zeitlebens immer sehr unheimlich; er glaubte demnach weder an den Urknall noch an Gravitationsmonster wie „Schwarze Löcher" – alles Dinge, die ihm wider seinen Willen auf seine Fahnen geschrieben wurden, die er jedoch zeitlebens immer zutiefst ablehnte. Seine Entgegnung war stets: „Gott wird schon wissen, wie er die Singularität oder das „schwarze Loch" verhindert", so meinte er.

Und obendrein stellt sich ja auch immer noch die große Frage: Gibt es eigentlich einen Anfang? Gemeint also als einen Anfang des Seins dieser Welt in der Zeit? – Und das ist gewiss eine wichtige Frage! Denn, wenn „ja", dann ist das All evidentermaßen nicht ewig! Es muss vielmehr entweder gestartet oder geschaffen werden. Starten kann die Natur aber nicht aus dem Nichts heraus. In der Natur, so wie wir es in der Naturwissenschaft verstehen, sind Ursache und Wirkung immer ein festes, unzertrennbares Realitätsgeflecht; soll heißen: eine nicht-existierende Ursache kann nach dem Satz vom zureichenden Grunde niemals eine existierende, reale Wirkung nach sich ziehen. Nach naturwissenschaftlichem Verständnis zumindest kann eine „nicht-existente" Ursache eben auch keine existente Wirkung anstoßen. Ursache und Wirkung müssen vielmehr auf derselben Seinsstufe stehen (siehe z. B. Loibinger 2007). Wie soll es da, physikalisch gesprochen, also zu „knallen" beginnen?

Rechnet man uneingedenk der oben gemachten Bemerkungen dennoch die allgemeine Expansionsbewegung des Kosmos, wie sie inzwischen als Beobachtung bestätigt gilt, in der Zeit zurück, so scheint sich ja eben zwangsläufig ein Anfang der Welt in der Zeit vor etwa 13 bis 20 Milliarden Jahren abzuzeichnen ($\Upsilon = R/\dot{R} = 1/H =$ lineares Hubble-Alter des Universums!, $H =$ Hubble-Konstante $= 73\,\text{km/s/Mpc}$), ein Anfang aus einer Urknallsingularität demnach. Es stellt sich jedoch heraus, dass der Urknall gar kein physikalischer Zustand ist. Von ihm als Ursache kann folglich die physikalische Welterklärung auch nicht ausgehen.

Warum aber ist der Urknall kein physikalischer Zustand? Auch mit Lemaîtres und de Sitters Theorien, blieb der Anfang einer solchen, in die Vergangenheit zurückgedachten Fluchtbewegung, also die sogenannte „Urknallsingularität", ohne jede Vorstellbarkeit und physikalische Beschreibbarkeit. Die Rede von der Singularität wird oft Einstein zugeschrieben, da sie als eine Konsequenz seiner ART-Feldgleichungen aufzutreten scheint. Gerade aber er hat sich nie mit dieser Idee anfreunden können; er vielmehr wollte ja ein statisches Weltall beschreiben, wo von Urknall überhaupt keine Rede sein kann. Die Extrapolation der Einstein'schen Allgemeinen Relativitätstheorie auf entartete Dichten und Krümmungen im Universum, wie etwa in der gedachten Urknallnähe, ist schlicht nicht möglich, weil die Raumzeitgeometrie um die Anfangssingularität herum gequantelt werden müsste (denn Krümmungsradien oder Schwarzschildradien werden in dieser Phase von der Größe der Comptonwellenlänge der Baryonen, $\lambda_c = h/mc$, also gleich der quantenmechanischen Unschärfe des krümmenden Substrates selbst.

So aber lässt sich im Rahmen der 4-dim. Raum-Zeit-Geometrie kein Energie-Impuls-Tensor als Quelle solch entarteter Gravitation für diese entartete kosmische Energiephase formulieren, schon weil es für die entartete kosmische Materie weder eine verlässliche Dichteangabe ρ noch eine Druckangabe P über eine verlässliche Zustandsfunktion in der Form $P = P(\rho)$ gibt, die für den hier relevanten Energie-Impuls-Tensor $T_{\mu\nu} = T_{\mu\nu}(\rho, P)$ unbedingt vonnöten wären. Unendlich große Dichten ρ und Drucke P sind physikalisch nicht beschreibbar und lassen demnach auch keine Formulierung des allgemein-relativistischen Energie-Impuls-Tensors $T_{\mu\nu}$ als Quelle der Raumkrümmung zu. Entgegen allgemeiner Redensart kann die Energie- und Massendichte im gedachten Urknall aber nach Ansicht der heutigen Physik auch gar nicht ins Unendliche steigen, wie dennoch überall schlicht behauptet wird. Sie kann einfach nicht über theoretisch vorgegebene Grenzwerte steigen! Die Dichte im Universum kann nämlich einfach nach existierenden, physikalischen Begrifflichkeiten gar nicht singulär „unendlich" werden, denn da die Baryonen quanten-unscharf sind, sind sie auch auf keine kleineren Räume, als durch ihre Comptonlänge λ_C definiert, zu lokalisieren. Folglich sind sie auch nicht auf kleinere Räume als $\lambda_C^3 = (h/mc)^3$ zu verdichten (hier bezeichnen: h = Planckkonstante; m die Protonenmasse; und c die Lichtgeschwindigkeit). Die höchste sinnvolle Dichte im Weltall ist demnach also nicht unendlich, sondern, wenn man so will: unendlich viel kleiner als das, nämlich:

$$\rho_{\text{Max}} = \rho(t_a) = mN_B/\lambda_C^3! = 10^{64}[\text{g}/\text{cm}^3] \, ,$$

wo N_B die konstant bleibende, also heutige Gesamtzahl der Baryonen im Weltall bezeichnet, eine Dichte immerhin allerdings – noch größer als die sogenannte Planckdichte $\rho_p = M_p/\lambda_p^3 = 10^{56}[\text{g}/\text{cm}^3]$, die noch aus anderen Gründen (Schwarzschildradius = Comptonwellenlänge) eine allgemein-relativistische Dichtebegrenzung vorgibt, aber mitnichten eine unendlich große singuläre Dichte erlaubt. Die Dichte im Universum kann also aus diesen grundsätzlichen Gründen nicht singulär unendlich werden. Dies Problem besteht also gar nicht.

Noch weitere Probleme sind mit dem Verständnis des sogenannten Urknalls verbunden. Nach dem Pauli-Prinzip können nämlich Fermionen (Teilchen mit halbzahligem Spin-Drehimpuls) nicht einmal auf solche Dichten, wie eben angegeben, komprimiert werden, weil das Pauli'sche Ausschließungsprinzip in jeder Phasenraumzelle h^3 (kleinste, quantenmechanisch zulässige Raumeinheit des 6D-Phasenraumes) jeweils nur ein einziges Teilchen duldet. Das würde eine oberste, generell physikalisch nicht zu übertreffende Dichte von nur $\rho_c = m/\lambda_c^3 = 10^{15} \, \text{g}/\text{cm}^3$

definieren, die quantenmechanisch nicht überschritten werden kann, auch nicht in der Singularität des Urknalls, es sei denn letztere würde alle bisherigen quantenmechanischen Erkenntnisse, wie etwa das Pauli Prinzip, außer Kraft setzen; und uns dann allerdings auch völlig physiklos diesem Zustand gegenüber sein lassen, also ohne jegliche physikalische Handhabe über diesen Zustand!

Denkt man aber trotz der genannten intellektuellen Bedenken dennoch über einen urknall-artigen Weltanfang nach und geht folglich zum Zeitpunkt $t = 0$ von einer physikalisch machbaren, räumlichen Initialwelt aus, so sollte wegen der zu fordernden Isotropie, Gleichförmigkeit und kausalen Geschlossenheit des Alls (Folge des kosmologischen Prinzips: Es gibt eine allgültige Weltzeit, und in jedem Weltzeitmoment ist die Welt an allen ihren Raumpunkten gleich beschaffen!) die Welt ohne eine Anfangsinflation (Alan Guth 1980; Steinhardt 2011) nicht möglich sein. Ohne diese wunderbar vehemente Anfangsinflation passen der Urknall und das kosmologische Prinzip schwerlich zusammen! Und andererseits ohne das „kosmologische Prinzip" ließe sich überhaupt keine Lehre vom Weltall, keine Kosmologie also, wie wir sie heute betreiben, durchführen. Denn für eine Welt, die überall anders aussieht, lässt sich keine global kosmologische Theorie machen. Was könnten wir schon über eine Welt sagen, wenn wir dieser Welt gegenüber standortgeschädigt sind, das heißt, wenn wir nur den lokalen Weltcharakter, nicht aber den globalen Weltcharakter erfassen könnten. So wären analog ja auch unsere Aussagen über Gott gleichermaßen fragwürdig, wenn dieser uns sein wahres Wesen vorenthalten würde (Deus malignus) und nur einen unwesentlichen Hauch seines Wesens uns zu erfahren geben würde.

Extrapoliert man das heutige Weltall gemäß der Friedmann-Robertson-Walker-Kosmologie ohne Berücksichtigung einer Anfangsinflation auf den Zeitpunkt $t_a = 0$, an dem die maximale Dichte $\rho_{\max} = \rho_a = 10^{15}\,\mathrm{g/cm^3} = 10^{44}\rho_0$ erreicht wird (wenn ρ_0 die heutige Dichte im Weltall bezeichnet), so besäße dieses am Anfang eine endliche Anfangsgröße $R_a = 10^{-44/3}R_0 \simeq 10^{-15}R_0$, wobei R_0 den heutigen Weltradius bezeichnen soll. Die kausale Geschlossenheit einer solchen Welt, wenn sie denn nicht „per se" mit zur Weltstiftung gehörte, wäre physikalisch jedenfalls nicht herstellbar, damit unmöglich, solange dieses endlich große Weltall nicht von kausalen Wirkfronten voll durchdrungen worden sein könnte, um alle Inhomogenitäten auszugleichen.

Hieran erhebt sich insbesondere die Frage, wie gerecht Gott mit den einzelnen Punkten in seinem Weltall umgehen muss, wenn er ein kosmisch ausgedehntes All schaffen will. Wenn Gleichberechtigung unter allen Punkten des Alls im Urknall gewährleistet sein soll, so verlangt dies von den Kosmologen, die dies verständlich machen sollen, eine enorme, intellektuelle Anstrengung. Es fällt jedenfalls höchst schwer, sich ein Urknalluniversum auszudenken, das kurz nach Beginn überhaupt eine Chancengleichheit für künftige Bewohner dieses Alls hätte garantieren können, also eine thermodynamische Gleichgewichtseinstellung unter allen Punkten des Alls, also eine Gleichberechtigung aller Teile der Welt gemäß des kosmologischen Prinzips auf physikalischer Basis. Dazu muss ein thermodynamisch-physikalischer Ausgleich zwischen allen

Weltpunkten durch Störungsausbreitung und Zustandsan-
gleichung an ein Entropiemaximum stattfinden können,
der dann schließlich die kausale Geschlossenheit der Welt,
sofern von Letzterer in dieser Welt überhaupt ausgegangen
werden kann, und einen Kosmos nach kosmologischem
Prinzip herstellen könnte: also erst dann, wenn jeder Weltpunkt gleichermaßen von allen Wirkströmungen des Alls
erfasst und durchdrungen worden ist!

Wenn dagegen Letzteres aber ernstlich in Frage gestellt
wäre, so ließe sich diese Welt ohnehin nach dem kosmologischen Prinzip nicht begreifen. Das heißt aber, wir könnten
nur regionale, nicht aber globale Kosmologie betreiben.
Die Homogenitätsforderung ist dabei wohlgemerkt keine
menschgemäße Forderung an Gott, der diese Welt schaffen soll, sondern eine rein intellektuelle Forderung an die
Vernunft derjenigen, die sich die Welt als Urknallwelt erklären wollen und dabei von der Annahme ausgehen wollen,
dass die Welt überall gleichbeschaffen ist. Die Schöp-
ferhand muss dann also überall, selbst in den größten,
entgegengesetzten Weiten des Kosmos, gleichzeitig zuge-
griffen, also eine homogene Realität hervorgebracht und
dafür gesorgt haben, dass gleiche physikalische Grundvor-
aussetzungen überall vorlagen. Das heißt: Gottes schöp-
ferische Omnipräsenz ist hier gefordert! Es sei denn, wir
stellten uns doch fälschlicherweise einen dreidimensional
ausgedehnten Kosmos vor, der eigentlich als ein Unum-
totum, als undimensionales Seinskompaktum verstanden
werden muss, also als eine, in einem einzigen Verstand
monolithisch beschlossene Idee.

Es darf für den Kosmologen keine Auszeichnung bestimmter Weltpunkte geben, und also muss er, wenn er eine

Big-Bang-Welt haben will, intellektuell dann aber gerade eine solche Urknallwelt konzipieren, die diese Voraussetzung erfüllen kann. Wie soll so etwas jedoch physikalisch garantiert werden können? Allenfalls vielleicht durch die sogenannte Primärinflation des Universums, veranlasst durch das Inflatonvakuum (siehe hierzu Steinhardt 2011). Leichter nachvollziehbar für uns ist es da schon, es dem Schöpfer des Universums zur Aufgabe zu machen, durch die primäre Weltstiftung schon ab initio für diese Gleichberechtigung zu sorgen. Er hätte sich wahrscheinlich dann aber auch keinen Urknall als Weltanfang einfallen lassen! Eher eine Simultanwelt, in dem jeder Ereignispunkt sowohl als Ursache für den Rest der Welt, denn auch als Wirkung hervorgehend aus dem verursachenden Rest der Welt auftritt: Ein total in sich kausal geschlossenes und rückgekoppeltes System müsste eine solche Welt dann aber sein! (siehe Fahr 2004). Hier greift vielleicht dann auch Nietzsches Gedanke vom Werden und Vergehen: Alles ist sogleich Werden und Vergehen; die Welt aber hat nie angefangen zu werden und sie wird auch nie aufhören zu vergehen.

Wie immer sie nun sein mag, diese Welt, ist sie denn gut so, wie sie ist? Nach Gottfried Wilhelm Leibniz' Einsicht (1714) stellt die Welt, so wie wir sie vorfinden, die beste aller möglichen dar. Damit erhebt sich allerdings im Blick auf die Ergebnisse der heutigen Kosmologie nun die Frage, ob eine Welt, die nach kosmologischer Einsicht ganz wesentlich von der Leere, also energetisch gesehen zu über 73 Prozent vom Vakuum, einem energetischen Diffusum, beherrscht wird (siehe z. B. Fahr und Sokaliwska (2011) im Leibniz'schen Sinne als die beste aller möglichen bezeichnet werden kann. Leibnitz'scher Philosophie folgend würde man vielleicht sagen, dass das sich zum Endgültigen orthogenetisch entwickelnde, wenn es schließlich zu seiner fertigen, gesollten Strukturform gefunden hat, dann als das Wohlgelungene, eventuell sogar Best-Gelungene, weil Vollkommene, willkommen geheißen werden kann. Was aber erst gar keine Form annimmt und im Diffusen wie eine im Vakuum schlummernde potentielle Energie verbleibt, das kann doch wohl eine solche Bewertung kaum erfahren. Nach der heutigen Kosmologie ist aber diese Welt auch heute noch „wüst und leer", wie sie schon am Anfang aller Zeiten war. Es zeigt sich, dass diese Welt ganz und gar von der Energie des Vakuums beherrscht wird, während die unscheinbaren baryonisch angelegten Strukturen energetisch und von ihrer Relevanz für den Weltaufbau her völlig vernachlässigbar sind. Hier zählt die gewordene Struktur nichts, denn diese Welt wird ja nur von einer anonym bleibenden, diffusen Energie der Leere bestimmt. Dennoch sind die wenn auch energetisch unscheinbaren Objekte dieser Welt träge, während das Vakuum als die Definition des kosmischen Absolutsystems keinerlei Trägheit manifestiert. Wie können Objekte wohl gegenüber dem Vakuum träge erscheinen? – Diese Welt ist „träge" und gleichzeitig „leer"!

„Welt" bei Leibniz ist der Verband all derjenigen Monaden, die miteinander in einem harmonisch geregelten Zusammenhang stehen, in den Gott sie hat eintreten lassen. So gesehen, ist die Welt das Werk Gottes. Die Verschiedenheit der Monaden im Sein ist jedoch nicht durch Gott gegründet, sondern allein aus ihnen, den Monaden, selbst hervorgekommen und wird von ihnen alleinig verantwortet. Jede Monade weist als Krafteinheit ein genuines Streben auf, und ist als ein solches, zur Welt strebendes Ganzes damit eben auch eine Form des Vorstellens der Welt. Vorstellen und Streben charakterisieren also eine jede dieser Monaden, und sie sind die Träger des Weltzusammenhanges.

Nach Leibnizscher Sicht hat Gott aber unter diesen Monaden gerade diejenigen ausgewählt, die den vollkommensten Zusammenhang unter allem Weltlichen bilden können. Er hat zu diesem Zwecke also diese Monaden in eine prästabilierte Harmonie eintreten lassen, unter der sie erst zu dieser Enge und Intensität der Wechselwirkung kommen und die Realität der Welt begründen können. Darum ist diese Welt dann eben aber vom Ergebnis her auch, wenn sie solche Vorausetzungen erfüllt, die beste von allen möglichen. Aber es ist dann mit Sicherheit die Gewordenheit und Gestaltetheit, die von Leibniz als Bestmöglichkeit der Weltwirklichkeit angesprochen wird und werden soll. Das Ungestaltete, Ungewordene, anonym Bleibende, ja eben das Diffuse birgt dagegen allenfalls nur die Möglichkeit des Besten, aber eben nicht die Wirklichkeit des Bestmöglichen!

All das macht immer wieder nur klar: Wir können mit unserem beschränkten Verstand Gott nicht adäquat beschreiben, wir können nur aufgrund der Erkenntnis unseres eigenen Wesens – auf dem Wege der Eminenzierung unseres Wesens sozusagen (Loibinger 2007) – eine Vorstellung von Gott gewinnen. Gott muss wollen, was er in seiner unendlichen Weisheit als das Beste der Welt erkannt hat, denn ihm kommt auch unendliche Gerechtigkeit zu. Die Schöpfung dieser Welt ist als gottgewollte also eine notwendige, durch die göttliche Weisheit bestimmte Willenstat und eben gerade deswegen die beste aller möglichen. Gott musste in seiner Weisheit die zweckmäßigste und vollkommenste Welt wollen, somit die beste aller möglichen Welten also. Dieser weise Gott aber, der selbst keineswegs das Übel wollen kann, hat dieses Übel in der Welt dennoch zulassen müssen um des Guten willen, denn das Gute kann sich nur als Kontrast des Bösen darstellen und beweisen. Ideal und bestmöglich ist nur die Welt der interagierenden Monaden, die von Gott einer prästabilierten Harmonie unterstellt worden sind. Bestmöglich kann eben nur das zur Gestaltgewordene, das in einem Finalzustand Angekommene, das funktional Ausgestaltete und orthogen Erscheinende sein. Die diffuse, wenn auch energiegeladene Leere des Universums kann es dagegen nicht, sie ist nur ein anonymes, potenzielles Seinkönnen, nicht aber ein gekonntes Sein.

Liegt vielleicht dennoch ein Sinn in dem Ganzen? Paul Davies (1977) äußert sich dazu auf die folgende Art: Ich kann nicht glauben, dass wir als Menschen unsere Existenz nur einer Laune des Alls verdanken. Wir sind vielmehr dazu da, da zu sein! – und über das Universum nachzudenken, eben das All zu konstatieren. Wir spiegeln das Universum, und dieses spiegelt uns, wie auch Nikolaus Kusanus es schon ausdrückte. Wir verstehen uns durch das Universum, und das Universum versteht sich selbst durch uns. Das Unverständlichste am Universum wäre ja doch sonst, dass wir es verstehen (jedenfalls doch immerhin stückweise!).

Hierfür liefert nur der Theismus uns eine konsistente und vernünftige Erklärung, indem er sagt: Gott hat das All gemacht, und er hat es so gemacht und hat es so gewollt, dass wir es verstehen! Gott wollte eben verstanden werden. Für den Naturalismus jedoch bleibt die Verstehbarkeit des Alls ein vollkommenes Rätsel! Wie kann es denn sein, dass etwas, das vollkommen anders als wir ist, von uns verstanden werden kann. Anders stellt sich dieser Umstand dagegen dann dar, wenn das Universum von der Substanz unseres Geistes ist. Wenn das Universum das Produkt einer außerweltlichen Intelligenz ist, dann ist klar, dass es sich mit den Mitteln dieser Intelligenz auch verstehen lässt, und wenn gleiche geistige Mittel dem Menschen zu Gebote stehen, dann auch vom Menschen verstanden werden kann. Kongeniale Baumeister verstehen eben einander. Sie verstehen die Architektur des jeweils anderen Baumeisters!

Die Verstehbarkeit des Universums liegt in der Rationalität Gottes begründet. Die rationale Welt und die Mathematik lassen sich auf den Verstand Gottes zurückführen, wenn er denn sowohl das Universum als auch den Verstand des Menschen geschaffen hat. Besonders ist es natürlich die mathematische Natur des Alls, die aufmerken lässt, aber diese ist schließlich nur die genuine Arbeitsweise jeder Intelligenz. Gegen den atheistischen Duktus im Denken eines Richard Dawkins (2007) lässt sich hier sagen: Mathematik ist als Arbeitsweise nicht nutzbar ohne den Glauben an ihre Zuverlässigkeit, weil die axiomatische Basis dieser Mathematik selbst nicht überprüfbar und auf tiefere Wahrheiten reduzierbar ist. Eine maligne Mathematik ließe sich aus sich heraus einfach nicht bloßstellen, in ihrer Verführung als falsch enttarnen, und deswegen auch nicht im Hinblick auf eine bessere Mathematik überwinden, da wir uns mit unserem Verstand einfach nicht außerhalb ihrer Gültigkeit stellen können. Unser Verstand ruht genau auf der Mathematik, die er für wahr halten muss!

Unsere Sicht auf die Natur geht von dem Glauben aus, dass alles, was heute passiert, auch morgen wieder passieren können wird. Wissenschaft funktioniert eben nur als Glaube an die Induktion, als die Suche nach dem vorgegebenen kausalen Korridor, als Hilfe für die Extrapolierbarkeit des Geschehens. Wissenschaft ist beileibe deswegen aber nicht dabei, Gott abzuschaffen. Viel eher lässt sich behaupten, dass der Glaube an die Existenz eines rationalen Schöpfers der Wissenschaft erst ihre intellektuelle Rechtfertigung gibt. Wenn das Licht des Verstandes offensichtlich maligne Eigenschaften hätte, es uns also ersichtlich trügen würde und in die Irre führen müsste, so wäre Wissenschaft, insbesondere die der Kosmologie, eine reine Albernheit, eine Farce: wir wären wie Bettler, die König spielen wollen, obwohl sie von ihrer Armut wissen.

Aus dem oben Gesagten lässt sich vielleicht am ehesten lernen: Die Wissenschaft der Kosmologie hat Gott ganz und gar nicht begraben oder erübrigt: Im Gegenteil, sie braucht ihn dringender denn je als Kontrolle ihres Denkens, denn diese Welt wird für unseren Verstand allmählich einfach zu groß! In unserem Reden über Gott und die Welt müssen wir letztlich immer unsicher bleiben, denn uns fehlt die letzte Kontrollinstanz zur Wahrheitsbestätigung. Letzteres ist wohl im Wesentlichen durch das Unzureichen unseres menschlichen, anthropomorphistischen Denkens bedingt: Ihm fehlt eben die letzte Selbstkonsistenz, – das Denken mit absoluter Evidenz, vergleichbar etwa der Evidenz starker Gefühle, um deren Dasein man einfach weiß. Ihre Existenz ist eben nicht hinterfragbar! Sie sind, was sie sind. Wäre der Kosmos doch bloß auch, was wir von ihm halten!

Literatur

Barkana, R.: The first stars in the Universe and Cosmic Re-Ionization. Science **313**, 931–934 (2006)

Bonnor, W.B.: The Jeans formula for gravitational instability. MNRAS **117**, 104–117 (1957)

Davies, P.C.M.: The asymmetry of time. Berkeley Univ. Press, Berkeley/California (1977)

Dawkins, R.: Der Gotteswahn. Ullstein Buchverlage GmbH, Berlin (2007)

Einstein, A.: Kosmologische Betrachtungen zur Allgemeinen Relativitätstheorie. In: Sitzungsberichte der königl. Preussischen Akademie der Wissenschaften, S. 142–152. Berlin (1917)

Fahr, H.J.: The cosmology of empty space: How heavy is the vacuum? What we know enforces our belief. In: Löffler, W. und Weingartner, P. (Hrsg.) Knowledge and Belief, S. 339–353. öbv&htp Verlag, Wien (2004)

Fahr, H.J., Sokaliwska, M.: Revised concepts of cosmic vacuum energy and binding energy: Innovative Cosmology. In: Alfonso-Faus, A. (Hrsg.) Aspects of Todays Cosmology, S. 95–120 (2011)

Gamow, G., Alpher, R.A., Hermann, R.C.: Theory of the origin and the distribution of the elements. Rev. Mod. Phys. **22**, 153–212 (1950)

Hubble, E.: A relation between distance and radial velocity among extragalactic nebulae. Proc. Nat. Acad. Sci. **15**, 168–173 (1929)

Loibinger, A.: Die Frage nach Gott. Bonifatius GmbH Druck, Paderborn (2007)

Slipher, V.: Nebulae. Proc American Philosophical Soc. **56**, 403–409 (1917)

Steinhardt, P.J.: „The inflation debate: Is the theory in the heart of modern cosmology deeply flawed?" Scientific American **April** (2011)

Glossar: Kosmologische Spezialbegriffe dieses Buches

Dunkle Energie Von „dunkler" Energie spricht man, seit man glaubt, dem leeren Raum eine Energie zusprechen zu müssen, wie es eventuell die Theorie des Quantenvakuums nahelegt. Sie ist interessanterweise von dieser Konzeption her eine Energie, die dem Volumen aufgrund seiner Größe zukommt. Vielfach wird heute in der modernen Kosmologie davon ausgegangen, dass der dunklen Energie eine „konstante" Energiedichte zukommt, – eine Vorstellung, der wir in unserem Buch jedoch mit großer Skepsis begegnen.

Dunkle Materie Seit etlichen Jahren ist vermehrt die Rede von einer exotischen Materieform, die man „dunkle Materie" nennt, weil sie mit Licht, also elektromagnetischer Strahlung, nicht wechselwirken kann. Man sieht diese Materie also nicht, weder in Emission noch in Absorption, das Weltall spürt lediglich die Gravitationswirkung dieser Materie, und genau aus diesem Grunde ist sie für die Kosmologie wichtig. Im Gegensatz zur dunkelen Energie führt diese Form der Materie jedoch nicht zu einer volumenspezifischen Energie, vielmehr hängt die Energie dieser Materie mit der Energie der „Dunkelmaterieteilchen" und deren Energiedichte mit deren Volumendichte zusammen, ist also Teilchen-bezogen, nicht raum-bezogen.

© Springer-Verlag Berlin Heidelberg 2016
H.J. Fahr, *Mit oder ohne Urknall*, DOI 10.1007/978-3-662-47712-0

Eigendichte Als Eigendichte bezeichnen wir die Dichte, wie sie in einem freifliegenden (ff), vom Gravitationsfeld bewegten Bezugssystem als Masse pro „ff-Volumen", also pro Volumen gebildet im freifliegenden Inertialsystem, formuliert würde. In gekrümmten Räumen ist jedoch die Raumeinheit $dx^i dx^j dx^k$ selbst bei $dx^{i,j,k} = 1$ cm nicht ein Kubikzentimeter, sondern gegeben durch $d^3V = \sqrt{-g^3} dx^i dx^j dx^k \gtrless 1$ cm^3. Hierbei ist g^3 die Determinante der Raum-Metrik g_{lm}.

Fermionisches Quantenvakuum Wenn man unter Quantenfeldern nur die Felder der fermionischen Teilchen (also der Spin=(1/2)-Teilchen wie Elektron, Proton, Neutron etc.) verstehen will , so spricht man in diesem Falle vom fermionischen Quantenvakuum. Es gibt allerdings auch ein „bosonisches" Quantenvakuum, also das Vakuum bosonischer Spin=1-Teilchen, wie zum Beispiel das Higgsvakuum oder das Vakuum elektromagnetischer Photonen, dessen Energie jedoch negativ ist.

Gleichzeitigkeitsmasse Diese bezeichnet die Gesamtmasse im Gleichzeitigkeitsraum. Wenn wir die ganze Welt zu einem festen Weltzeitpunkt erfassen könnten, so könnte die darin erfaßte Gesamtmasse als die Gleichzeitigkeitsmasse des Universums bezeichnet werden. Sie könnte auch mit gewissem Sinn als die Gesamtmasse des Universums bezeichnet werden, obwohl diese mit unseren Beobachtungsmöglichkeiten niemals erfaßt, sondern allenfalls indirekt erschlossen werden kann.

Gleichzeitigkeitsraum Der Raum des Kosmos, der zu einem festen Welt-Zeitpunkt $t = t_i$ gehört und physikalische Konditionierungen enthält, die alle gleichzeitig sind. Das heißt: Also nicht! der Raum, den die Sterne durch das Licht aufspannen, welches sie zu uns schicken, denn das Licht braucht Zeit, bis es zu uns gelangt. Gemeint ist vielmehr der Raum, der zu einem bestimmten kosmologischen Zeitmoment t existiert und für den nach dem kosmologischen Prinzip eine räumliche Homogenität, also eine Gleicherfüllung mit Materie und Energie zu fordern ist.

Hubble Konstante Die Hubble-Konstante stellt in der Kosmologie eigentlich durchaus keine Konstante, sondern eher eine variable Größe definiert durch $H = \dot{R}/R$ dar. Nur wenn man diese Größe auf die Galaxien in unserer unmittelbaren kosmischen Nachbarschaft anwendet und damit auf unsere heutige Zeit $t = t_0$ bezieht, dann hat man mit der Hubble-Größe $H_0 = \dot{R}_0/R_0$ zu tun, welche eine bestimmte, feststehende Zahl ist. Sie wurde von Edwin Hubble ursprünglich 1929 mit einem Wert von $500\,\text{km/s/Mpc}$ festgestellt, beträgt aber nach neuesten Feststellungen in unserer Zeit eher $73\,\text{km/s/Mpc}$.

Kosmologische Konstante 1917 hat Albert Einstein eine sog. „kosmologische Konstante Λ" in seine ART Feldgleichungen eingeführt, mit der eine Möglichkeit eines statischen Universums geschaffen werden sollte. Wie sich inzwischen zeigte, verkörpert diese Konstante formal so etwas wie eine konstante Vakuumenergiedichte, die Einstein jedoch bei Einführung dieser Größe nicht vorschwebte.

Kosmische Hintergrundstrahlung Aus der Frühzeit des Kosmos zur Zeit der Rekombination der ionisierten Materie zu neutralen Atomen verbleibt eine Strahlung, die vom Welthorizont aus allen Richtungen in fast gleichmäßiger Intensität zu uns dringt. Ihr Intensitätsschwerpunkt liegt im Bereich der Mikrowellen und ihr Spektrum ist das eines Planck'schen Schwarzstrahlers mit der Temperatur von 2,735 Kelvin.

Kosmologisches Konsensmodell Als Konsensmodell bezeichnet man in der modernen Kosmologie dasjenige Modell, das auf der Basis der Friedman-Lemaitre-Robertson-Walker Kosmologie gewonnen wird und die beste Entsprechung zu neuesten Supernovadaten (Perlmutter et al. 1999) sowie WMAP-Daten (Bennet et al. 2003) liefert. Hierin werden fünf kosmologisch relevante Größen festgelegt wie: $k = 0$; $H_0 = 73\,\text{km/s/Mpc}$; $\Omega_b = 0{,}04$; $\Omega_d = 0{,}23$; $\Omega_\Lambda = 0{,}73$, mit denen der aktuelle Kosmos beschrieben werden soll.

Kosmologisches Prinzip Hierunter versteht man die Annahme, dass der Kosmos zu einer festen Zeit t überall gleich beschaffen ist, so dass wir durch die Eigenschaften in der kosmischen Nähe auch die Eigenschaften der unberührten kosmischen Fernen zu kennen glauben dürfen. Ohne diese Annahme wäre physikalische Kosmologie überhaupt nicht zu betreiben.

Kritische Dichte Als kritische Dichte ρ_c bezeichnet man in der Kosmologie diejenige Dichte, bei der das „klassische" Friedmann-Lemaître-Universum gerade auf ewig weiter expandieren würde. Diese Dichte errechnet sich zu $\rho_c = 3H_0^2/8\pi G$ und dient als geeignete Normierung für alle anderen Formen von Massendichten, die man in der Kosmologie diskutieren muss. Wenn man Dichten ρ_i im Universum mit dieser Dichte ρ_c normiert, so kommt man zu den häufig verwendeten Werten $\Omega_i = \rho_i/\rho_c$.

Krümmungsisotropie Isotrope Krümmung im Weltall bezeichnet das Phänomen, dass kein Punkt im Weltall vor einem anderen aufgrund seiner Raumkrümmung ausgezeichnet ist; das heißt: überall herrscht die gleiche geometrische Raumkrümmung. Dies kann nur gehen, wenn die Krümmung auch richtungsisotrop ist, das heißt, wenn von jedem Weltpunkt ein Lichtstrahl die gleiche geometrische Bahn durchläuft, ganz gleich in welche Richtung man ihn aussendet. Bei Gegebenheit dieser Krümmunsgisotropie lassen sich die Feldgleichungen so vereinfachen, dass die überhaupt möglichen Krümmungen vom sog. Krümmungsparameter k beschrieben werden und in Form dreier verschiedener Werte auftreten, nämlich $k = +1$ (positiv gekrümmter Raum), $k = 0$ (ungekrümmter Raum), und $k = -1$ (negativ gekrümmter Raum).

Mach'sches Massenphänomen Nach Ernst Mach ist die Trägheit eines jeden Körpers keine genuine, körpereigene Größe. Vielmehr muß diese Trägheit eine Reaktion auf die Anwesenheit und Verteilung anderer Körper im Weltall sein. Dies ließ schon zu Machs Zeiten (1889) den Schluss zu, daß träge Massen und die Ausdehnung des Universums etwas miteinander zu tun haben sollten, in dem Sinne, dass

Massen, zumindest die trägen Massen, mit der Ausdehnung des Universums wachsen sollten.

Massenhorizont Wenn wir davon ausgehen, dass die Welt raumartig homogen ist, so sind wir in einem Gleichzeitigkeitsraum von einer konstanten, kosmischen Massendichte umgeben. Unseren, sowie jeden anderen Weltpunkt, können wir deshalb von einer Weltmasse umgeben sehen, ähnlich wie auch das Zentrum eines Sternes von seiner stellaren Masse umgeben ist. Bei Verwendung einer „inneren Schwarzschild"-Metrik zur Beschreibung dieser Situation ist die Massenumgebung allerdings von einem Horizont umgeben, weil dort das Weltlinienelement unendlich wird. In dieser Gleichzeitigkeitswelt sehen wir demnach nur bis zu einem bestimmten Massenhorizont, der metrisch im Unendlichen liegt.

raumartig-homogen Gemeint ist die homogene Massenerfüllung des Gleichzeitigkeitsraums, die unter dem kosmologischen Prinzip zu fordern ist. Der Raum, den wir von den Sternen erfüllt sehen, ist kein Gleichzeitigkeitsraum und in ihm finden wir auch keine Homogenität vor, denn wir sehen in größeren Fernen retardierte Raumdichten, die bei expandierendem Kosmos größer sind als Dichten in der lokalen Umgebung.

raum-zeitliche Massensumme Wenn wir eine raumzeitliche Massensumme bilden würden, so addierten wir dabei Massenschale zu Massenschale mit wachsendem Schalenradius r, wobei die ferneren Massenschalen jedoch einen um $\tau = r/c$ früheren Zustand des Universums repräsentieren, in dem die Dichten $\rho = \rho(t - \tau)$ bei expandierendem Universum jedoch größer waren. Wir würden sozusagen nicht zeitgleiche Zustände des Universums schalenweise aufaddieren, sondern einen differenziell retardierten Weltzustand integriert darstellen. Eine solche Summe macht physikalisch aber keinen Sinn, denn sie hat keinen, physikalisch nutzbaren, praktischen Aussagewert und keine Bewirkungsfunktion.

Robertson-Walker Raum-Zeit-Metrik Bei Gegebenheit von Krümmungsisotropie ist die von Robertson und Walker eingeführte Form des Metriktensors die höchstsymmetrische und angemessenste Metrikform der Kosmologie. In dieser Metrik verbleibt als Unbekannte nur der Weltradius $R = R(t)$ als unbekannte Funktion der Weltzeit t.

Vakuumenergie Dahinter verbirgt sich das gleiche Phänomen wie oben schon erläutert unter dem Begriff „dunkle Energie", denn die Energie, die hier gemeint ist, ergibt sich aus Betrachtungen der Quantenfeldtheorie, wonach kein Quantenfeld auf den Energiewert „Null" reduziert werden kann, vielmehr verbleibt jedem Quantenfeld die Grundzustandsenergie seines Eigenoszillators $E_0 = \hbar\omega$ mit $\hbar$ als Planckkonstante und ω als Oszillatorfrequenz. Dies sollte eigentlich grundsätzlich zu großen positivwertigen oder negativwertigen Vakuumenergiedichten führen, wie sie allerdings in der Kosmologie nicht verkraftet werden können. Das stellt immer noch ein großes Problem der heutigen Kosmologie dar.

Volumenenergie Wenn immer der Raum energiegeladen ist, wie etwa im Falle der „dunklen Energie", so lässt sich von Raumenergie reden, denn dem Raum kommt in diesem Falle Energie gemäß seiner Größe zu. Diese Energie ist eine reine Eigenschaft des Volumens, nicht aber der Teilchen und Photonen, die sich darin aufhalten.

WMAP-Daten Mit dem Satelliten *W*ilkinson *M*icrowave *A*nisotropy *P*robe (WMAP) ist (nach PLANCK) die bisher beste Strukturvermessung der kosmischen Hintergrundstrahlung durchgeführt worden. Hierin zeigt sich, dass es am Horizont insgesamt nur Temperaturschwankungen dieser Mikrowellen-Strahlung in der Größenordnung von $\Delta T / T \simeq 10^{-5}$ zu erkennen gibt.

Literatur
- Bennet, C.L., Hill, R.S., Hinshaw, G. Nolta, M.L., et al.: Results from the COBE mission. Astrophys. J. Supplem. **148**, 97–111 (2003)
- Perlmutter, S., Aldering, G., Goldhaber, G. et al.: The project T.S.C. Astrophys J. **517**, 565–578 (1999)

Weiterführende Literatur

Arp, H.C.: Quasars, Redshifts and Controversies. Interstellar Media, Berkeley, California (1987)

Arp, H.C., Burbidge, G., Hoyle, F.,Narlikar, J.V., Wickramasinghe, N.C.: The extragalactic universe: an alternative view. NATURE **346**, 801–806 (1990)

Arp, H.C.: Der kontinuierliche Kosmos. Mannheimer Forum 1993/1993, Fischer, E.P. (Hrsg.) Boehringer Mannheim, S. 113–175 (1993)

Barnothy, J.M., Barnothy, M.F.: The FIB theory of light. Astron. Journal **70**, 666–672 (1985)

Bennet, C.L., Hill, R.S., Hinshaw, G. Nolta, M.L., et al.: Results from the COBE mission. Astrophys. J. Supplem. **148**, 97–111 (2003)

Blome, H.J., Hoell, J., Priester, W.: Kosmologie, Vol. 8, Lehrbuch der Experimentalphysik. Bergmann-Schäfer, W. de Gruyter Verlag, Berlin (2001)

Bowyer, T.H.: Derivation of the blackbody radiation spectrum from the equivalence principle in classical physics with electromagnetic zero-point radiation. Physical Review D **29/6**, 1096–1098 (1984)

Breuer, R.: Immer Ärger mit dem Urknall. Rowohlt Verlag, Hamburg (1993)

Dressler, A.: Astrophys. Journal **329**, 519–523 (1988)

Dressler, A., Oemler, J., Gunn, P., Butcher, K.: Astrophys. Journal Letters **404**, L45–L49 (1993)

Fahr, H.J.: Raumzeitdenken – Zwangsvorstellung Unendlichkeit. Verlag Interfrom Zürich, ISBN -3-7729-5039 (1974)

Fahr, H.J.: The growth of rationalism in our concepts of the physical nature. Interdisciplinary Science Reviews **13**(4), 357–373 (1988)

Fahr, H.J.: Der Begriff des Vakuums und seine kosmologischen Konsequenzen. Naturwissenschaften, Band 76, S. 318–321, Springer Verlag, Berlin (1989)

Fahr, H.J.: The Maxwellian alternative to the dark matter problem in galaxies. Astronomy and Astrophysics **236**, 86–94 (1990)

Fahr, H.J., Heyl, M.: Concerning the instantaneous mass and extrent of an expanding universe. Astron. Notes **327**(7), 733–736 (2006)

Friedmann, A.A.: Über die Krümmung des Raumes. Zeitschrift f. Physik **10**, 377–386 (1922)

Heyl, M., Fahr, H.J.: The thermodynamics of a gravitating vacuum. Physical Science International 7(2), 65–72 (2015)

Hodge, P. The extragalactic distance scale. Sky & Telescope, Oct. 1993, 16–20 (1993)

Hogan, C.J.: The cosmological conflict. NATURE **371**, 374–375 (1994)

Hubble, E.: Extragalactic nebulae, Astrophys. J. **64**, 321–369 (1926)

Lamorreaux, S.K.: A Systematic Correction for demonstration of the Casimir force, ArXiv-e-prints (2010)

Liebscher, D.E., Priester,W., Hoell, J.: A new model to test the model of the universe. Astron. Astrophysics **261**, 377–379 (1992)

Lynden-Bell, D.: Spectroscopy of elliptical galaxies: Galaxy streaming towards the SG-Center. Astrophys. Journal **326**, 50–56 (1988)

Rees, M.J.: Origin of the pregalactic microwave background. NATURE **275**, 35–37 (1978)

Sandage, A.: Astrophys. Journal **252**, 553–562 (1982)

Sandage, A., Tammann, G.A.: The Hubble constant determined from redshifts and magnitudes of remote SC-1 galaxies. Astrophys. Journal **197**, 265–274 (1975)

Saunders, W. et al.: The density field of the local universe. NATURE **349**, Jan. 1991, 32–38 (1991)

Segal, I.E., Nicoll, J.F., Wu, P., Zhou, Z.: The nature of redshift and directly observed quasar statistics. Naturwissenschaften **78**, 289–296 (1991)

Streeruwitz, E.: Vacuum fluctuations of a quantized scalar field in a Robertson-Walker universe. Phys. Rev. **D11**, 3378–3383 (1975)

Tammann, G.A.: The cosmic distance scale. In: Observational Cosmology, IAU Symposium 124 (1987)

Wilkinson, D.T.: SCIENCE **232**, 1517–1522 (1986)

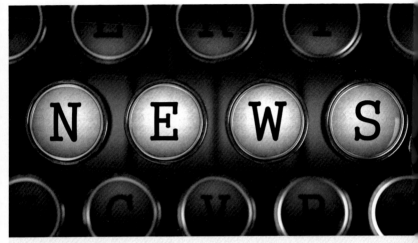

Willkommen zu den Springer Alerts

- Unser Neuerscheinungs-Service für Sie:
  aktuell *** kostenlos *** passgenau *** flexibel

Springer veröffentlicht mehr als 5.500 wissenschaftliche Bücher jährlich in gedruckter Form. Mehr als 2.200 englischsprachige Zeitschriften und mehr als 120.000 eBooks und Referenzwerke sind auf unserer Online Plattform SpringerLink verfügbar. Seit seiner Gründung 1842 arbeitet Springer weltweit mit den hervorragendsten und anerkanntesten Wissenschaftlern zusammen, eine Partnerschaft, die auf Offenheit und gegenseitigem Vertrauen beruht.

Die SpringerAlerts sind der beste Weg, um über Neuentwicklungen im eigenen Fachgebiet auf dem Laufenden zu sein. Sie sind der/die Erste, der/die über neu erschienene Bücher informiert ist oder das Inhaltsverzeichnis des neuesten Zeitschriftenheftes erhält. Unser Service ist kostenlos, schnell und vor allem flexibel. Passen Sie die SpringerAlerts genau an Ihre Interessen und Ihren Bedarf an, um nur diejenigen Information zu erhalten, die Sie wirklich benötigen.

Mehr Infos unter: springer.com/alert

Printed in the United States
By Bookmasters